高等职业教育机电类专业系列教材

实用电工电子技术

主　编　曾　鹏　陈洪容　张锐丽
副主编　王　洪　胡　蓉　谭久刚

中国轻工业出版社

图书在版编目（CIP）数据

实用电工电子技术/曾鹏，陈洪容，张锐丽主编. —北京：中国轻工业出版社，2025.8

高等职业教育机电类专业系列教材

ISBN 978-7-5184-3251-6

Ⅰ.①实… Ⅱ.①曾…②陈…③张… Ⅲ.①电工技术-高等职业教育-教材②电子技术-高等职业教育-教材 Ⅳ.①TM②TN

中国版本图书馆 CIP 数据核字（2020）第 210593 号

责任编辑：张文佳　　文字编辑：宋　博
策划编辑：张文佳　　责任终审：劳国强　　封面设计：锋尚设计
版式设计：精诚图文　　责任校对：吴大朋　　责任监印：张　可

出版发行：中国轻工业出版社（北京鲁谷东街 5 号，邮编：100040）
印　　刷：三河市国英印务有限公司
经　　销：各地新华书店
版　　次：2025 年 8 月第 1 版第 7 次印刷
开　　本：787×1092　1/16　印张：14.25
字　　数：330 千字
书　　号：ISBN 978-7-5184-3251-6　定价：45.00 元
邮购电话：010-85119873
发行电话：010-85119832　　010-85119912
网　　址：http://www.chlip.com.cn
Email：club@chlip.com.cn

251449J2C107ZBW

前　言

为了满足建设现代职业教育体系的要求，推动职业教育协调发展，系统培养适应经济社会发展需要的技能型特别是高端技能型人才。构建现代职业教育体系，增强职业教育支撑产业发展的能力，实现职业教育科学发展，创新课程体系和教材是关键环节。

结合宜宾职业技术学院优质院校建设和课程改革的需要，电工电子课程组教师编写了理实一体化教材——《实用电工电子技术》一书，以期待能体现电工电子新的课程理念，体系更加完善，使教材成为教师课程教学载体，让学生通过学习获得真知和过硬的技术技能。

在编写前，教师们一起对现代电工电子技术课程体系进行了深入分析和研究，把握知识和技能的循序渐进，并多次会同企业专家对教材的编写体例和内容进行会诊，分析了现代企业装备在电工电子技术的分布情况，企业的人才结构和岗位对电工电子技术的要求，确定了本教材采用项目化结构进行编写，项目及其项目下的各个任务素材取自企业生产实际，紧贴一线生产需要，从而使编写出来的教材体现产教融合，教之有底，学之有味，用之可行。

本教材分基础篇和提高篇两大部分，基础篇有九个项目，提高篇有六个项目，项目下面分任务进行编写，内容贴近生产实际。每个项目均有实用的背景依据，每个任务均有明确的目标，编写按知识储备、任务实施、考核与评价、知识拓展、习题与思考题组织内容，教材符合职业院校学生认知规律，体现实践—认识—再实践—再认识，直至提高发展规律。

本教材编写时注意体现培养学生对于电路图的读图分析能力和基本计算能力、常用元器件检测及使用能力、寻找简单电路故障的能力、绘制和设计简单电路的能力，通过学习，具备分析和解决实际问题的能力。

本教材由曾鹏、陈洪容、张锐丽担任主编。宜宾职业技术学院的胡蓉老师以及五粮液集团公司、华中数控有限公司的部分工程师参与了本教材的审阅。具体分工如下：曾鹏（基础篇项目 1.6、1.7，提高篇项目 2.3）、陈洪容（基础篇项目 1.8、1.9，提高篇项目 2.1、2.2），张锐丽（基础篇项目 1.1、1.2，提高篇项目 2.5、2.6）、王洪（基础篇项目 1.4，提高篇项目 2.4）、胡蓉（基础篇 1.5）、谭久刚（基础篇 1.3）；门延会、覃智广、黄磊、严才秀参与了本教材的编写与审稿工作。

限于编者水平，本书难免有不妥之处，恳请各位同仁和读者批评指正，以便在修订时更正。

编者

目　　录

第1部分　基　础　篇

第 2 部分 提 高 篇

第1部分　基　础　篇

项目 1.1　电路的组成及基本物理量

任务 1.1.1　电路的组成和作用

【知识目标】

了解简单电路的组成；掌握电路的作用；掌握电路各个组成部分及其作用。

【技能目标】

能绘制简单直流照明电路图；能初步完成简单汽车照明电路的连接。

【任务描述】

本任务是让学生熟悉电路组成要素，知道各组成部分的作用，能绘制简单照明电路和进行连接。

【相关知识】

(1) 汽车照明电路

1）汽车照明系统的组成。主要由灯具、电源和控制开关三大部分组成。

2）汽车灯具的作用。为车前及车内提供充分可靠的照明，及通过不同色泽的发光标志显示汽车的工作状况，从而向其他车辆、行人传达信息。

(2) 电路的组成及作用

电路是电流流经的路径。实际电路是由电器设备和元件组成的。电路的作用是实现电能的传输、分配及信号的传递和处理。随着电流的通过，进行着将其他形式的能量转换成电能，以及把电能转换成其他形式能量的过程。用抽象的元件代替实际元件，从而构成了与实际电路相对应的电路模型，如图 1-1-1 所示。

电路一般由下列三个部分组成：电源、负载和中间环节。

电源是将其他形式的能量转换成电能的设备，例如：发电机和蓄电池等。

负载是利用电流来工作，将电能转换成其他形式能量的设备，例如电动机和电灯等。

中间环节由输电线路、变压器和开关等设备组成。中间环节将电源和负载连接起来，对电能进行输送和分配，对信号进行传

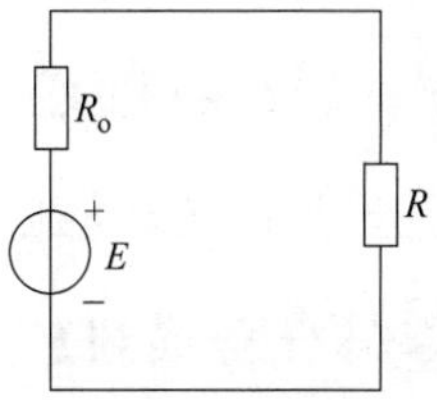

图 1-1-1　电路模型

递和处理，对电路进行保护等。

无论是简单的还是复杂的实际电路都可以抽象成理想电路元件组成的电路模型。理想电路元件包括：电阻、电感、电容和理想电源等元件。

【任务实施】

(1) 器材准备

灯 10 盏，开关 4 个，导线若干，实验室电源。

(2) 设计汽车照明电路

设计汽车照明电路，电路中有 10 盏灯：前大灯 2 盏，后尾灯 2 盏，左右转向灯各 2 盏，制动灯 2 盏。前大灯和后尾灯同时开关，转向和制动时，开关可以分别控制。

① 根据设计要求画出该电路原理图。

② 用实物按照原理图画出安装接线图。

③ 按照安装接线图进行实物连接。

【实操评价】

教学内容	评价要点	评价标准	评价方式	考核方式	分数权重
电路的组成和作用	各元件作用	正确说明各元件在电路中属于哪部分，并清楚作用	教师评价	作业及答辩	0.1
	电路原理图绘制	能绘制任务所需电路原理图		作业及答辩	0.3
	电路的连接	能进行试验电路的连接		操作	0.4
	作业态度	积极主动，认真	小组评价	口试	0.1
	团队意识	主动交流、配合默契		口试	0.1

【自测题】

1. 什么是电路？
2. 电路的作用是什么？
3. 电路的组成有哪些？各部分作用是什么？

任务 1.1.2　电路的基本物理量

【知识目标】

掌握电流、电压、电动势的概念和方向；知道功率和电能的关系。

【技能目标】

能判断直流电压源的方向；能完成简单用电器电能计算。

【任务描述】

本任务是让学生熟悉电路中的基本物理量，让学生掌握物理量的大小和方向，能对用电器进行电能计算。

【相关知识】

(1) 电流、电压、电位以及电动势

电路的主要物理量指电流、电压、电位、电动势等，其定义在高中物理学中描述得很清楚，在此仅简要地说明它们的基本概念及参考方向（正方向）设定的意义。

1）电流。在电路中电荷的定向移动形成电流。把正电荷运动的方向规定为电流的实际方向。在一段电路中，电流有两个可能的方向，为便于分析计算，把其中的一个方向假定为正，称为正方向或参考方向。当电流的正方向与实际方向一致时，电流的值为正；反之，电流的正方向与实际方向相反时，电流的值为负，如图 1-1-2 所示。这样，在电路中设定电流的正方向，结合代数式，就基本能明确地表示出该段电路任何时刻的电流大小和实际方向。在电路中一般用箭头表示电流的正方向。

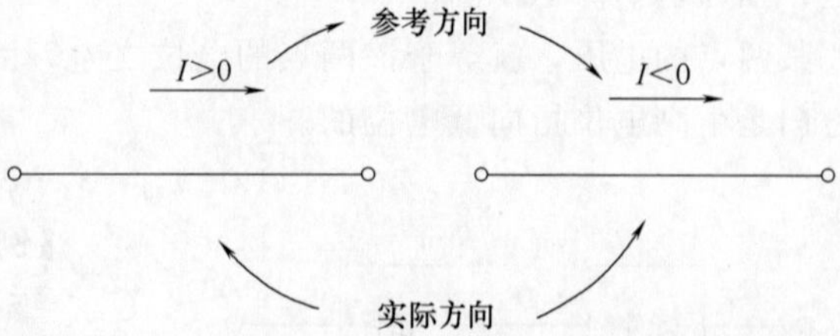

图 1-1-2　电流方向规定

描述电流强弱的物理量称为电流强度，简称电流。电流强度以单位时间通过导体横截面的电量表示，即：

$$i=\frac{q}{t} \tag{1-1-1}$$

式中，i 表示电流，q 表示电量，t 表示时间。

如果电流强度不随时间变化，即$\frac{q}{t}=$常数，则这种电流称为恒定电流，简称直流。用大写 I 表示，其大小为：

$$I=\frac{q}{t} \tag{1-1-2}$$

电流强度的国际单位是安培（A），有时还用毫安（mA）、微安（μA）等单位，大电流用千安（kA）表示，它们的关系为 $1\text{A}=10^3\text{mA}=10^6\mu\text{A}$；$1\text{kA}=10^3\text{A}$。

2）电压。电压是描述电场力移动电荷做功的本领的物理量，并定义：电场力把单位正电荷从 A 点移到 B 点所做的功，称为 A 点到 B 点间的电压，用 U_{AB} 表示，即：

$$U_{AB}=\frac{W}{q} \tag{1-1-3}$$

式中，W 表示电场力将 q 正电荷从 A 点移到 B 点所做的功，功的单位为焦耳（J）、电荷的单位为库仑（C）、电压的单位为伏特，简称伏（V），有时还用（kV）、毫伏（mV）和微伏（μV）等单位，它们的关系为：$1\text{V}=10^3\text{mV}=10^6\mu\text{V}$；$1\text{kV}=10^3\text{V}$。

电压的实际方向规定为电场力移动正电荷做功的方向，即电位（或电压）降低的方向。在电路图上所标的电压方向是任意设定的，当电压 U 的方向（极性）与实际方向一致时，U 为正值，反之，U 为负值。

对于同一个元件或同一段电路上的电压和电流的参考方向，习惯上常将电压和电流的参考方向标为同一方向，称其为关联的参考方向，简称关联方向。

3）电位。在电路中任选一点 O 作为参考点，则该电路中 A 到参考点 O 的电压就称为 A 点的电位，也就是电场力把单位正电荷从 A 点移动到参考点 O 点所做的功，用 φ_A 表示。

$$\varphi_A = u_{AO}$$

电路参考点本身的电位为零，即 $\varphi_O = 0$，也称为零电位点。电路中除了参考点外，其他各点的电位可能是正值，也可能是负值，某点电位比参考点高，则该点电位就是正值，反之，则为负值。

某两点的电压，就等于该两点的电位之差，因此，电压也叫电位差；可以说电压的实际方向是由高电位指向低电位的。

$$u_{AB} = \varphi_A - \varphi_B$$

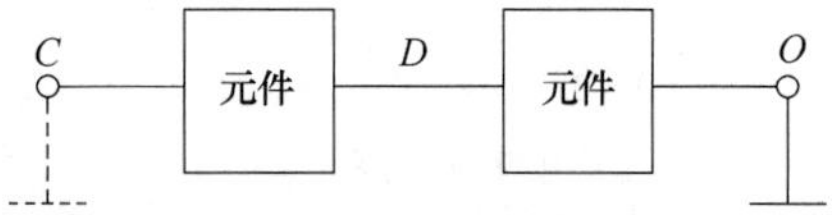

图 1-1-3　例 1-1-1 图

【例 1-1-1】 在图 1-1-3 所示电路中，已知：$U_{CO} = 5\text{V}$，$U_{CD} = 2\text{V}$，若分别以“O”和“C”点作参考点，求 φ_C、φ_D、φ_O 及 U_{OD}。

解：（1）若取“O”为电位的参考点，即 $\varphi_O = 0$

$U_{CO} = \varphi_C - \varphi_O$；$5 = \varphi_C - 0$；$\varphi_C = 5\text{V}$

$U_{CD} = \varphi_C - \varphi_D$；$2 = 5 - \varphi_D$；$\varphi_D = 3\text{V}$

$U_{OD} = \varphi_O - \varphi_D = 0 - 3 = -3\text{V}$

（2）若取“C”为电位的参考点，即 $\varphi_C = 0$

$U_{CD} = \varphi_C - \varphi_D$；$2 = 0 - \varphi_D$；$\varphi_D = -2\text{V}$

$U_{CO} = \varphi_C - \varphi_O$；$5 = 0 - \varphi_O$；$\varphi_O = -5\text{V}$

$U_{OD} = \varphi_O - \varphi_D = -5 - (-2) = -3\text{V}$

由【例 1-1-1】可知，参考点是可以任意选定的，一经选定，电路中其他各点的电位也就确定了，参考点选择的不同，电路中同一点的电位会随之而变，但两点之间的电压（即电位差）是不变的。在电路中不指明参考点而谈某点的电位是没有意义的。在一个电路中只能选一个参考点，至于选哪点为参考点，要根据分析问题的方便而定。在实际电路中常选一条（或一点）特定的公共线或公共点作为参考点，这条公共线（点）常是诸多元件的汇集处，常用接地符号表示，该点的电位等于零。

4）电动势。如图 1-1-4 所示，为了在电路中保持持续的电流，就必须使正电荷从电源负极，经过电源内部，移动到电源正极。由于电源内部存在某种非电场力，例如电池内部因化学作用而产生的化学力，发电机内部因电磁感应作用而产生的电磁力等，这些非电场力叫电源力，它能够把正电荷从电源的负极移到正极。在这个过程中，电源力所做的功转换为电能。为了表征电源内部电源力对正电荷做功的能力，或者说，电源将其他形式能量转换为电能的本领，引入电动势的概念。电源力将单位正电荷由负极移到正极所做的功称为电源的电动势，用 E 表示。

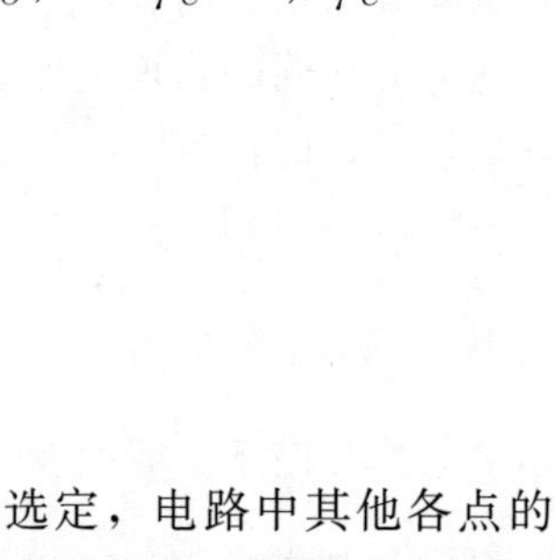

图 1-1-4　电动势方向

电动势在数值上等于电源将单位正电荷从低电位端（电源负极）经电源内部移到高电位端（电源正极）所做的功，电动势的单位也是伏特。

$$E=\frac{W}{Q} \tag{1-1-4}$$

从电位概念可知，电压的实际方向是从高电位指向低电位，即电位是降的，而电动势的作用是使正电荷从低电位移到高电位，所以规定电动势的实际方向是从低电位指向高电位，即电位升的方向，刚好与端电压实际方向相反。

(2) 电功率和电能

1）电功率。根据 $P=\frac{W}{t}$ 可以推导出电功率等于电压和电流的乘积，直流时为

$$P=UI \tag{1-1-5}$$

由此式又可以推出

$$P=I^2R=U^2/R \tag{1-1-6}$$

功率的单位为瓦特（W），大的功率亦可以用千瓦（kW）和兆瓦（MW），其关系为 $1\text{kW}=10^3\text{W}$；$1\text{MW}=10^6\text{W}$。

一段电路，在 U 和 I 的关联方向下，若 $P>0$，说明这段电路上的电压和电流的实际方向是一致的，正电荷在电场力作用下做了功，电路消耗了功率；若 $P<0$，则这段电路上电压和电流的实际方向不一致，一定是电源力克服电场力做了功，电路发出了功率。

2）电能。电能等于电功率乘以时间，即

$$W=Pt \tag{1-1-7}$$

电能的单位为瓦·秒＝焦耳（J），它表示功率为 1W 的用电设备在 1s 时间内所消耗的电能，实际生活中测量电能的电度表的单位是千瓦小时（kW·h），称为 1 度电。

$$1度电=1\text{kW}\cdot\text{h}=1\times10^3\times3600(\text{J})=3.6\times10^6(\text{J})$$

【任务实施】

(1) 器材准备

恒压源，数字式万用表，电阻若干，导线若干。

(2) 判断电位和电压的关系

操作步骤：

1）学习数字式万用表测量电压的方法。

① 黑表笔插入“COM”插孔，红表笔插入“VΩ”插孔。

② 转换开关转至“V”挡，如果被测电压大小未知，应选择最大量程，再逐步减小，直到获得分辨率最高的读数。

③ 测量直流电压时，使“DC/AC”键弹起置“DC”测量方式；测量交流电压时，按下“DC/AC”键置“AC”测量方式。

④ 将两表笔并联在被测电路两端，并可靠接触测试

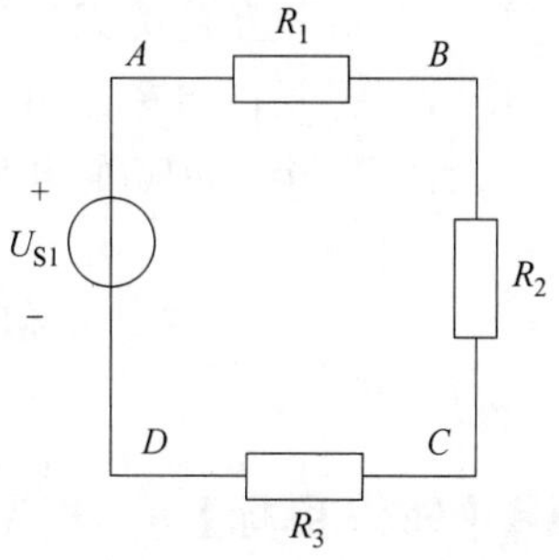

图 1-1-5 判断电位和电压的关系

点，显示屏即显示出被测电压值；测量直流电压显示时，为红表笔所接的该点电压与极性。

注意事项：

- 如仪表显示“0L”，表明已超过量程范围，须将量程开关转至高一挡。
- 注意输入插孔旁边都标有危险标记的数字。旋转转换开关时，表笔要离开测试点。
- 当测量高电压时，千万注意避免人体触及高压电路。
- 数字式万用表具有自动转换并显示极性的功能，因此测量直流电压时可不必考虑表笔的接法。
- 如果误用直流电压挡测量交流电压，或误用交流电压挡测量直流电压，仪表将显示“000”，或在低位上出现跳数现象。

2）根据图 1-1-5 进行实物连接。

3）根据图 1-1-5 完成下表。

测量量 参考点	U_A	U_B	U_C	U_D	U_{AB}	U_{BC}	U_{CD}
A							
C							

【实操评价】

教学内容	评价要点	评价标准	评价方式	考核方式	分数权重
电路的基本物理量	基本物理量	清楚物理量的概念、单位等	教师评价	作业及答辩	0.2
	计算用电量	能分析电路的用电量		作业及答辩	0.3
	测量分析电位和电压的关系	能测量分析电位和电压的关系		操作	0.3
	作业态度	积极主动，认真	小组评价	口试	0.1
	团队意识	主动交流、配合默契		口试	0.1

【自测题】

1. 什么是电流？电流的方向是什么？参考方向和实际方向的关系。
2. 什么是电压？电压的方向是什么？参考方向和实际方向的关系。
3. 电位和电压的关系是什么？
4. 什么是关联参考方向？
5. 计算一个 400W 的电脑，3h 用了多少度电。

任务 1.1.3 万用表的使用

【知识目标】

会计算万用表测量结果。

【技能目标】

能使用万用表；能读取万用表测量值。

【任务描述】

本任务是让学生会使用万用表并识读指针式万用表的读数，计算万用表测量结果。

【相关知识】

(1) 操作中的注意事项

1）进行测量前，先检查红、黑表笔连接的位置是否正确。红色表笔接到红色接线柱或标有“＋”号的插孔内，黑色表笔接到黑色接线柱或标有“－”号的插孔内，不能接反，否则在测量直流电量时会因正负极的反接而使指针反转，损坏表头部件。

2）在表笔连接被测电路之前，一定要查看所选挡位与测量对象是否相符，否则，误用挡位和量程，不仅得不到测量结果，而且还会损坏万用表。在此提醒初学者，万用表损坏往往就是上述原因造成的。

3）测量时，手指不要触及表笔的金属部分和被测元器件。

4）测量中若需转换量程，必须在表笔离开电路后才能进行，否则选择开关转动产生的电弧易烧坏选择开关的触点，造成接触不良的事故。

5）在实际测量中，经常要测量多种电量，每一次测量前要注意根据每次测量任务把选择开关转换到相应的挡位和量程，这是初学者最容易忽略的环节。

(2) 测量电阻的方法

1）机械调零：万用表在测量前，应注意水平放置，表头指针是否处于交直流挡标尺的零刻度线上，否则读数会有较大的误差。若不在零位，应通过机械调零的方法（即使用小螺丝刀调整表头下方机械调零旋钮）使指针回到零位。

2）倍率的选择：先粗略估计所测电阻阻值，再选择合适倍率，如果被测电阻不能估计其值，一般情况将开关拔在 R×100 或 R×1K 的位置进行初测，然后看指针是否停在中间三分之一或附近，如果是，说明挡位合适。

① 如果指针太靠零，则要减小挡位；

② 如果指针太靠近无穷大，则要增大挡位。

3）欧姆调零：量程选准以后在正式测量之前必须调零，否则测量值有误差。

方法：将红黑两笔短接、看指针是否指在零刻度位置，如果没有，调节欧姆调零旋钮，使其指在零刻度位置。

注意：如果重新换挡以后，在正式测量之前也必须调零一次。

4）读数计算 R：R＝读数×倍率。

5）挡位复位：将挡位开关打在 OFF 位置或打在交流电压最大挡。

测量电阻时一定注意不能带电进行测量。

(3) 测量交流电压的方法

1）机械调零。

2）量程的选择：将选择开关旋至交流电压挡相应的量程进行测量。如果不知道被测电压的大致数值，需将选择开关旋至交流电压挡最高量程上预测，然后再旋至交流电压挡相应的量程上进行测量，开始测量将两表笔并接在被测电压两端进行测量（交流电不分正负极）。

3）读数计算 U：读数时选择第二条刻度，第二条刻度有三组数字，要根据所选择的量程来选择刻度读数。

$$U=\frac{\text{量程}}{\text{刻度最大值}}\times\text{读数}$$

4）挡位复位：将挡位开关打在 OFF 位置或打在交流电压 1000V 挡。

(4) 测量直流电压的方法

1）机械调零。

2）量程的选择：将红表笔接被测电压的“＋”，黑表笔接“－”，选择开关旋至直流电压挡相应的量程进行测量。如果不知道被测电压的大致数值，需将选择开关旋至直流电压挡最高量程上预测，然后再逐步降低量程进行测量（注意：直流电必须分正负极）。

3）读数计算 U：读数时选择第二条刻度，第二条刻度有三组数字，要根据所选择的量程来选择刻度读数。

$$U=\frac{\text{量程}}{\text{刻度最大值}}\times\text{读数}$$

4）挡位复位：将挡位开关打在 OFF 位置或打在交流电压 1000V 挡。

(5) 测量直流电流的方法

1）机械调零。

2）量程的选择：将万用表串联进电路，红表笔接被测电流的高电位，黑表笔接低电位，选择开关旋至直流电流挡相应的量程进行测量。如果不知道被测电流的大致数值，需将选择开关旋至直流电流挡最高量程上预测，然后再逐步降低量程进行测量。

3）读数计算 I：读数时选择第二条刻度，第二条刻度有三组数字，要根据所选择的量程来选择刻度读数。

$$I=\frac{\text{量程}}{\text{刻度最大值}}\times\text{读数}$$

4）挡位复位：将挡位开关打在 OFF 位置或打在交流电压 1000V 挡。

【任务实施】

(1) 器材准备

恒压源，电池，万用表，电阻若干，导线若干。

(2) 检测电阻、电压、电流

自己组装不同的电路测量以下物理量的值，并比较测量值和计算值。

R_1	电阻色环标示值		U_1	额定值		I_1	计算值	
	测量值			测量值			测量值	
R_2	电阻色环标示值		U_2	额定值		I_2	计算值	
	测量值			测量值			测量值	

【实操评价】

教学内容	评价要点	评价标准	评价方式	考核方式	分数权重
万用表的使用	电阻	会检测电阻	教师评价	操作	0.3
	电压	会检测电压		操作	0.3
	电流	会检测电流		操作	0.3
	团队意识	主动交流、配合默契	小组评价	口试	0.1

任务 1.1.4　电路的状态

【知识目标】

知道电路的状态有哪几种；清楚电路各个状态的特征。

【技能目标】

能判断电路所处状态。

【任务描述】

本任务是让学生掌握电路的状态及各状态下的电压、电流等特征，能判断实际电路的状态。

【相关知识】

一个电路正常工作时，需要将电源与负载连接起来。电源与负载连接时，根据所接负载的情况，电路有三种工作状态：空载工作状态（断路）、短路工作状态（短路）、有载工作状态（通路）。

(1) 空载状态

空载状态又称断路或开路状态，如图 1-1-6 所示。当开关 K 断开或连接导线折断时，电路就处于空载状态，此时电源和负载未构成通路，外电路所呈现的电阻可视为无穷大，电路具有下列特征：

1）电路中电流为零，即 $I=0$。

2）电源的端电压等于电源电压，即：$U_1=U_S-IR_S=U_S$。

此电压称为空载电压或开路电压，用 U_{OC} 表示。因此，要想测量电源电压，只要用电压表测量电源的开路电压即可。

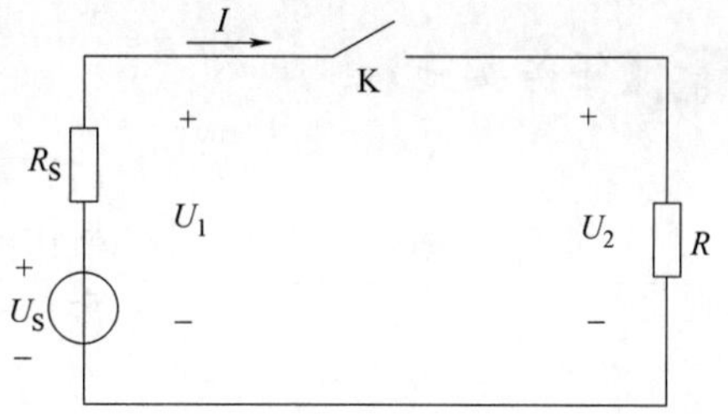

图 1-1-6　空载状态

3）电源的输出功率和负载所吸收的功率均为零，即 $P_1=U_1I=0$，$P_2=U_2I=0$。

(2) 短路状态

当电源两端的导线由于某种事故而直接相连时，电源输出的电流不经过负载，只经连

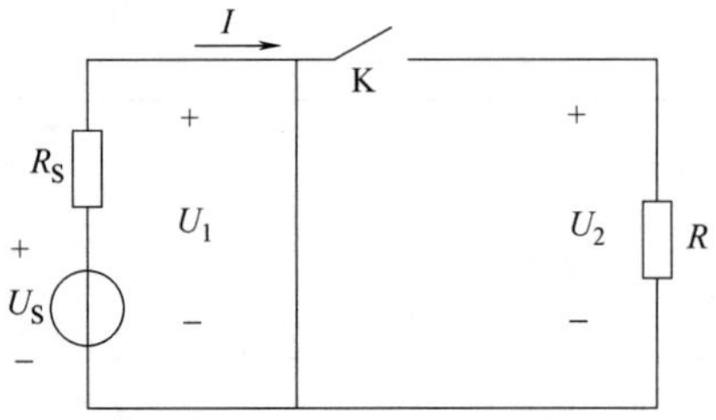

图 1-1-7 短路状态

接导线直接流回电源，这种状态称为短路状态，简称短路，如图 1-1-7 所示。短路时外电路所呈现的电阻可视为零，电路具有下列特征：

1）电源的端电压为：$U_1=0$。

2）电路中的电流为：$I=\dfrac{U_S}{R_S}=I_S$。

在一般供电系统中，电源的内电阻很小，故短路电流很大，电源所发出的功率全部消耗在内电阻上。

由于电源所发出的功率全部消耗在内电阻上，因而会使电源发热以至损坏，所以在实际工作中，应经常检查电气设备和线路的绝缘情况，以防电源被短路的事故发生。此外，通常还在电路中接入熔断器等保护装置，以便在发生短路时能迅速切断电路，达到保护电源及电路器件的目的。

(3) 有载状态

当开关 K 闭合时，电路中有电流流过，电源输出功率，负载取用功率，这称为电路的有载工作状态（图 1-1-8）。此时电路有下列特征：

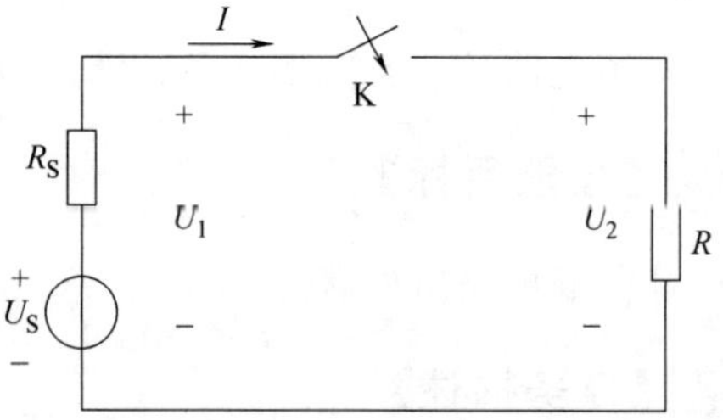

图 1-1-8 有载状态

1）电路中的电流为：$I=\dfrac{U_S}{R_S+R}$。

2）电源的端电压为：$U_1=U_S-IR_S$。

3）电源的输出功率为：$P_1=U_1I=(U_S-IR_S)I=U_SI-I^2R_S$。

4）负载所吸收的功率为：$P_2=U_2I=U_1I=P_1$。

为了保证电气设备和器件能安全、可靠、经济地工作，制造商规定了每种设备和器件在工作时所允许的最大电流、最高电压和最大功率，这就是电气设备和器件的额定值。有些电气设备应尽量工作在额定状态，这种状态又称为满载状态。电流和功率低于额定值的工作状态叫轻载，高于额定值的工作状态叫过载。在一般情况下，设备不应过载运行。在电路设备中常装设自动开关、热继电器等，用来在过载时自动切断电源，确保设备安全。

【任务实施】

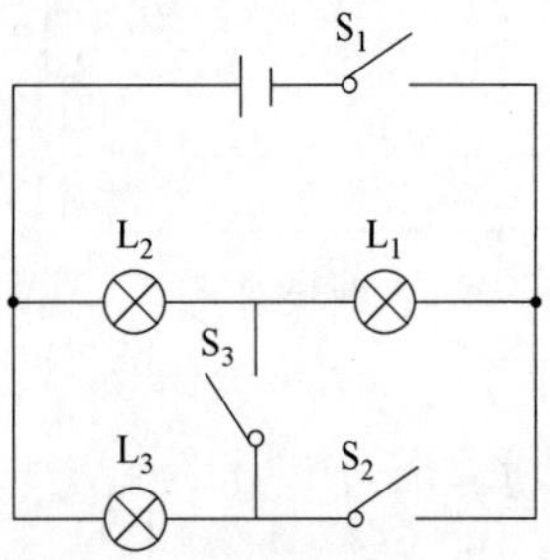

图 1-1-9 判断电路的状态

(1) 器材准备

恒压源，万用表，灯 3 只，开关 3 个，导线若干。

(2) 判断电路的状态

1）根据图 1-1-9 进行实物连接。

2）判断电路的状态。

灯的状态和电压大小	闭合 S_1	闭合 S_1、S_2	闭合 S_1、S_2、S_3
L_1			
L_2			
L_3			

【实操评价】

教学内容	评价要点	评价标准	评价方式	考核方式	分数权重
电路的状态	连接线路	能连接电路的各种状态	教师评价	操作	0.3
	判断状态	能分析电路的状态		操作及答辩	0.3
	作业态度	积极主动,认真	小组评价	口试	0.2
	团队意识	主动交流、配合默契		口试	0.2

【自测题】

1. 简述电路的三种状态。

2. 如下图所示电路可用来测量电源的电压 U_S 和内电阻 R_S。若开关 K 闭合时电压表的读数为 6.8V，开关 K 打开时电压表的读数为 7V，负载电阻 $R=10\Omega$。试求 U_S 和内阻 R_S（设电压表的内阻为无穷大）。

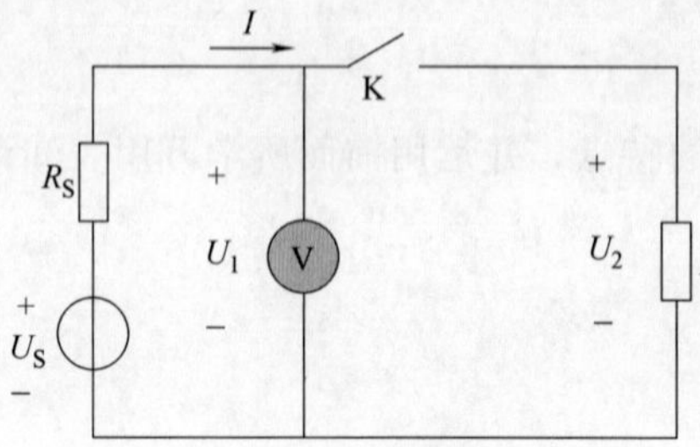

图　自测题 2 图

项目 1.2 电压表、电流表量程扩展

任务 1.2.1 电阻的串联及扩大电压表量程

【知识目标】

掌握电阻串联的特点；掌握串联分压的原理。

【技能目标】

能对电阻进行串联；能检测电阻串联后各个电阻所分得的电压值。

【任务描述】

本任务是分析电阻串联的特点，并运用前面所学万用表知识检测串联后各个电阻的电压，理解串联分压的原理。

【相关知识】

电阻的串联

1）串联电路的特点。

① 串联电阻中流过的电流相等；

② 总电压等于各电阻两端的电压之和；

③ 总电阻等于各个电阻之和，各电阻的功率与电阻值成正比，总功率等于各电阻功率之和。

2）串联电阻分压公式（以三只电阻串联为例）如图 1-2-1 所示。

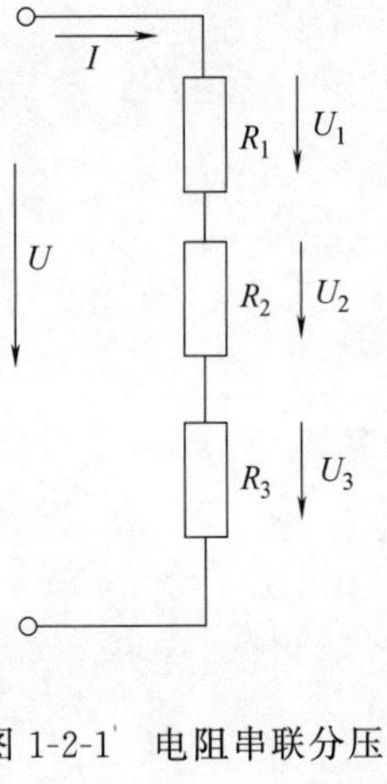

图 1-2-1 电阻串联分压

$$U_1=R_1I=\frac{R_1}{R_1+R_2+R_3}U$$

$$U_2=R_2I=\frac{R_2}{R_1+R_2+R_3}U$$

$$U_3=R_3I=\frac{R_3}{R_1+R_2+R_3}U$$

在万用表电压测量中，常常用到电阻串联的特性，进行量程扩大。

【例 1-2-1】 有一只电流表头，内阻 $R_g=1\text{k}\Omega$，满偏电流为 $I_g=100\mu\text{A}$，要把它改成量程为 $U_n=3\text{V}$ 的电压表，应该串联一只多大的分压电阻 R？

解： 表头电路如图 1-2-2 所示。

该电流表的电压量程为 $U_g = R_g I_g = 0.1\text{V}$，与分压电阻 R 串联后的总电压 $U_n = 3\text{V}$，即将电压量程扩大到 $n = U_n / U_g = 30$ 倍。

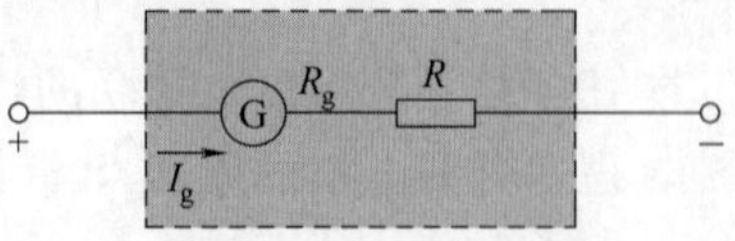

图 1-2-2　例 1-2-1 图

利用两只电阻串联的分压公式，可得 $U_g = \dfrac{R_g}{R_g + R} U_n$，则

$$R = \frac{U_n - U_g}{U_g} R_g = \left(\frac{U_n}{U_g} - 1\right) R_g = (n-1) R_g = 29\ (\text{k}\Omega)$$

$$R = \left(\frac{U}{U_g} - 1\right) \times R_g$$

【例 1-2-1】表明，将一只量程为 U_g、内阻为 R_g 的表头扩大到量程为 U_n，所需要的分压电阻为 $R = (n-1) R_g$，其中 $n = (U_n / U_g)$ 称为电压扩大倍数。

【任务实施】

一个 10V 的电压表，其内阻是 20kΩ，若将其量程扩大为 250V，需要串联多大的附加电阻 R，并画出相应电路图。

【实操评价】

教学内容	评价要点	评价标准	评价方式	考核方式	分数权重
电阻的串联及扩大电压表量程	电阻串联的基本特性	正确说出电阻串联的基本特性	教师评价	作业及答辩	0.2
	电阻的计算	能计算扩大电压表量程电阻值		作业及答辩	0.3
	电路原理图绘制	能绘制任务所需电路原理图		操作	0.3
	作业态度	积极主动，认真	小组评价	口试	0.1
	团队意识	主动交流、配合默契		口试	0.1

【自测题】

一个 0.5V 的电压表，其内阻是 20kΩ，若将其量程扩大为 15V，需要串联多大的附加电阻 R？

任务 1.2.2　电阻的并联及扩大电流表量程

【知识目标】

掌握电阻并联的特点；掌握并联分流的原理。

【技能目标】

能对电阻进行并联；能检测电阻并联后各个电阻所分得的电流值。

【任务描述】

本任务是让分析电阻并联的特点，并运用前面所学万用表知识检测并联后各个电阻的电流，理解并联分流的原理。

【相关知识】

1）并联电路的特点。

① 各电阻两端的电压相等；

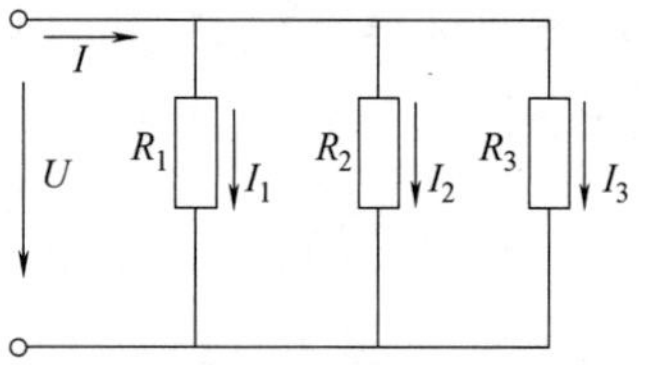

图 1-2-3 电阻并联分流

② 总电流等于各电阻流过的电流之和；

③ 总电导等于各电导之和；

④ 各电阻的功率与电导成正比。

2）并联电阻分流公式（以三只电阻并联为例），如图 1-2-3 所示。

$$I_1=G_1U=\frac{G_1}{G_1+G_2+G_3}I$$

$$I_2=G_2U=\frac{G_2}{G_1+G_2+G_3}I$$

$$I_3=G_3U=\frac{G_3}{G_1+G_2+G_3}I$$

在万用表电流测量中，也常常用到电阻并联的特性，进行量程扩大。

【例 1-2-2】 有一只微安表，满偏电流为 $I_g=100\mu A$、内阻 $R_g=1k\Omega$，要改装成量程为 $I_n=100mA$ 的电流表，试求所需分流电阻 R（Ω）。

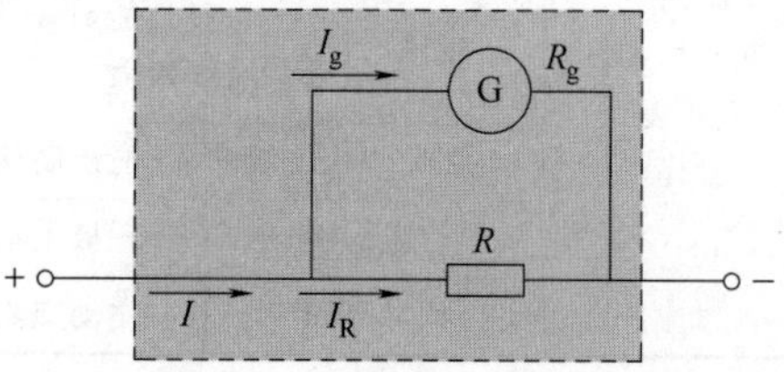

图 1-2-4 【例 1-2-2】图

解：如图 1-2-4 所示，设 $n=I_n/I_g$（称为电流量程扩大倍数），根据分流公式可得 $I_g=\frac{R}{R_g+R}I_n$ 则：

$$R=\frac{R_g}{n-1}$$

本题中 $n=I_n/I_g=1000$，

$$R=\frac{R_g}{n-1}=\frac{1\times1000}{1000-1}\approx1\ (\Omega)$$

【例 1-2-2】表明，将一只量程为 I_g、内阻为 R_g 的表头扩大到量程为 I_n，所需要的分流电阻为 $R=R_g/(n-1)$，其中 $n=(I_n/I_g)$ 称为电流扩大倍数。

【任务实施】

有一表头，满偏电流 $I_g=50\mu A$，内阻 $R_g=3k\Omega$，若把它改成量程为 $550\mu A$ 的电流表，应并联多大的电阻 R，并画出相应电路图。

【实操评价】

教学内容	评价要点	评价标准	评价方式	考核方式	分数权重
电阻的并联及扩大电流表量程	电阻并联的基本特性	正确说出电阻并联的基本特性	教师评价	作业及答辩	0.2
	电阻的计算	能计算扩大电流表量程电阻值		作业及答辩	0.3
	电路原理图绘制	能绘制任务所需电路原理图		操作	0.3
	作业态度	积极主动,认真	小组评价	口试	0.1
	团队意识	主动交流、配合默契		口试	0.1

【自测题】

一个满偏电流为 1μA、内阻为 2000Ω 的表头，若要改装成量程为 100μA 的电流表，需要并联多大的电阻？

任务 1.2.3　电阻的混合连接和应用

【知识目标】

掌握电阻混联的等效电阻计算方法。

【技能目标】

能对电阻混联的电路进行分析。

【任务描述】

本任务是通过电阻混联的等效电阻计算，分析相应电路的电压电流。

【相关知识】

电路中既有电阻的串联，又有电阻的并联，称为电阻的混联。电阻混联通常需要求等效电阻。具体方法如下：

1）在原电路图中给每一个连接点标注一个字母（注意：导线能直接连接的点用相同字母标注）。

2）将各字母沿水平方向排列，待求端字母放在始末两端，其余字母依次放在中间，将各电阻依次填入相应的字母之间，画出等效图。

3）根据电阻之间的连接关系求出等效电阻。

图 1-2-5　例 1-2-3 图

【例 1-2-3】　求图 1-2-5 所示电路 AB 间的等效电阻 R_{AB}。其中 $R_1=R_2=R_3=2\Omega$，$R_4=R_5=4\Omega$。

解：（1）按要求在原电路中标出字母 C，如图 1-2-6 所示。

（2）将 $R_1 \sim R_5$ 依次填入相应的字母之间。R_1 与 R_2 串联在 A、C 之间，R_4 在 A、B 之间，R_5 在 A、C 之间，即可画出等效电路图，如图 1-2-7 所示，其电阻间的串并联一目了然。

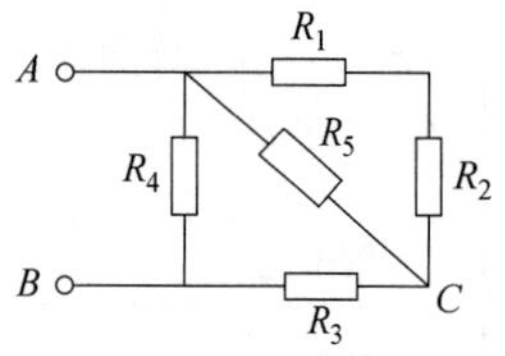

图 1-2-6　解题（1）图

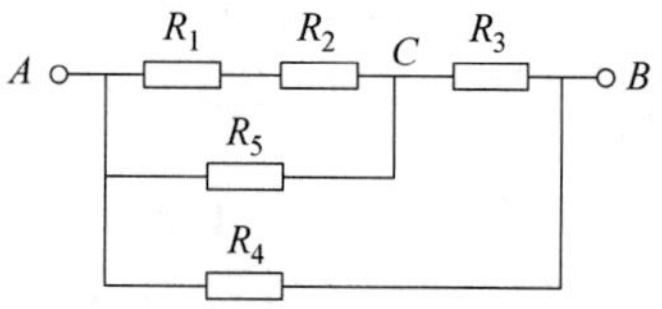

图 1-2-7　解题（2）图

（3）由等效电路图求出 AB 间的等效电阻：

$$R_{12}=R_1+R_2=2+2=4\Omega$$

$$R_{125}=\frac{R_{12}\times R_5}{R_{12}+R_5}=\frac{4\times 4}{4+4}=2\Omega$$

$$R_{1253}=R_{125}+R_3=2+2=4\Omega$$

$$R_{AB}=\frac{R_{1253}\times R_4}{R_{1253}+R_4}=\frac{4\times 4}{4+4}=2\Omega$$

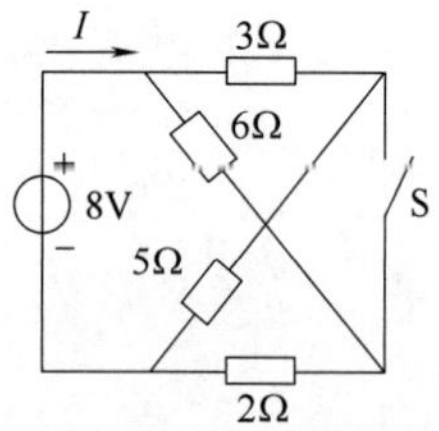

图1-2-8　电路混联电路图

【任务实施】

如图 1-2-8 所示，求在开关打开和闭合时的电流 I，请用实物连接出该电路，并用万用表检测电流值，分析检测值和计算值结果是否相符。

【实操评价】

教学内容	评价要点	评价标准	评价方式	考核方式	分数权重
电阻的混合连接和应用	电阻混联的等效	能计算电阻混合连接的等效电阻	教师评价	作业及答辩	0.2
	电阻混合连接	能根据要求对电阻进行连接		操作	0.3
	检测混合连接电路电流	能检测混合连接电路的电流		操作	0.3
	作业态度	积极主动，认真	小组评价	口试	0.1
	团队意识	主动交流、配合默契		口试	0.1

【自测题】

读图分析题：求下列图所示电路的等效电阻 R_{AB}。

1.

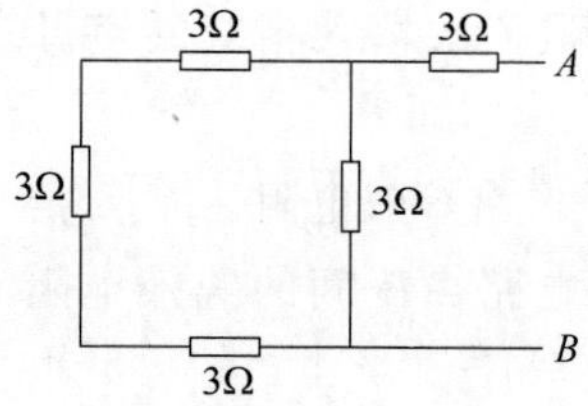

2.

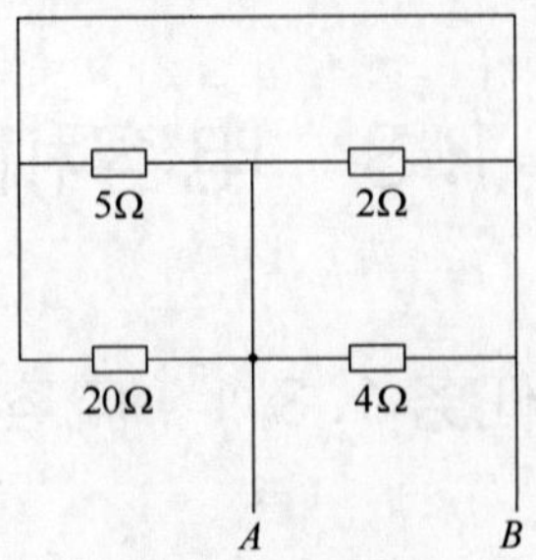

3.

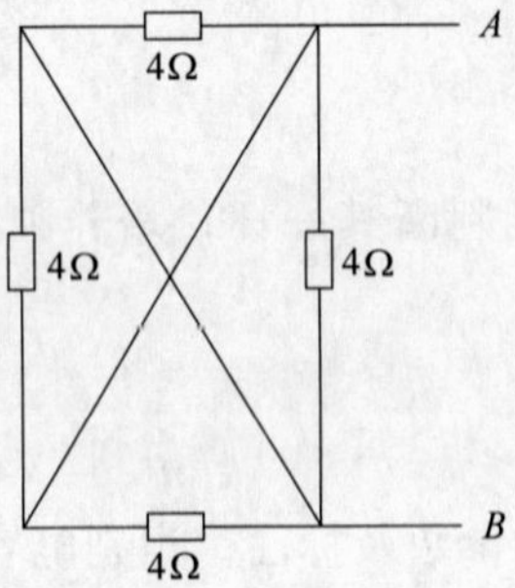

项目 1.3　电容和电感

任务 1.3.1　电容

【知识目标】

了解电容的概念、参数及标注；熟悉电容器的使用注意事项。

【技能目标】

会识别不同类型的电感器，能判断其好坏；培养独立思考的能力和自主学习的良好习惯。

【任务描述】

理解电容的构成，识读电容的参数及标注。识别电容的类型，判断电容的好坏。

【相关知识】

(1) 电容器

任何两个彼此绝缘而又相互靠近的导体，都可以看成是一个电容器，这两个导体称为电容器的两个极。两块靠近而且平行放置的金属板组成的电容器称为平行板电容器。

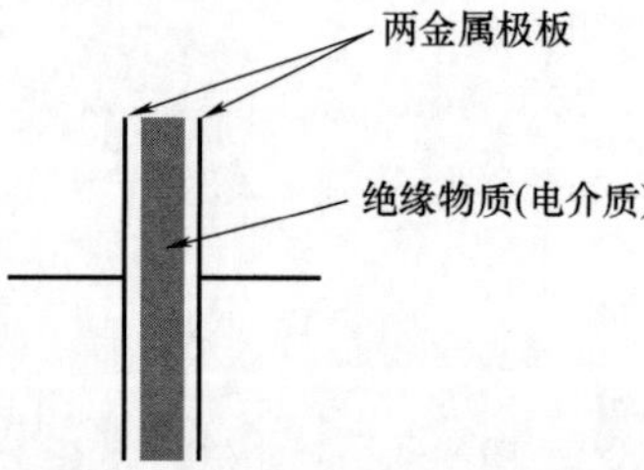

图 1-3-1　平行板电容器

在电容器两个极施加电压 U 时，在介质中建立起电场，能量被储存在介质中，如图 1-3-1 所示。

将电容器的两个极分别与电源的两个极相连，两个极就会带上等量异种电荷，这一过程称为充电，如图 1-3-2（a）所示。用导线将电容器的两极板接通，两极板上的正、负电荷中和，电容器不再带电，这一过程就是放电，如图 1-3-2（b）所示。

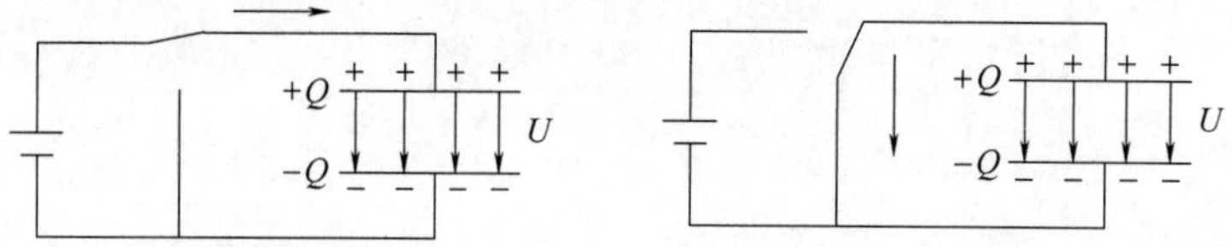

(a) 电容器的充电　　(b) 电容器的放电

图 1-3-2　电容的充放电

(2) 电容

当电源给电容器充电后，电容器的两极板之间就产生一定电压。实验证明，对同一个电容器，两极板间的电压会随着所带电量的增加而增加，并且电荷量与电压成正比，它们的比值是个量，不同的电容器比值是不同的。电容器所带电量 Q 与它们的两极板间的电压 U 之比，称为电容器的电容量，简称电容，用 C 表示，即

$$C=\frac{Q}{U}$$

电容的单位为 F（法），1F＝1C/V。F 这个单位太大，实际中常用较小的单位：μF（微法）和 pF（皮法）以及 mF（毫法）和 nF（纳法），它们之间的换算关系是 $1F=10^6\mu F=10^{12}pF$；$1F=10^3mF=10^9nF$。

(3) 电容的类型和额定值

1）聚酯（涤纶）电容（CL）。额定电压：63～630V。主要特点：小体积，大容量，耐热耐湿，稳定性差。应用：对稳定性和损耗要求不高的低频电路。

2）聚苯乙烯电容（CB）。额定电压：100V～30kV。电容量：10pF～4μF。主要特点：稳定，低损耗，体积较大。应用：对稳定性和损耗要求较高的电路。

3）聚丙烯电容（CBB）。电容量：1000pF～10μF。额定电压：63～2000V。主要特点：性能与聚苯相似但体积小，稳定性略差。应用：代替大部分聚苯或云母电容，用于要求较高的电路。

4）云母电容（CY）。电容量：10pF～0.1μF。额定电压：100V～7kV。主要特点：高稳定性，高可靠性，温度系数小。应用：高频振荡，脉冲等要求较高的电路。

5）铝电解电容。电容量：0.47～10000μF。额定电压：6.3～450V。主要特点：体积小，容量大，损耗大，漏电大。应用：电源滤波，低频耦合，去耦，旁路等。

6）钽电解电容（CA）、铌电解电容（CN）。电容量：0.1～1000μF。额定电压：6.3～125V。主要特点：损耗、漏电小于铝电解电容。应用：在要求高的电路中代替铝电解电容。

7）空气介质可变电容器。可变电容量：100～1500pF。主要特点：损耗小，效率高；可根据要求制成直线式、直线波长式、直线频率式及对数式等。应用：电子仪器，广播电视设备等。

8）薄膜介质微调电容器。可变电容量：1～29pF。主要特点：损耗较大，体积小。应用：收录机，电子仪器等电路作电路补偿。

9）陶瓷介质微调电容器。可变电容量：0.3～22pF。主要特点：损耗较小，体积较小。应用：精密调谐的高频振荡回路。

10）玻璃釉电容（CI）。定电压：63～400V。主要特点：稳定性较好，损耗小，耐高温（200℃）。应用：脉冲、耦合、旁路等电路。

【任务实施】

(1) 材料准备

电流表（2 只），电压表（1 只），直流电源（1 只），灯泡（1 只），开关（1 只），电容器（1 只），指针式万用表。

(2) 充放电线路的连接与记录（图 1-3-3、图 1-3-4）

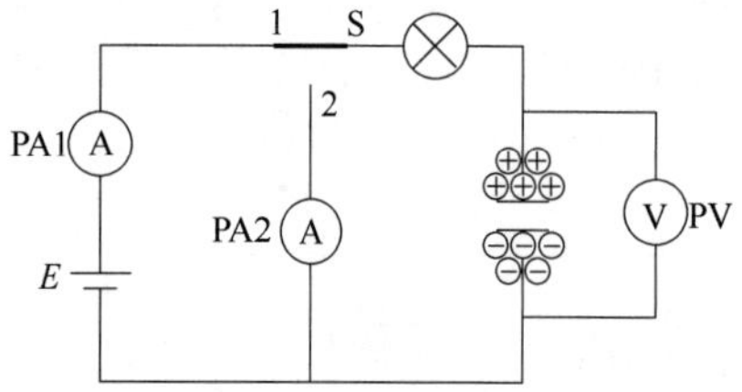

图 1-3-3　充电的线路连接图

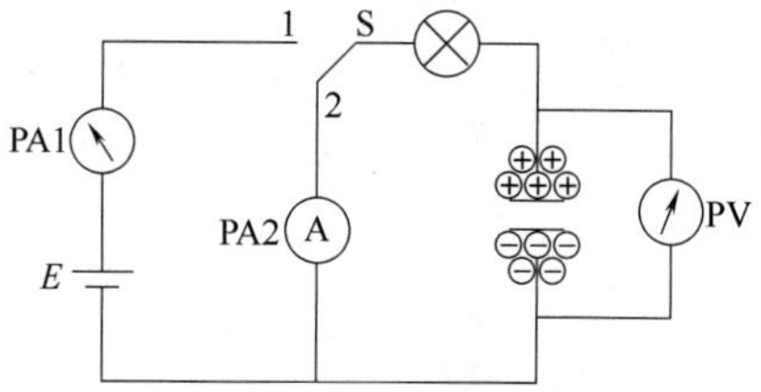

图 1-3-4　放电的线路连接图

表 1-3-1　　电容器充放电实验记录表

开关闭合	电流表指针偏转方向	电压表指针偏转方向	小灯泡状态
1			
2			

【实操评价】

教学内容	评价要点	评价标准	评价方式	考核方式	分数权重
电容器充放电实验	电路器件选型	正确、合理	教师评价	答辩	0.1
	测试前准备	正确、规范、合理接线		操作	0.2
	测试与读数	操作规范，读数准确		操作	0.5
	态度	积极主动，认真	小组评价	口试	0.1
	团队意识	主动交流、配合默契		口试	0.1

【自测题】

1. 某电容器的电容是 $1.15\times10^{-4}\mu F$，把它两极接到 10V 的电源上，则该电容器所带的电量为多少？

2. 简述电容器的类型。

任务 1.3.2　电感

【知识目标】

了解电感的概念、参数标注；熟悉电感的使用注意事项。

【技能目标】

会识别不同类型的电感器，能判断其好坏；培养独立思考的能力和自主学习的良好习惯。

【任务描述】

理解电感的构成，识读电感的参数及标注；识别电感的类型，判断电感的好坏。

【相关知识】

(1) 电感器

电感器又称为线圈或者电感线圈，它是由导线在绝缘骨架上（也有不用骨架的）绕制而成的。在电路中具有通直流、阻交流的作用。在电路图中用符号 L 表示，主要参数是电感量，单位是亨利，用 H 表示，常用的有毫亨（mH）、微亨（μH）、纳亨（nH），换算关系：$1H=10^3mH=10^6\mu H=10^9nH$。

常见的电感线圈如图 1-3-5 所示。

图 1-3-5　常见的空心电感线圈

1）电感线圈的型号命名方法。电感线圈的型号命名没有统一的国家标准，各生产厂家有所不同，但大多数的表示方法由四部分组成，如图 1-3-6 所示。

L G X A

第四部分　字母表示区别代号

第三部分　字母表示型号，X表示小型

第二部分　字母表示特征，G代表高频

第一部分　用L表示线圈，ZL表示阻流圈

字母或数字	1	2	G	P	E
型号	卧式	立式	胶木外壳	圆饼式	耳朵形环氧树脂包封

图 1-3-6　电感线圈的型号命名方法

2）电感线圈的标注方法。

① 直标法。直标法是在小型固定电感线圈的外壳上直接用文字符号标出其电感量、允许偏差和最大直流工作电流等主要参数，其中允许偏差常用Ⅰ、Ⅱ、Ⅲ来表示，分别代表允许偏差为±5%、±10%、±20%，最大工作电流常用字母 A、B、C、D、E 等标志。

② 色标法。色标法是指在电感器的外壳上涂上四条不同颜色的环来反映电感器的主要参数。前两条色环表示电感器电感量有效数字，第三条色环表示倍率（即 10n），第四条色环表示允许偏差。

(2) 自感

当导体中有电流时，在导体周围建立起磁场，而当电流大小变化时，磁通也发生变化，导线中就会产生感应电动势。这种由于导体本身的电流发生变化而产生的电磁感应现象，称为自感现象，产生的感应电动势称为自感电动势。自感电动势的大小与电流对时间的变化率成正比，即

$$E_{\mathrm{L}}=L\,\frac{\Delta I}{\Delta t}$$

式中：E_{L} 为自感电动势，单位为 V（伏）；L 为电感，单位为 H（亨）；$\frac{\Delta I}{\Delta t}$为电流的变化率，单位为 A/s（安每秒）。

对不同的线圈来说，线圈越粗、越长，匝数越多、越密，它的电感就越大；另外，有铁心的线圈的电感比没有铁心时大得多。

【任务实施】

(1) 材料准备

电感器（2 只），指针式万用表（1 只）。

(2) 电感线圈的检测

在选择和使用电感线圈时，首先要对线圈进行检查测量，而后判断线圈的质量好坏和优劣。欲准确检测电感线圈的电感量和品质因素 Q，一般均需要专门的仪器，而且测试方法较为复杂。实际工作中，一般不进行这种检测，仅进行线圈的通断检查和 Q 值的大小判断。

电感器型号	线圈外观检查	线圈通断检查	线圈 Q 值判断
1			
2			

【实操评价】

教学内容	评价要点	评价标准	评价方式	考核方式	分数权重
电感线圈的检测	电感器件选型	正确、合理	教师评价	答辩	0.1
	测试前准备	正确、规范、合理接线		操作	0.2
	测试与读数	操作规范，读数准确		操作	0.5
	态度	积极主动，认真	小组评价	口试	0.1
	团队意识	主动交流、配合默契		口试	0.1

【自测题】

1. 设有一电感线圈，当电流的变化率为 5A/s 时，自感电动势为 10V，请计算线圈的电感。

2. 简述万用表测量电感线圈的步骤。

项目 1.4　家用照明电路安装与检修

任务 1.4.1　单相正弦交流电

【知识目标】

会计算周期、频率、振幅、有效值和相位差；能判断两个同频正弦瞬时表达式的位关系；能理解正弦交流电的解析、波形和相量表示及其转换；会写最大值、有效值的相量极坐标形式。

【技能目标】

能使用万用表测量分析家用照明电源的有效值。

【任务描述】

本任务是使用万用表检测电源电压，计算家用照明电路的三要素及向量表示。

【相关知识】

(1) 交流电的基本知识

以正弦电流为例：

$$i=I_m\sin(\omega t+\theta_i) \tag{1-4-1}$$

式中：I_m——振幅；

ω——角频率；

θ_i——初相角；

$\omega t+\theta_i$——相位。

振幅、角频率和初相位称为正弦量的三要素。

1）周期与频率、角频率的关系。

$$f=\frac{1}{T}\quad \omega=\frac{2\pi}{T}=2\pi f \tag{1-4-2}$$

角频率 ω：正弦量单位时间内变化的弧度数。

2）相位、初相位、振幅与有效值。

相位：t 时刻线圈平面与中性面的夹角；

初相：$t=0$ 时线圈平面与中性面的夹角；

振幅：正弦量的最大值。

有效值：振幅除以$\sqrt{2}$。

3）相位差。两个同频率正弦量的相位之差：超前、滞后、同相、反相其值等于它们的初相之差。如：

$$u=U_m\sin(\omega t+\theta_u)\quad i=I_m\sin(\omega t+\theta_i)$$

相位差为：

$$\varphi=(\omega t+\theta_u)-(\omega t+\theta_i)=\theta_u-\theta_i$$

$\varphi=0$，u 与 i 同相。

$\varphi=\pi$，u 与 i 反相。

$\varphi=\frac{\pi}{2}$，u 与 i 正交。

【例 1-4-1】 在选定的参考方向下，已知两正弦量的解析式为 $u=200\sin(1000t+200°)$ V，$i=-5\sin(314t+30°)$ A，试指出两个正弦量的三要素。

解：(1) 因为 $u=200\sin(1000t+200°)=200\sin(1000t-160°)$ V

所以电压的振幅值 $U_m=200\text{V}$，角频率 $\omega=1000\text{rad/s}$，初相 $\theta_u=-160°$。

(2) 因为 $i=-5\sin(314t+30°)=5\sin(314t+30°-180°)=5\sin(314t-150°)$ A

所以电流的振幅值 $I_m=5\text{A}$，角频率 $\omega=314$ (rad/s)，初相 $\theta_i=-150°$。

(2) 向量表示

复数的代数式：$A=a+jb$

复数的三角形式：$A=|A|\cos\psi+j|A|\sin\psi=|A|(\cos\psi+j\sin\psi)$

根据数学中的欧拉公式 $\cos\psi+j\sin\psi=e^{j\psi}$

复数可写成指数形式：$A=|A|e^{j\psi}$

电工技术中常把复数写成更简单的极坐标形式：$A=|A|\angle\psi$

(3) 正弦交流电的向量表示

设有一正弦量为 $u=U_m\sin(\omega t+\psi)$ 在图 1-4-1 (a) 所示复平面中作一矢量，矢量的长度表示最大值 U_m；矢量的初始位置与正实轴的夹角为初相 ψ；该矢量以 ω 角速度逆时针旋转。则任一瞬间该矢量在虚轴上的投影为 $U_m\sin(\omega t+\psi)$，波形如图 1-4-1 (b) 所示，正好与交流电的表达式和波形相同。因而，如果用一个旋转矢量来表示正弦交流电，就是用矢量的长度、旋转角速度和初始角分别代表正弦交流电的最大值、角频率和初相

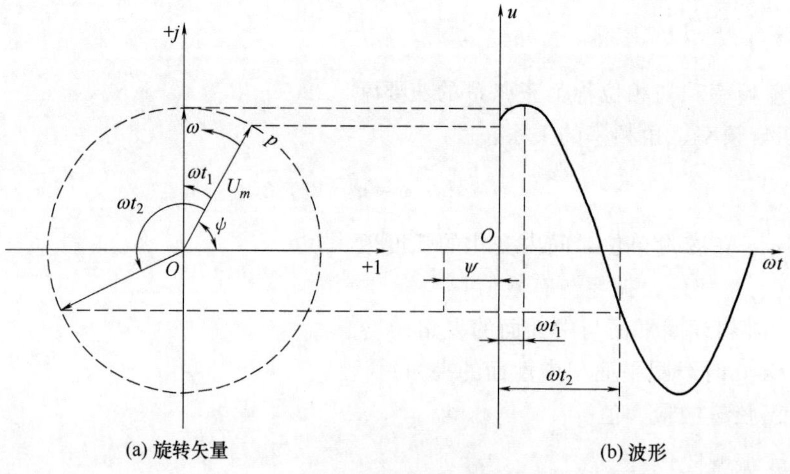

图 1-4-1 正弦量与旋转矢量的对应关系

位，所以，复平面上的一个旋转矢量可以完整地表示一个正弦量。

复平面中的任一矢量都可以用复数表示。上述矢量在起始位置时，对应的复数为 $U_m\angle\psi$。而在任意时刻所对应的复数为 $U_m\angle\omega t+\psi$，该复数的虚部对应地表示了正弦量 $u=U_m\sin(\omega t+\psi)$，因此，正弦量也可以用它所对应的复数来表示。

应当注意，正弦量既不是矢量，也不是复数，但复数和它对应的矢量可以表示为一个正弦量。

在正弦稳态交流电路中，因为所有的激励和响应都是同频率的正弦量，因而角频率都是相同的。所以，可以用起始位置的矢量和它对应的复数来表示正弦量。这种与正弦量相对应的复数就称为正弦量的相量。如上述正弦交流电压，其相量形式为

$$\dot{U}_m=U_m\angle\psi \tag{1-4-3}$$

式中，U_m 称为正弦量的最大值相量。

电路分析时，应用较多的是有效值相量，其表示形式为

$$\dot{U}=U\angle\psi \tag{1-4-4}$$

上述正弦量的相量在复平面上所做的图形称为该正弦量对应的相量图。只有同频率的正弦量，其相量才可以画在同一复平面上。

【例 1-4-2】 已知正弦电流 $i_1=20\sin(\omega t+60°)$ A，$i_2=10\sin(\omega t-45°)$ A　求：(1) $i=i_1+i_2$；(2) 画出相量图。

解：(1) 采用相量运算，先将 i_1 和 i_2 用它们的最大值相量表示，即

$$\dot{I}_{m1}=20\angle 60°(\text{A})$$

$$\dot{I}_{m2}=10\angle -45°(\text{A})$$

所以

$$\begin{aligned}\dot{I}_m&=\dot{I}_{m2}+\dot{I}_{m2}=20\angle 65°+10\angle -45°\\&\approx 10+17.3j+7.07-7.07j\\&=17.07+10.23j\\&=19.9\angle 30.9°\text{A}\end{aligned}$$

即 $i=19.9\sin(\omega t+30.9°)$ A

(2) 相量图如图 1-4-2 所示。

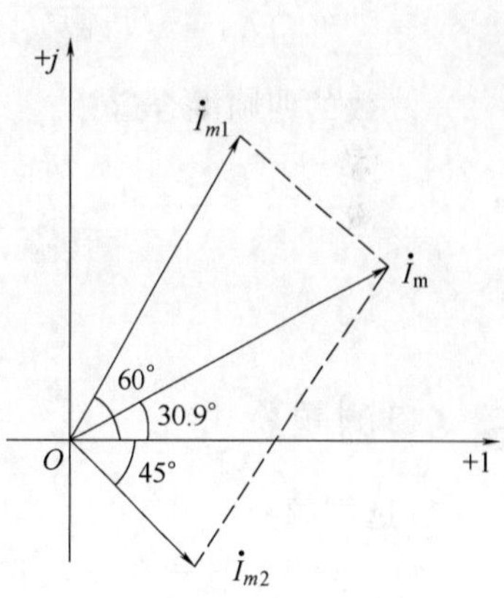

图 1-4-2　例 1-4-2 图

从上述例题分析中可以看出，相量法的实质，是将各同频率的正弦量变换为它的复数形式，这样便把正弦交流电路的三角函数的运算问题变换成复数运算的问题来处理，从而简化运算。因此相量法只是一种分析交流电路的数学工具。应该注意的是：除了正弦量以外，复数不能表示其他任何周期量。复数的相加减只能代表同频率正弦量的相加减，因此，只有在正弦交流电路中才能应用复数来计算。

【任务实施】

(1) 设备与器材

万用表，220V 电源。

(2) 家用电源检测

① 红色表笔插万用表“＋”孔内或接正极接线柱，黑色表笔插在“－”孔内或接负极接线柱，不得接反；

② 正确选择转换开关的位置和量程（思考如何选择，学生自主完成）；

③ 将测试表笔接触测试点；

④ 计算测量结果。U＝倍率÷量程×读数（V）；

⑤ 归挡位。

【实操评价】

教学内容	评价要点	评价标准	评价方式	考核方式	分数权重
家用照明电路电源分析设计	交流电的三要素及计算	正确分析交流电三要素	教师评价	作业及答辩	0.2
	向量的计算	正确计算		作业及答辩	0.3
	测量电源电压	操作安全，运行步骤正确		操作	0.3
	作业态度	积极主动，认真	小组评价	口试	0.1
	团队意识	主动交流、配合默契		口试	0.1

【知识拓展】

向量表示的转换与运算：

1）复数中代数式和极坐标式的相互转换。

$$A=a+jb \quad \Leftrightarrow \quad A=|A|\angle\psi$$

$$|A|=\sqrt{a^2+b^2} \quad \psi=\arctan\frac{b}{a} \quad \Leftrightarrow \quad a=|A|\cos\psi \quad b=|A|\sin\psi$$

2）复数的四则混合运算。

$$A_1 \pm A_2 = a_1 \pm a_2 + j(b_1 \pm b_2) \tag{1-4-5}$$

$$A_1 \times A_2 = |A_1| \times |A_2| \angle(\psi_1+\psi_2) \tag{1-4-6}$$

$$A_1 \div A_2 = \frac{|A_1|}{|A_2|}\angle(\psi_1-\psi_2) \tag{1-4-7}$$

【自测题】

一、选择题

1. 两个同频交流电正交，它们的相位差是（　　）。

A. 0°　　B. 90°　　C. 180°

2. 如下图（a）所示，电流和电压的相位关系是（　　）。

A. 同相　　B. 反相　　C. 正交

3. 如下图（b）所示，电流和电压的相位关系是（　　）。

A. 同相　　B. 反相　　C. 正交

4. 如下图（c）所示，电流和电压的相位关系是（　　）。

A. 同相　　B. 反相　　C. 正交

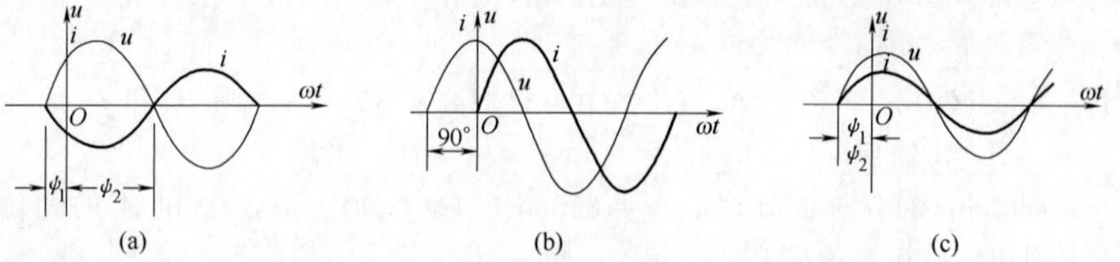

5. 两个同频正弦交流电的相位差等于 180°时，它们的相位关系是（　　）。

A. 同相　　　B. 反相　　　C. 相等

6. 两个同频交流电同相，它们的相位差是（　　）。

A. 0°　　　B. 90°　　　C. 180°

7. 交流电压表的读数为 220V，指的是交流电的（　　）。

A. 最大值　　　B. 平均值　　　C. 有效值

8. 一正弦交流电的频率为 100Hz，它的周期为（　　）。

A. 100s　　　B. 1s　　　C. 0.01s

9. 一交流电 $u=311\sin 628t$，该交流电的周期为（　　）。

A. 0.01s　　　B. 0.02s　　　C. 0.05s

10. 电压瞬时值 $u=311\sin(314t+15°)$，则其初相和频率为（　　）。

A. 15°　50Hz　　　B. 100°　100Hz　　　C. 311°　314Hz

11. 我国工业用电频率规定为（　　）Hz。

A. 50　　　B. 60　　　C. 100

12. 判定两个正弦交流量的相位关系必须满足的条件是二者的（　　）。

A. 频率必须相同　B. 最大值必须相同　C. 初相必须相同

13. 表达式为 $u=14.1\sin(50t-30°)$ V 的交流电相当于（　　）V 的直流电。

A. 14.1　　　B. 10　　　C. 5

二、填空题

1. 正弦交流电的三个基本要素是________、________和________。

2. 正弦量在________瞬时________称为振幅，常用交流电压 220V 是指电压的________。

3. 特殊的相位关系有________、________、________。

4. 同相相位差 $\varphi=$________，正交相位差 $\varphi=$________，反相相位差 $\varphi=$________。

5. 已知电压 $u=10\sin(100\pi t-30°)$ V，则电压的有效值为________V，频率为________Hz，周期为________s，角频率为________rad/s，初相为________，最大值为________V，有效值相量形式 $\dot{U}=$________，最大值相量形式 $\dot{U}_m=$________。

6. 正弦交流电流 $i=5\sqrt{2}\sin(314t-60°)$ A，该电流有效值 $I=$________A，初相位为________，频率为________Hz，周期为________s，角频率为________rad/s，相量形式 $\dot{I}=$________。

7. $u=20\sin(628t+45°)$ V，$U_m=$________V，$\omega=$________rad/s，$\psi=$________，$f=$________Hz。

8. $i_1 = 10\sin(314t - 30°)$ A，$i_2 = 310\sin(314t + 90°)$ A，则 i_1 和 i_2 的相位差为________，________超前________。

9. $i_1 = 10\sin(314t - 30°)$ A，$i_2 = 310\sin(314t + 80°)$ A，则 i_1 和 i_2 的相位差为________，________滞后________。

10. $i_1 = 10\sin(314t + 90°)$ A，$i_2 = 310\sin(314t + 90°)$ A，i_1 和 i_2 的相位关系为________（同相、反相、正交）。

11. $u = 10\sin(314t - 30°)$ V，$i = 2\sin(314t + 60°)$ A，则 u 和 i 的相位关系为________。

12. 交流电路中的三种功率是________功率、________功率和________功率。

13. $u = 10\sin(20t + 45°)$ V，$i = 5\sin(20t - 45°)$ A，u 的频率________（>、=、<）i 的频率。

14. $u = 10\sin(40t + 45°)$ V，$i = 5\sin(20t - 45°)$ A，u 的频率________（>、=、<）i 的频率。

三、判断题

1.（　　）随着时间按正弦规律变化的物理量称为正弦量。

2.（　　）随着时间按正弦规律变化的电流称为正弦电流。

3.（　　）周期、频率和角频率的关系是：$\omega = 2\pi f$。

4.（　　）交流电的初相位可以为正，也可以为负或零。

5.（　　）对于正弦交流电流有：$I = \frac{I_m}{\sqrt{2}}$。

6.（　　）复数的代数形式为 $\dot{A} = a + jb$。

7.（　　）复数的三角函数形式为 $\dot{A} = |A|(\cos\phi + j\sin\phi)$。

8.（　　）复数的指数形式为 $\dot{A} = |A|e^{j\phi}$。

9.（　　）正弦量的初相角与起始时间的选择有关，而相位差则与起始时间无关。

10.（　　）两个不同频率的正弦量可以求相位差。

11.（　　）人们平时所用的交流电压表、电流表所测出的数值是有效值。

12.（　　）某电流相量形式为 $\dot{I}_1 = 3 + 4j$ A，则其瞬时表达式为 $i = 100\sin\omega t$ A。

13.（　　）频率不同的正弦量不能比较相位关系。

14.（　　）万用表测量电压时和被测物是并联。

15.（　　）万用表测量电流时和被测物是并联。

16.（　　）万用表测量电阻时每次更换倍率需要右调零。

四、思考题

1. 特殊的相位差有哪些？

2. 周期与频率、角频率的关系是什么？

3. 正弦交流电比较相位差的前提是什么？

4. 正弦交流电的三要素是什么？

5. 万用表测量出的是交流电压的什么值？

6. 测量交流电压的步骤是什么？

7. 万用表测量交流电压和直流电压有什么区别？

8. 我国使用的交流电的三要素是什么？

9. 写出初相位为 0°的我国交流电瞬时表达式。

任务 1.4.2　电阻电路

【知识目标】

知道纯电阻电路中电压、电流的相位关系和功率。

【技能目标】

知道并会选用电度表、开关、灯具等；能分析电路原理，正确接线；能安全规范运行，能进行参数测量和分析。

【任务描述】

本任务是完成交流电路纯电阻电路的分析、接线与调试。电路控制要求为：按下开关，照明灯亮；断开开关，照明灯熄灭。

【相关知识】

纯电阻电路就是除电源外，只有电阻元件的电路，或有电感和电容元件，但它们对电路的影响可忽略。电压与电流同频且同相位。电阻将从电源获得的能量全部转变成内能，这种电路称为纯电阻电路。基本上，只要电能除了转化为内能以外没有其他能的转化，此电路就为纯电阻电路。在计算和分析时，只要电流相位和电源一致，符合欧姆定律就可以看作是纯电阻电路。

(1) 电流与电压的关系

1）一般关系：u 与 i 仍符合欧姆定律，有 $u=iR$。

2）大小关系。

设 $u_R=\sqrt{2}U_R\sin\omega t$

根据欧姆定律得

$$i_R=\frac{u_R}{R}=\sqrt{2}\frac{U_R}{R}\sin\omega t=\sqrt{2}I_R\sin\omega t \tag{1-4-8}$$

式中表明，正弦交流电路中，电阻元件中的电压和电流为同频率的正弦量，在关联参考方向下电压与电流也是同相位的，波形图如图 1-4-3（b）所示。

其参考方向如图 1-4-3（a）所示。

3）相位关系。$\varphi_u-\varphi_i=0$。

4）有效值相量关系。

$$\dot{U}_R=R\dot{I}_R \tag{1-4-9}$$

相量图如图 1-4-3（c）所示。

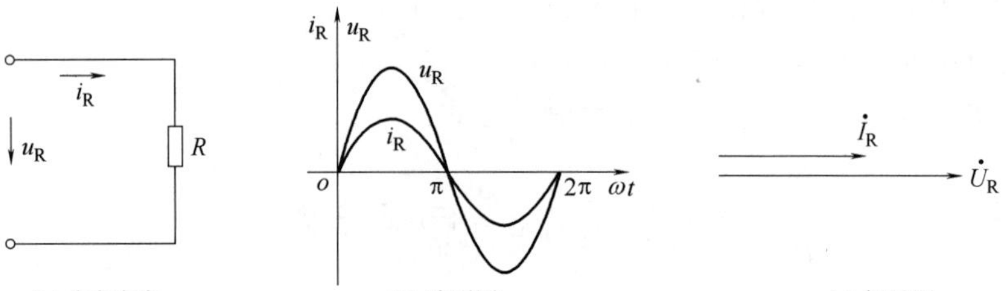

(a) 参考方向　　(b) 波形图　　(c) 相量图

图 1-4-3　电阻负载上的电压和电流

(2) 功率关系

1）瞬时功率及意义。

$$p_R = u_R i_R = U_{Rm} I_{Rm} \sin^2 \omega t = U_R I_R (1 - \cos^2 \omega t) \tag{1-4-10}$$

2）平均功率即有功功率。

$$P_R = U_R I_R = I_R^2 R = U_R^2 / R \tag{1-4-11}$$

平均功率是电路中实际消耗的电功率，如用来加热、发光等，所以又叫有功功率，单位是瓦（W）。人们平常所说的灯泡功率是 40W，电烙铁的功率是 25W 等，都是指平均功率。

3）无功功率。电阻元件是耗能元件，不储存电能，$Q=0$。

【任务实施】

(1) 元件简介

图 1-4-4 为白炽灯照明电路原理图，各元件符号含义如下：

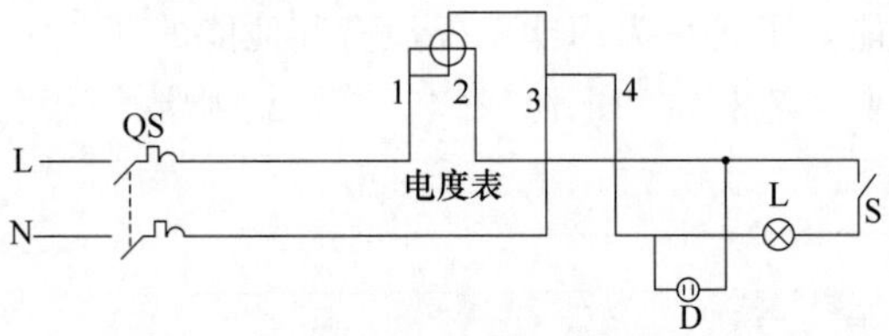

图 1-4-4　白炽灯照明电路原理图

QS—空气开关　D—插座　L—白炽灯　S—开关

(2) 原理分析

如图 1-4-4 使用时接通空气开关和拉线开关，交流电从电源进电，到空气开关，经过电度表，到插座，通过拉线开关，灯通电工作，其中插座和灯是并联关系，工作是互不影响。

(3) 设备与器材

木制板，电表，圆木，螺口灯座，拉线开关，双孔插座，空气开关，金属扎片，塑料铝芯导线，塑料软线，常用电工工具等。

(4) 接线与调试

1）白炽灯照明电路安装接线图。

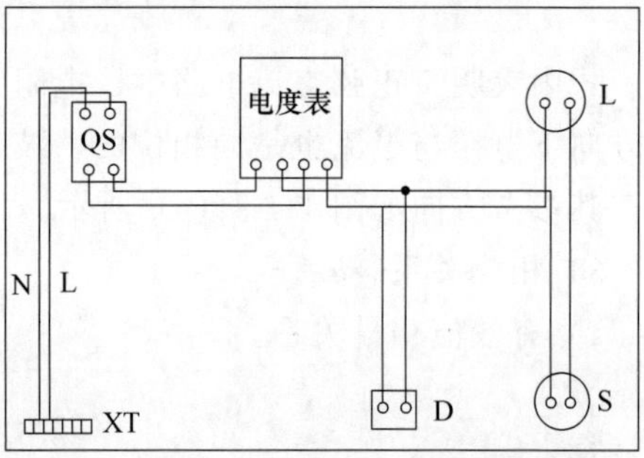

图 1-4-5　白炽灯照明电路安装接线图

2）布局与安装。如图 1-4-5 进行布局与安装，要求布局合理，安装符合电路安装时的要求，能够正确使用工具，具有一定的工艺性。

3）通电试车。通电时注意安全，要在检查无误后进行操作，通电步骤正确。开关开为由远及近，关为由近及远。

4）排故检修。表 1-4-1 给出了白炽灯常见故障，共检修时参考。

表 1-4-1　　白炽灯常见故障

故障现象	产生故障的可能原因	排除方法
灯泡不发光	1. 灯丝断	1. 更换灯泡
	2. 灯座或开关触点接触不良	2. 修复触点或更换器件
	3. 开关未接通	3. 检查开关状态
	4. 电路开路	4. 查找出开路点并修复线路
	5. 停电	5. 查找停电范围及原因
灯泡忽亮忽暗，或时亮时灭	1. 灯座或开关触点、导线接触不良(松动，表面氧化)	1. 修复故障点(坚固连接点，清除氧化层后重新连接)
	2. 电源电压波动	2. 电网变压器增容
	3. 灯泡与灯头接触松动或接触面氧化层太厚	3. 推动灯泡增加它与灯头的接触压力，看是否能恢复正常
不断断开空气开关	1. 灯座或挂线盒连接处两线头互碰短路	1. 重新连接线头
	2. 负载过重	2. 减轻负载或增大线路容量
灯泡发光强烈	1. 灯丝局部短路(搭线)	1. 更换灯泡
	2. 电源电压高于灯泡额定工作电压	2. 用交流稳压器将电源电压稳定在 220V

【实操评价】

教学内容	评价要点	评价标准	评价方式	考核方式	分数权重(比例)
纯电阻电路中电压、电流的相位关系和功率	分析过程	理论基础	教师评价	教考分离	0.4
白炽灯照明电路安装与检修	是否正确接线及排故	维修电工	教师评价和小组评价结合	电路检修	0.6

【知识拓展】

(1) 白炽灯泡

白炽灯泡也称钨丝灯泡，是白炽灯照明电路的来源，它由灯丝、玻璃外壳和灯头三部分组成。灯泡的形式有插口和螺口两种，如图 1-4-6 所示，使用时应与相应的插口或螺口灯座相配套。

民用照明白炽灯的工作电压为 220V，功率有 15W、20W、25W、40W 等多种规格。

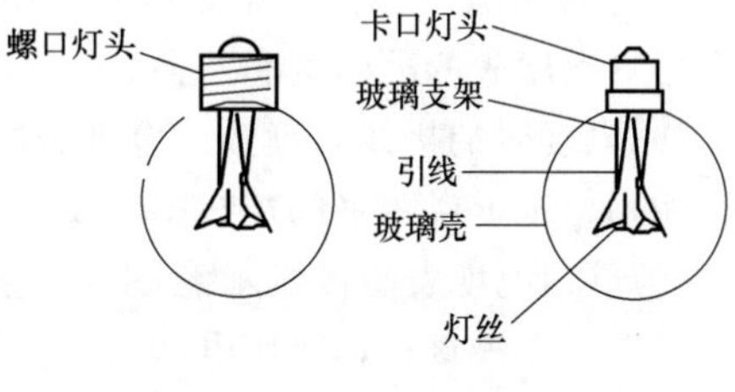

图 1-4-6　白炽灯结构图

白炽灯的优点是结构简单，安装方便，价格低廉，广泛用于照明电路，但其发光效率较低，寿命短，平均约为 1000h。白炽灯还有磨砂泡、乳白泡等类型，其发光效率更低。

电子节能灯是在白炽灯电路的基础上，采

用电子电路对电压进行变换后送至灯泡驱动其发光，其发光效率得到很大提高，寿命也大大延长，得到越来越广泛的使用，但其主要缺点是价格较贵，且内部电路复杂，损坏后维修不方便。

检修：使用万用表电阻挡检测是否有阻值，无穷大为断开，0 为短路。

(2) 灯座

灯座俗称灯头，主要用来安装灯泡。它的种类很多，通常根据所用的白炽灯和使用场所选用相应的灯座。

检修：① 使用万用表电阻挡检测灯座金属是否能和接线端子接通，并进行检修。

② 使用万用表电阻挡检测灯座是否有短路，并进行检修。

(3) 空气开关

用来将高压配电装置中需要停电的部分与带电部分可靠地隔离，以保证检修工作的安全，两开关同时打开、关闭，是一种可以自动切断线路故障的电器。当电路发生短路、过载、欠电压等不正常的现象时，能自动切断电路。

检修：① 使用万用表电阻挡检测是否能接通电路，对应的进出线端阻值应该为 0。

② 使用万用表电阻挡检测火零线是否有短路，相邻火零线端了阻值为无穷大。

(4) 单相电度表

单相电度表：测量负载所消耗的电能。

1）电度表的安装。电度表安装时应注意以下几点：

① 安装电度表一般要求电度表与配电装置装在一起，如图 1-4-7 所示。装电度表的木板为实心板，正面及四周边缘应涂漆防潮，且必须坚实干燥，不应有裂缝，拼接处要紧密平整。

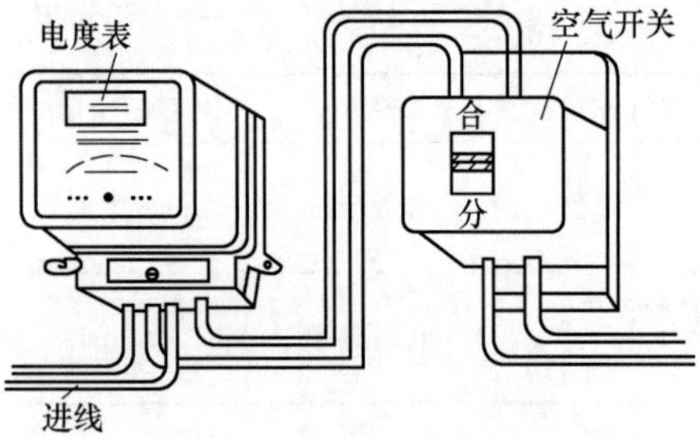

图 1-4-7 电度表安装图

② 电度表的安装场所要干燥、整洁，无振动、无腐蚀、无灰尘、无杂乱线路，表板的下沿离地面至少 1.8m。

③ 为了使导线走向简洁而不混乱，电度表应装在进线侧。为抄表方便，明装电度表箱底面距地 1.8m，特殊情况 1.2m，暗装电度表箱底面距地 1.4m。如需并列安装多只电度表时，则两表间的距离不应小于 200mm。

④ 不同电价的用电线路应分别装表，同一电价的用电线路应合并装表。

⑤ 安装电度表时，表身必须与地面垂直，否则会影响电度表的准确度。

⑥ 电度表不允许安装在只有 10%负载以下的电路中使用。

⑦ 电度表在使用过程中，电路上不允许经常出现短路或负载超过额定值的 125%，否则会影响电度表的准确度和寿命。

2）电度表的接线与读数。电度表的接线端比较多，容易接错。在接线前必须查看附表说明书，根据说明书的接线图和要求，把进线和出线依次对号接在电度表的线柱上。图 1-4-8 为单相电度表的接线示意图。一般规律是“1，3 进；2，4 出”，且“1”为火线接柱，“3”为零线接柱，所用电能可直接通过电度表读出。用单相电度表测对称三相四线制电能的接线方法如图 1-4-8 所示。不过此时电度表的读数是一相负载所消耗的电能，然后

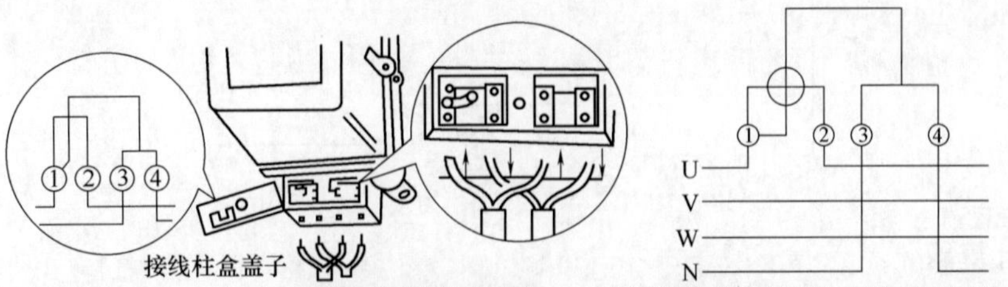

(a) 单相电度表测单相电能　(b) 单相电度表测对称三相四线制电能

图 1-4-8　单相电度表的接线方法图

乘以 3 即得负载所耗的总电能。

检修：① 使用万用表电阻挡检测是否能接通电路，对应的进出线端阻值应该为 0。

② 使用万用表电阻挡检测火零线是否有短路，相邻火零线端子阻值为电表线圈阻值。

(5) 两孔插座

引入两孔插座的目的是让学生练习 T 形接头的连接。插座的安装：双孔插座在双孔水平安装时，满足“左零右火”；竖直排列时，满足“上火下零”。三孔插座下边两孔是接电源线的，仍为“左零右火”，上边一孔接地线。

检修：使用万用表电阻挡检测火零线是否有短路，相邻火零线端子阻值为无穷大。

(6) 拉线开关

与被控照明电器相串联，用来控制电路的通断，达到控制照明的目的。

检修：使用万用表电阻挡检测是否能接通电路，进出线端阻值应该为 0。

【自测题】

一、选择题

1. 纯电阻电路中，已知电阻 $R=5\Omega$，电压为 $u=311\sin 314t$，则电流 I 为（　　）A。

A. 62.2　　B. 44　　C. 22

2. 某一交流电路中，电流与电压的相位差为 0°，则电路中（　　）。

A. 只有有功功率　　B. 只有无功功率　　C. 有功功率和无功功率都具有

3. 2Ω 电阻的电压 $\dot{U}=10\angle -60°$V，当 u、i 为关联方向时，电阻上电流 $\dot{I}=$（　　）A。

A. $5\sqrt{2}\angle -60°$　　B. $5\angle -60°$　　C. $10\angle -30°$

4. 纯电阻电路中电流和电压的相位关系是（　　）。

A. 相同　　B. 电流超前电压

C. 电压超前电流　　D. 以上都不对

5. 已知一交流电路中电阻 $R=5\Omega$，两端的电压为 $u=10\sqrt{2}\sin(314t-30°)$ V，则电路中 R 上消耗的有功功率为（　　）W。

A. 10　　B. $10\sqrt{2}$　　C. 20

6. 如下图（a）、图（b）、图（c）所示，表示纯电阻上电压与电流相量的是图（　　），表示纯电感上电压与电流相量的是图（　　）。

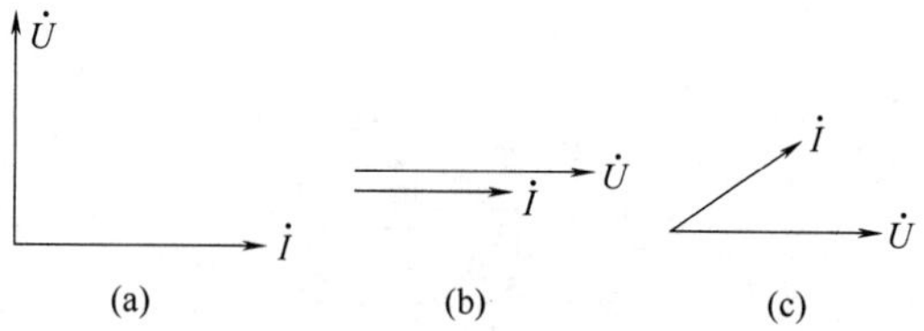

二、计算题

1. 在 5Ω 电阻的两端加上电压 $u=310\sin314t\,\text{V}$，试求：(1) 流过电阻的电流有效值 I；(2) 电流瞬时值 i；(3) 有功功率 P。

2. 已知电路中 100Ω 电阻上通过电流为 $i=100\sqrt{2}\sin(\omega t+45°)$ A，试求：(1) 电阻中电流的有效值 I；(2) 电阻上电压的有效值 U；(3) 有功功率 P。

3. 已知电路中 10Ω 电阻上通过电流为 $i=220\sqrt{2}\sin(\omega t+45°)$ A，试求：(1) 电流的向量表达 $\dot{I}$；(2) 电阻上电压的向量表达 $\dot{U}$；(3) 有功功率 P。

任务 1.4.3 电感电路

【知识目标】

知道纯电感电路中电压、电流的相位关系和功率。

【技能目标】

知道并会选用电度表、开关、灯具等；能分析电路原理，正确接线；能安全规范运行，能进行参数测量和分析。

【任务描述】

本任务是完成交流电路纯电感电路的分析、接线与调试。电路控制要求为：按下开关，照明灯亮；断开开关，照明灯熄灭。

【相关知识】

纯电感电路是指除交变电源外，只含有电感元件的电路。电感两端的电压与电流同频，但电压比电流的相位超前 π/2，线圈不消耗能量。用导线密绕的线圈，当它们的电阻忽略不计时，可以认为是单一的电感元件。电感元件是电工设备和仪器里经常用到的元件之一。

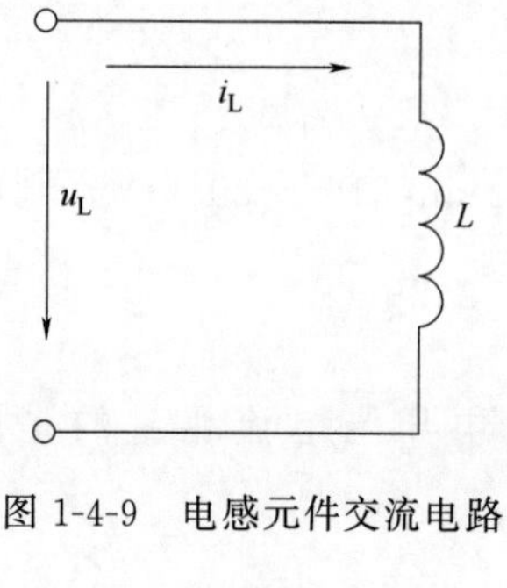

图 1-4-9 电感元件交流电路

(1) 电压和电流的关系

1) 大小关系：图 1-4-9 是电感元件交流电路。

设 $i_L=\sqrt{2}I_L\sin\omega t$

则
$$u_L=\sqrt{2}X_LI_L\sin(\omega t+90°) \tag{1-4-12}$$

从式 (1-4-12) 中可以看出，电流是正弦量时，电压也是正弦量。比较 u 和 i 的表达式可知电压和电流之间有如下关系：①电压与电流为同频率的正弦量；②电压在相位上超前电流 90°；③电压和电流的大小关系为：

$$U_L=\omega LI \tag{1-4-13}$$

式（1-4-13）中令 $X_L=\omega L$，X_L 称为感抗，单位是 Ω。从式中可以看出，X_L 由电感及电路中的频率 ω 决定，当 L 一定时，电感对电流的阻碍作用，即 X_L 的大小由 ω 决定，而 X_L 与 ω 成正比，所以电感元件对高频电流有较大的阻碍作用，对低频电流阻碍作用较小。在直流电路中，$f=0$，$X_L=0$，故电感元件可视作短路。

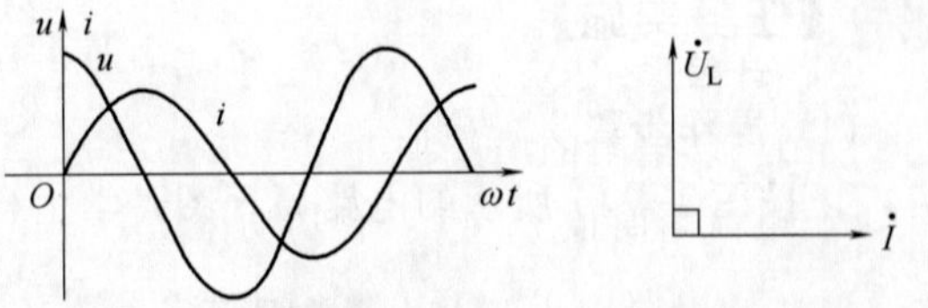

图 1-4-10　电感负载的电压电流关系与相量图

波形图和相量图，如图 1-4-10 所示。

2）相位关系。$\varphi_u-\varphi_i=90°$。

3）有效值相量关系。

$$\dot{U}_L=jX_L\dot{I}_L \tag{1-4-14}$$

（2）功率关系

1）瞬时功率及意义。

$$p=u_Li_L=\sqrt{2}U_L\sin(\omega t+90°)\sqrt{2}I_L\sin\omega t \tag{1-4-15}$$
$$=\sqrt{2}U_L\cos\omega t\sqrt{2}I_L\sin\omega t=U_LI_L\sin2\omega t$$

2）平均功率即有功功率。电感元件不消耗电能，故平均功率为零，它是一种储能元件。

$$P=0$$

3）无功功率。电感线圈不消耗电源的能量，但是电感元件与电源之间在不断地进行周期性的能量交换。为了反映电感元件与电源之间进行能量交换的规模，瞬时功率的最大值称为电感元件的无功功率，用符号 Q 表示，其数学表达式为：

$$Q=U_L\times I_L \tag{1-4-16}$$

【例 1-4-3】 有一电感线圈，已知其电感 $L=6$mH，把它分别接到电压是 10V 的直流电源和电压是 10V、频率分别为 50Hz、5kHz 的交流电源上，问其感抗和电流有效值分别是多大?

解： 直流电源的频率可视为零，因此

$$X_{L0}=\omega L=0$$

$$I=\infty$$

即电感线圈在直流电路中相当于短路。

当接到 50Hz，10V 交流电源上时

$$X_{L1}=\omega_1L=2\pi f_1L=2\pi\times50\times6\times10^{-3}\approx1.89\Omega$$

$$I_1=\frac{U_L}{X_{L1}}=\frac{10}{1.89}\approx5.29\text{A}$$

若接在 5kHz，10V 交流电源上

$$X_{L2}=\omega_2L=2\pi f_2L=2\pi\times5\times10^3\times6\times10^{-3}\approx189\Omega$$

$$I_2=\frac{U_L}{X_{L2}}=\frac{10}{1.89}\approx 0.0529A$$

由本例可知，当电感量一定时，X_L 与 ω 成正比，f 越高，对交流电的阻碍作用越大。

【任务实施】

(1) 操作步骤

① 按图 1-4-11 所示的电路原理图，学生自己选择电器元件。

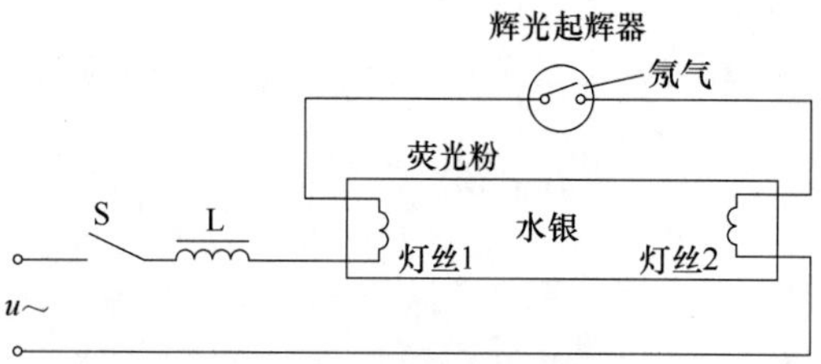

图 1-4-11 日光灯电路图

② 确定器件位置并定位划线。注意灯座在定位时用灯管配合完成。

③ 固定各元件。

④ 敷设导线及各电器间的连接导线。

⑤ 确认检查（可用万用表）无误后，装上灯管，接通电源，通电调试。

⑥ 由教师设置常见故障 3 个，学生在规定时间内检查、排故、通电。

(2) 操作要求

① 各器件位置正确、美观、牢固。

② 走线规范，硬导线要求横平竖直。

③ 导线与接线桩连接正确。

④ 工具使用规范、合理。

⑤ 遵守安全操作规程，进行文明生产。

【实操评价】

教学内容	评价要点	评价标准	评价方式	考核方式	分数权重
日光灯电路安装	日光灯电路电器元件选择	正确选择原件	教师评价	操作及答辩	0.2
	日光灯电路安装	正确完整安装电路		操作及答辩	0.3
	检修	故障分析		笔试及答辩	0.3
	作业态度	积极主动，认真	小组评价	口试	0.1
	团队意识	主动交流、配合默契		口试	0.1

【自测题】

一、选择题

1. 在纯电感电路中，电流和电压的相位关系是（　　）。

A. 相等　　B. 电压超前电流 90°　　C. 电压滞后电流 90°

2. 在纯电感电路中，电流和电压的频率（　　）。

A. 相同　　B. 不同　　C. 无法确定

3. 在纯电感电路中，$L=1\mathrm{H}$，电压表达式为 $u=311\sin314t\,\mathrm{V}$，则感抗为（　　）Ω。

A. $X_L=311$　　B. $X_L=314$　　C. $X_L=100$

4. 某一交流电路中，电流与电压的相位差为 90°，则电路中（　　）。

A. 只有有功功率　　B. 只有无功功率　　C. 有功功率和无功功率都具有

5. 已知一交流电路中电感 $L=5\mathrm{H}$，两端的电压为 $u=10\sqrt{2}\sin(10t-30°)$ V，则电路中电流的有效值为（　　）A。

A. 2　　B. $2\sqrt{2}$　　C. 0.2

6. 在纯电感电路中，电流与电压相量关系应为（　　）。

A. $\dot{U}=LX_L$　　B. $\dot{U}=jX_L\dot{I}$　　C. $\dot{U}=-j\omega L I$

7. 在纯电感电路中，感抗应为（　　）。

A. $X_L=j\omega L$　　B. $X_L=\dot{U}/\dot{I}$　　C. $X_L=U/I$

8. 加在一个感抗是 20Ω 的纯电感两端的电压是 $u=10\sin(\omega t+30°)$ V，则通过它的电流瞬时值为（　　）A。

A. $i=0.5\sin(2\omega t-30°)$　　B. $i=0.5\sin(\omega t-60°)$　　C. $i=0.5\sin(\omega t+60°)$

二、填空题

1. 当电源电压向量与电流向量之比以及电感量一定时，频率越高，感抗越________。

2. 当电源电压向量与电流向量之比以及电感量一定时，频率越低，感抗越________。

3. 阻抗角大于 0，称电路为________电路。

三、计算题

1. 已知加于电感元件两端的电压为 $u_L=100\sqrt{2}\sin(100t+30°)$ V，通过的电流为 $i_L=10\sqrt{2}\sin(100t+\psi_i)$ A，试求感抗 X_L，电流的初相 ψ_i。

2. 若电感 $L=1\mathrm{H}$，两端加的电压的有效值为 220V，频率为 50Hz，初相为 60°，求：(1) 感抗 X_L；(2) 电压的表达式 u；(3) 电流的有效值；(4) 无功功率 Q_L。

任务 1.4.4　电容电路

【知识目标】

知道纯电容电路中电压、电流的相位关系和功率。

【技能目标】

知道并会选用电度表、开关、灯具等；能分析电路原理，正确接线；能安全规范运行，能进行参数测量和分析。

【任务描述】

本任务是完成交流电路纯电容电路的分析、接线与调试。电路控制要求为：按下开关，照明灯亮；断开开关，照明灯熄灭。

【相关知识】

电容器也是电工技术中广泛应用的元件之一，它是一种能够积累电荷、储存电场能量的器件。由介质损耗很小，绝缘电阻很大的电容器组成的交流电路，可近似地看成单一电容元件电路。

(1) 电压与电流的关系

1）大小关系。

如图 1-4-12 所示是电容元件的交流电路。

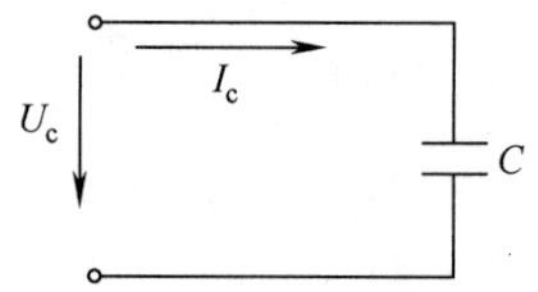

图 1-4-12 电容元件交流电路

设：$u_C=\sqrt{2}U_C\sin\omega t$

$$\begin{aligned} i &= C\frac{du_c}{dt}\approx C\frac{d\sqrt{2}U_C\sin\omega t}{dt} \\ &=\sqrt{2}\,\omega CU_C\cos\omega t \\ &=\sqrt{2}\,I\sin(\omega t+90^\circ) \end{aligned} \quad (1\text{-}4\text{-}17)$$

式（1-4-17）表明，在正弦交流电路中，电容元件中的电压与电流是同频率的正弦量，关联参考方向下，电流超前于电压 90°。电压和电流的有效值关系为

$$I=\omega CU_c \quad (1\text{-}4\text{-}18)$$

式中令 $X_c=1/\omega C=1/2\pi fC$，X_c 称为电容元件的容抗，单位是 Ω。它表示电容对电流的阻碍作用。X_c 的大小和频率成反比，在一定大小的电压作用下，X_c 越大，电流就越小。所以，容抗反映了电容元件对正弦电流的限制能力。在直流电路中，电容可视为开路。这就是电容元件所谓的隔直（流）通交（流）作用。

其波形图和相量图如图 1-4-13（a）和图 1-4-13（b）所示。

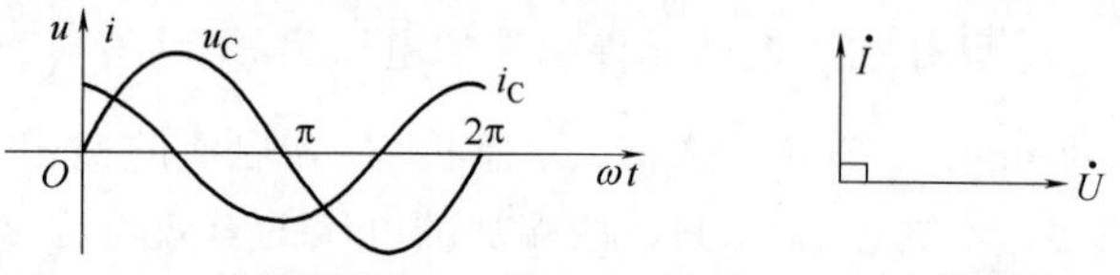

(a) 波形图　(b) 相量图

图 1-4-13 电容负载的电压电流关系与相量图

2）相位关系。$\varphi_u-\varphi_i=-90^\circ$

3）有效值相量关系。

$$\dot{U}_C=-jX_C\dot{I}_C \quad (1\text{-}4\text{-}19)$$

(2) 功率关系

1）瞬时功率。

$$p=u_Ci_C=\sqrt{2}U_C\sqrt{2}I_L\sin\omega t\cos\omega t=U_CI_C\sin2\omega t \quad (1\text{-}4\text{-}20)$$

2）平均功率即有功功率。电容元件不消耗电能，故平均功率为零，它是一种储能元件。

$$P=0$$

3）无功功率。

$$Q=U_C\times I_C \quad (1\text{-}4\text{-}21)$$

【例题 1-4-4】 一个电容器的电容量 $C=20\mu F$，接于 50Hz，220V 的交流电源上，求容抗及电路中电流。若改接到 500Hz、220V 的交流电源上，再求容抗和电路中的电流。

解：（1）当 $f=50Hz$ 时，容抗为

$$X_{C1}=\frac{1}{\omega_1 C}=\frac{1}{2\pi f_1 C}=\frac{1}{2\pi\times 50\times 20\times 10^{-6}}\approx 159\ \Omega$$

$$I_1=\frac{U_C}{X_{C1}}=\frac{220}{159}\approx 1.38\ \text{A}$$

（2）当 $f=500\text{Hz}$ 时，容抗为

$$X_{C2}=\frac{1}{\omega_2 C}=\frac{1}{2\pi f_2 C}=\frac{1}{2\pi\times 500\times 20\times 10^{-6}}\approx 15.9\ \Omega$$

$$I_2=\frac{U_C}{X_{C2}}=\frac{220}{15.9}\approx 13.8\ \text{A}$$

可见，在电容元件组成的电路中，当电源电压和电容的容量一定时，频率越高，容抗越小，则电流越大。

【任务实施】

(1) 操作步骤

① 按图 1-4-14 所示的电路原理图，学生自己选择电器元件。

② 确定器件位置并定位划线。注意灯座在定位时用灯管配合完成。

③ 固定各元件。

④ 敷设导线及各电器间的连接导线。

⑤ 确认检查（可用万用表）无误后，装上灯管，接通电源，通电调试。

⑥ 由教师设置常见故障 3 个，学生在规定时间内检查、排故、通电。

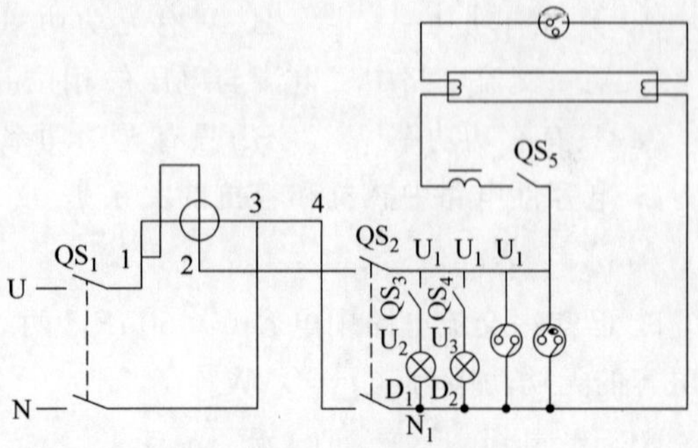

图 1-4-14　综合电路图

(2) 操作要求

① 各器件位置正确、美观、牢固。

② 走线规范，硬导线要求横平竖直。

③ 导线与接线桩连接正确。

④ 工具使用规范、合理。

⑤ 遵守安全操作规程，进行文明生产。

【实操评价】

教学内容	评价要点	评价标准	评价方式	考核方式	分数权重
综合电路安装	综合电路电器元件选择	正确选择原件	教师评价	操作及答辩	0.2
	综合电路安装	正确完整安装电路		操作及答辩	0.3
	检修	故障分析		笔试及答辩	0.3
	作业态度	积极主动,认真	小组评价	口试	0.1
	团队意识	主动交流、配合默契		口试	0.1

【自测题】

一、选择题

1. 在纯电容电路中，电流和电压的相位关系是（　　）。

A. 同相　　B. 电压超前电流 90°　　C. 电流超前电压 90°

2. 已知电压电流 $i_1=2.82\sin(\omega t-15°)$ A，则其有效值相量表示正确的是（　　）。

A. $\dot{I}=30\angle 30°$　　B. $\dot{I}=2\angle -15°$　　C. $\dot{I}=2.82$

3. 已知电源的频率为 50Hz，有效值和初相分别是 2A、30°，则它的表达为（　　）。

A. $i=2\sin(50t+30°)$　　B. $i=2.82\sin(50t+30°)$　　C. $i=2.82\sin(314t+30°)$

4. 交流电 $i_1=20\sin(100t+15°)$ A，$i_2=20\sin(50t-15°)$A，说法正确的是（　　）。

A. i_1、i_2 有效值相等　　B. i_1、i_2 频率相同　　C. i_1、i_2 初相相同

5. 在纯电容电路中，$C=10\mu F$，电压表达式为 $u=100\sin 200t$，则容抗为（　　）。

A. $X_C=20\Omega$　　B. $X_C=200\Omega$　　C. $X_C=500\Omega$

6. 某一交流电路中，电流与电压的相位差为 90°，则电路中（　　）。

A. 只有有功功率　　B. 只有无功功率　　C. 有功功率和无功功率都具有

7. 某一交流电路中，电流与电压的相位差为 40°，则电路中（　　）。

A. 只有有功功率　　B. 只有无功功率　　C. 有功功率和无功功率都具有

8. 电容性电路中感抗和容抗的关系是（　　）。

A. $X_L>X_C$　　B. $X_L=X_C$　　C. $X_L<X_C$

9. 已知一交流电路中电容 $C=50\mu F$，两端的电压为 $u=100\sqrt{2}\sin(20t+60°)$，则电路中电容的无功功率为（　　）W。

A. 10　　B. $10\sqrt{2}$　　C. 20

10. 已知一交流电路中电容 $C=50\mu F$，两端的电压为 $u=100\sqrt{2}\sin(100t-30°)$，则电路中电流的有效值为（　　）A。

A. 2　　B. $2\sqrt{2}$　　C. 0.5

11. 在纯电容正弦交流电路中，下列各式正确的是（　　）。

A. $i_C=U\omega C$　　B. $\dot{I}=\dot{U}\omega C$　　C. $I=U\omega C$

12. 若电路中某元件的端电压为 $u=5\sin(314t+35°)$ V，电流 $i=2\sin(314t+125°)$ A，u、i 为关联方向，则该元件是（　　）。

A. 电阻　　B. 电感　　C. 电容

二、填空题

1. 当电源电压向量与电流向量之比以及电容量一定时，频率越高，容抗越________。

2. 当电源电压向量与电流向量之比以及电容量一定时，频率越低，容抗越________。

3. 阻抗角小于 0，称电路为________电路。

三、计算题

1. 有一电容器 $C=20\mu F$，接于 220V，频率为 50Hz 的交流电源上，求：(1) 容抗；(2) 电容器电路中电流 I；(3) 电容器上的无功功率 Q_c。

2. 一个 $C=50\mu\text{F}$ 的电容接于 $u=200\sqrt{2}\sin(100t+60°)$ V 的电源上，求：(1) 有功功率 P_c；(2) 无功功率 Q_c。

3. 流过 0.5F 电容的电流是 $i_c=10\sqrt{2}\sin(100t+60°)$ A，求电容的端电压 u 的表达式、向量式。

任务1.4.5　照明电路的安装

【知识目标】

巩固正弦交流电中单一元件的基础知识。

【技能目标】

能分析双控开关电路原理，正确接线。

【任务描述】

本任务是完成交流电路单一负载控制电路的分析、接线与调试。电路控制要求为：双联开关控制，按下任一开关，均能控制灯的亮与熄。

【相关知识】

(1) 单控、双控开关的区别

1）外观上的区别：如图 1-4-15 所示单控开关只有两个接线口，双控开关有三个接线口（一进两出线或一出两进线，其中一为公共点）。

(a) 开关外壳　(b) 单控开关(两个接线口)　(c) 双控开关(三个接线口)

图 1-4-15　单、双控开关实物图

2）用法上的区别：单控开关是指一个开关控制一盏灯，双控开关是指在两个不同的地方，控制同一盏灯的开闭，如客厅、楼梯等位置，使我们不必在关灯（入户门）之后，摸黑回卧室，非常方便。

3）双控开关可以当单控开关使用，单控开关不可以做双控开关使用。

(2) 双控开关的公共点确定

1）看开关的接线图/面板，一般会标示 L，L_1，L_2，L 就是公共点，或者有两个一样的字母表示，另一个则不同，那么不同的就是公共点。

2）万用表检测。用万用表的电阻挡分别测量开关的 3 个接线端子，2 个不管开或关都不通的触点为常闭。常开触点，剩下的一个触点即为公共点，其随开关的开或关分别接通常开或常闭触点。

【任务实施】

(1) 原理分析

原理分析：如图 1-4-16 所示，使用时接通空气开关，交流电从电源进电，到空气开关，经过电度表，S_1 或 S_2 任意按一个灯接通发光。熄灭灯时 S_1 或 S_2 任意按一个灯熄灭。达到双控的目的。

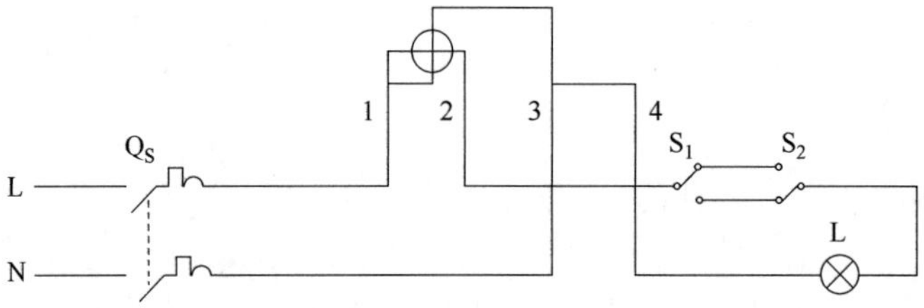

图 1-4-16 双控白炽灯照明电路原理图

(2) 设备与器材

木制板；电表；螺口灯座；双控开关；空气开关；金属扎片；塑料铝芯导线；塑料软线；常用电工工具等。

(3) 接线与调试

安装双控电路时，其中配线、开关、吊线盒安装可参照白炽灯电路的安装内容，画出安装接线图并进行安装。

1）安装注意事项。

① 正确安全地使用工具。

② 导线的连接工艺。

③ 先根据原理图设计安装图，画出定位，再安装和走线。

2）双控白炽灯接线的步骤。

① 安装前要检查双控开关。

② 双控开关内部接线设计，找清楚公共端。

③ 电路连接应按所选定的电路原理图进行。

④ 绘制安装接线图，接线完毕应对照安装接线图认真检查，防止错接，并把裸露接头用绝缘胶带缠好，把灯装入灯座，安装结束。

3）工艺及检修要求。

① 确定元器件的位置（特别是灯座的位置），紧固元器件。

② 线桩与导线连接正确、规范。

③ 布线较为规范，做到“横平竖直，左零右火”。

④ 对照线路图检查线路接线。

⑤ 用万用表检查是否有短路，操作是否灵活、可靠。

⑥ 确认检查无误后，接通电源线，通电调试。

⑦ 整个过程中工具使用规范、合理。

⑧ 对故障进行分析，并用万用表检查、排故。

⑨ 遵守安全操作规程，进行文明生产。

4）通电试车。通电时注意安全，要在检查无误后进行操作，通电步骤正确。开关开为由远及近，关为由近及远。两个开关联合使用，体现出双控的作用。

5）排故检修。参照白炽灯照明电路进行检修。

【实操评价】

教学内容	评价要点	评价标准	评价方式	考核方式	分数权重
双控白炽灯照明电路安装与检修	电路电器元件选择	正确选择元件	教师评价	操作及答辩	0.2
	电路安装	正确完整安装电路		操作及答辩	0.3
	检修	故障分析		笔试及答辩	0.3
	作业态度	积极主动，认真	小组评价	口试	0.1
	团队意识	主动交流、配合默契		口试	0.1

【自测题】

1. 分析双控开关的工作过程，并画出示意图。

2. 如何用万用表检查双控开关的公共端？

3. 如何用万用表检查两个双控开关配合时的通断情况？

4. 根据双控白炽灯照明电路原理图分析出每次按下开关的工作过程并画出相应的电路图。

项目 1.5　常用低压电器元件的拆装

任务 1.5.1　按钮的拆装

【知识目标】

了解什么是按钮；知道按钮的结构原理。

【技能目标】

能分析按钮的工作原理、分类、选用、维护；会进行按钮的拆装。

【任务描述】

本任务是使用常用电工工具进行按钮的拆装。

【相关知识】

(1) 按钮的基本介绍

按钮开关又称控制按钮（简称按钮），是一种手动且一般可以自动复位的低压电器。按钮开关是指利用按钮推动传动机构，使动触点与静触点接通或断开并实现电路换接的开关。按钮开关是一种结构简单，应用十分广泛的主令电器，如图 1-5-1 所示。在电气自动控制电路中，按钮通常用于电路中手动发出启动或停止控制信号指令，以控制电磁启动器、接触器、继电器等电器线圈电流的接通和断开。

图 1-5-1　常见控制按钮

按钮开关是一种按下即动作，释放即复位的用来接通和分断小电流电路的电器。一般用于交直流电压 440V 以下，电流小于 5A 的控制电路中，一般不直接操纵主电路，也可以用于互联电路中。

在实际的使用中，为了防止误操作，通常在按钮上做出不同的标记或涂以不同的颜色加以区分，其颜色有红、黄、蓝、白、黑、绿等。一般红色表示“停止”或“危险”情况下的操作；绿色表示“启动”或“接通”。急停按钮必须用红色蘑菇头按钮。按钮必须有金属的防护挡圈，且挡圈要高于按钮帽防止意外触动按钮而产生误动作。安装按钮的按钮板和按钮盒的材料必须是金属的并与机械的总接地母线相连。

(2) 结构原理

按钮开关的结构种类很多，可分为普通揿钮式、蘑菇头式、自锁式、自复位式、旋柄式、带指示灯式、带灯符号式及钥匙式等，有单钮、双钮、三钮及不同组合形式。如图 1-5-2 所示，按钮一般是采用积水式结构，由按钮帽、复位弹簧、静触头、动触头和外壳等组成，通常做成复合式，有一对常闭触头和常开触头，有的产品可通过多个元件的串联增加触头对数。还有一种自持式按钮，按下后即可自动保持闭合位置，断电后才能打开。

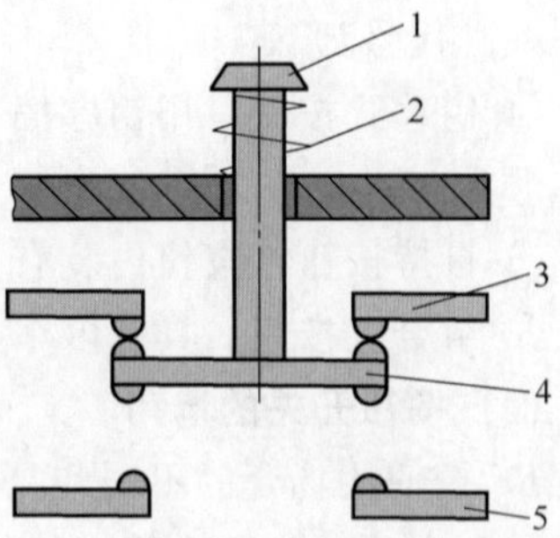

图 1-5-2　控制按钮结构示意图

1—按钮帽　2—复位弹簧　3—常闭静触头　4—动触头　5—常开静触头

在按钮未按下时，动触头与上面的静触头是接通的，这对触头称为常闭触头。此时，动触头与下面的静触头是断开的，这对触头称为常开触头：按下按钮，常闭触头断开，常开触头闭合；松开按钮，在复位弹簧的作用下恢复原来的工作状态。如图 1-5-2 所示，按下 1 按钮帽时，3 常闭静触头与 4 动触头分离，此时常闭触头断开；继续向下按，4 动触头与 5 常开静触头碰合，此时常开触头闭合。如果松开 1 按钮帽，在 2 复位弹簧弹力作用下，恢复到初始状态，即图示状态。

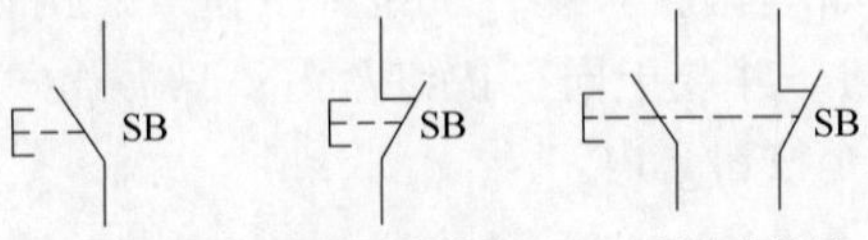

(a) 常开按钮　(b) 常闭按钮　(c) 复合式按钮

图 1-5-3　按钮开关的图形及文字符号

按钮开关的图形符号及文字符号，如图 1-5-3 所示。

(3) 按钮开关的分类

1) 按钮开关按用途和触头的结构不同分为常闭按钮、常开按钮、复合按钮。

2) 按钮开关可按操作方式、防护方式分类，常见的按钮类别及特点如下。

① 动断按钮：常态下，开关触点是接通的一种按钮。

② 动合按钮：常态下，开关触点是断开的一种按钮。

③ 动合动断按钮：常态下，开关触点既有接通也有断开的一种按钮。

④ 动作点击按钮：也就是鼠标点击按钮。

⑤ 保护式按钮：带保护外壳，可以防止内部的按钮零件受机械损伤或人触及带电部分的一种按钮，其代号为 H。

⑥ 带灯按钮：按钮内装有信号灯，除了用于发布操作命令外还兼作信号指示，其代号为 D。

⑦ 防爆式按钮：能够用于含有爆炸性气体与尘埃的地方而不引起传爆的一种按钮，其代号为 B。

⑧ 防腐式按钮：能够防止化工腐蚀性气体的侵入，其代号为 F。

⑨ 防水式按钮：带密封的外壳，可以防止雨水侵入，其代号为 S。

⑩ 紧急式按钮：有红色大蘑菇钮头突出于外，可以作为紧急时切断电源用的一种按钮，其代号为 J 或 M。

⑪ 开启式按钮：可以用于嵌装固定在开关板、控制柜或控制台的面板上的一种按钮，

其代号为 K。

⑫ 连锁式按钮：具有多个触点互相连锁的一种按钮，其代号为 C。

⑬ 旋钮式按钮：用手把旋转操作触点，有通断两个位置，一般为面板安装式的一种按钮，其代号为 X。

⑭ 钥匙式按钮：用钥匙插入旋转进行操作，可防止误操作或供专人操作的一种按钮，其代号为 Y。

⑮ 自持按钮：按钮内装有自持用电磁机构的一种按钮，其代号为 Z。

⑯ 组合式按钮：具有多个按钮组合的一种按钮，其代号为 E。

(4) 按钮开关的选用

1）按使用场合的不同和具体的用途：根据使用场合选择按钮的种类，如开启式、防护式、防水式、防腐式等；根据用途选择用合适的形式，如手把旋转式、钥匙式、紧急式、带灯式等。例如控制台柜面板的一般按钮可先用开启式；如需要显示工作状态则用带指示灯式；在非常重要处，为防止无关人员误操作宜选用带钥匙式；在有化工腐蚀性气体处要用防腐式。

2）按工作状态指示和工作情况的要求选择按钮和指示灯的颜色：用于表示“启动”或“通电”的用绿色，表示“停止”的用红色。另外指示灯的电压（灯泡）分为 6.3V、12V、24V 等几种。

3）按控制回路的需要，确定不同的按钮数：如单钮、双钮、三钮、多钮等。例如，需要“正”“反”“停”三种控制时，可用三只按钮，并装于同一按钮盒内；只需作“启动”及“停止”控制时，则用两只按钮组装在同一个按钮盒内。

(5) 按钮开关的使用维护

1）应经常检查按钮，清除其上的污垢。由于按钮的触头间距较小，经多年使用或密封件不好时，尘埃或机油各阶乳化液等流入，会造成绝缘能力降低甚至发生短路事故。对于这种情况，必须进行绝缘和清洁处理，并采取相应的密封措施。

2）按钮用于高温场合时，易使塑料变形老化，导致按钮松动，引起接线螺钉间相碰短路。可根据情况在安装时加一个紧固圈拧紧使用，也可在接线螺钉处加套绝缘塑料管来防止松动。

3）带指示灯的按钮由于灯泡要发热，时间长时易使塑料灯罩变形造成更换灯泡困难。因此不宜用在通电时间较长的地方；若欲使用，可适当降低灯泡电压，延长其使用寿命。

4）若发现接触不良，则应查明原因。若是触点表面有损伤，可用细锉修整；若是接触面有尘垢或烟灰，宜用清洁的蘸有溶剂的棉布揩拭干净；若是触点弹簧失效，就应予以更换；若触点严重烧损时，则应更换产品。

【任务实施】

(1) 设备与器材

常用电工工具，按钮。

(2) 按钮拆装

1）按钮拆卸，如图 1-5-4 所示。将按钮帽、复位弹簧、支柱连杆、常闭静触头、桥式动触头、常开静触头、外壳依次拆卸。

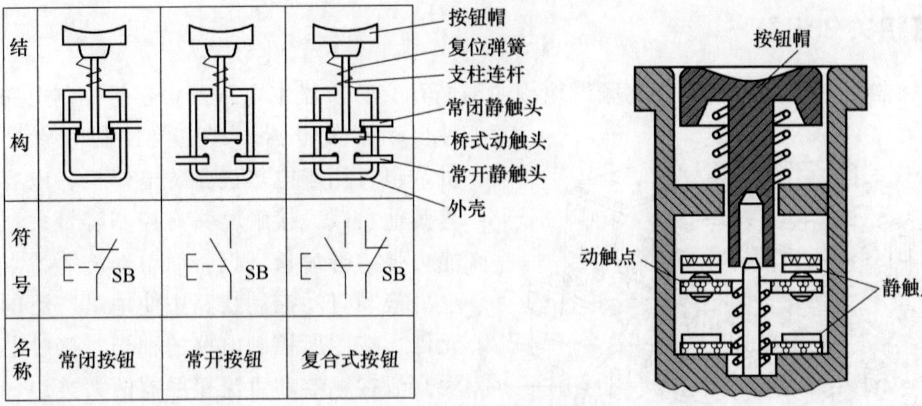

图 1-5-4　按钮结构及符号

2）将按钮安装复位。

3）检修。

【实操评价】

教学内容	评价要点	评价标准	评价方式	考核方式	分数权重
按钮拆装	按钮拆卸	正确完整将按钮拆卸	教师评价	操作及答辩	0.2
	按钮安装复位	正确完整将按钮安装		操作及答辩	0.3
	检修	按钮出现各种问题时的处理措施		笔试及答辩	0.3
	作业态度	积极主动，认真	小组评价	口试	0.1
	团队意识	主动交流、配合默契		口试	0.1

【自测题】

1. 分析按钮的工作过程，并画出结构示意图。
2. 画出常开按钮、常闭按钮、复合式按钮的图形及文字符号。

任务 1.5.2　交流接触器拆装

【知识目标】

了解什么是交流接触器；知道交流接触器的结构原理。

【技能目标】

能分析交流接触器的工作原理、分类、选用、维护；会进行交流接触器的拆装。

【任务描述】

本任务是使用常用电工工具进行交流接触器的拆装。

【相关知识】

接触器是一种用于中远距离频繁地接通与断开交、直流主电路及大容量控制电路的一种自动开关电器，其主要控制对象是电动机，也可用于电热设备、电焊机、电容器组等其他负载。接触器具有控制容量大、过载能力强、寿命长、设备简单经济等特点，是电力拖动自动控制线路中使用最广泛的电器元件。按照所控制电路的种类，接触器可分为交流接触器和直流接触器两大类。

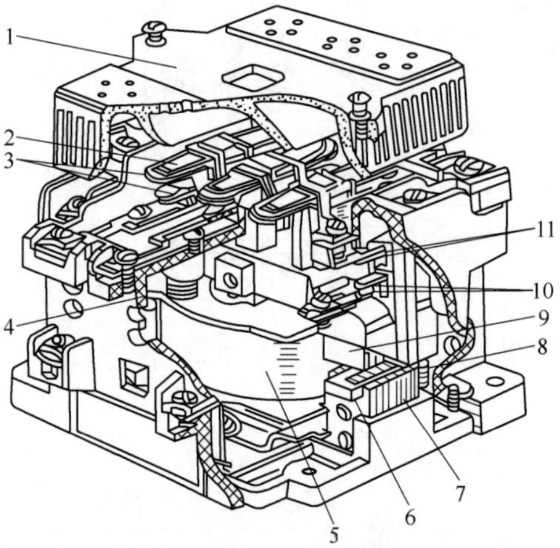

图 1-5-5 交流接触器结构图

1—灭弧罩 2—触头压力弹簧 3—主触头 4—释放弹簧 5—线圈 6—短路环 7—静铁芯 8—缓冲弹簧 9—动铁芯 10—常开辅助触头 11—常闭辅助触头

交流接触器结构如图 1-5-5 所示。交流接触器主要由以下四部分组成：

① 电磁机构。电磁机构由 5 线圈、9 动铁芯（衔铁）和 7 静铁芯组成，其作用是将电磁能转换成机械能，产生电磁吸力带动触点动作。

② 触头系统。包括 3 主触头和 10、11 辅助触头。主触头用于通断主电路，通常为三对常开触头。辅助触头用于控制电路，起电气连锁作用，故又称连锁触头，一般常开、常闭各两对。

③ 灭弧装置。容量在 10A 以上的接触器都有灭弧装置，对于小容量的接触器，常采用双断口触点灭弧、电动力灭弧、相间弧板隔弧及陶土灭弧罩灭弧。对于大容量的接触器，采用纵缝灭弧罩及栅片灭弧。

④ 其他部件。包括反作用弹簧、缓冲弹簧、触点压力弹簧、传动机构及外壳等。

交流接触器的线圈通电后，在铁芯中产生磁通及电磁吸力。此电磁吸力克服弹簧反力使得衔铁吸合，带动触点机构动作，常闭触点打开，常开触点闭合。线圈失电或线圈两端电压显著降低时，电磁吸力小于弹簧反力，使得衔铁释放，触点机构复位。

如图 1-5-6 所示，主触头接在主电路中，对电动机起接通或断开电源的作用，线圈和辅助触点接在控制电路中，可按自锁或联锁的要求来连接，亦可起接通或断开控制电路某分支的作用。接触器还可起欠压保护作用。

选用接触器时，应注意它的额定电流、线圈电压及触点数量。

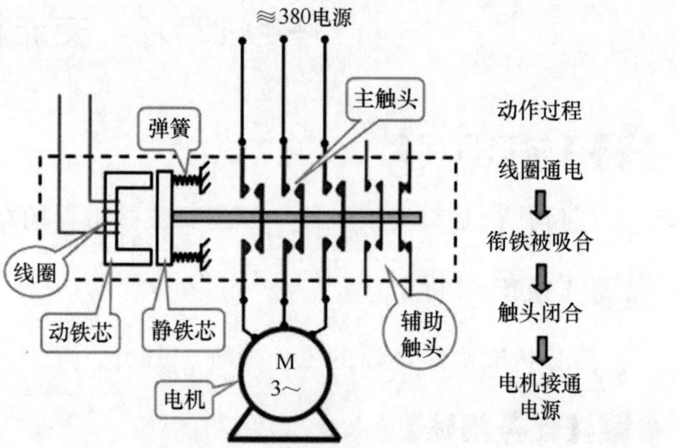

图 1-5-6 交流接触器结构图

接触器的图形及文字符号如图 1-5-7 所示，文字符号为 KM。

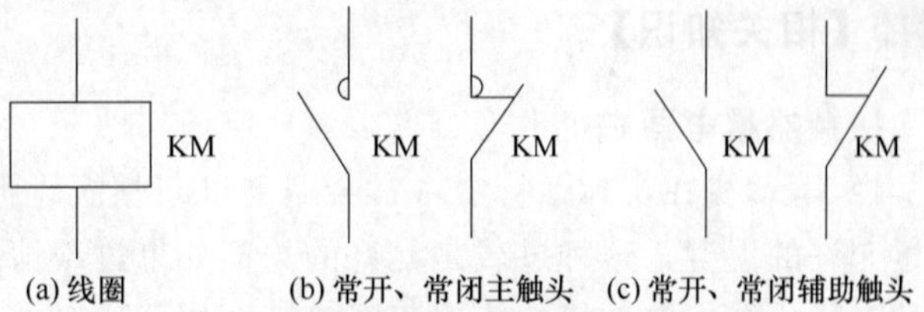

(a) 线圈　(b) 常开、常闭主触头　(c) 常开、常闭辅助触头

图 1-5-7　接触器的图形及文字符号

【任务实施】

(1) 设备与器材

常用电工工具，交流接触器。

(2) 按钮拆装

① 交流接触器拆卸。将灭弧罩、触头压力弹簧、主触头、释放弹簧、线圈、短路环、静铁芯、缓冲弹簧、动铁芯、常开辅助触头、常闭辅助触头拆卸。

② 将交流接触器安装复位。

③ 检修。

【实操评价】

教学内容	评价要点	评价标准	评价方式	考核方式	分数权重
交流接触器拆装	交流接触器拆卸	正确完整拆卸	教师评价	操作及答辩	0.2
	交流接触器安装复位	正确完整安装		操作及答辩	0.3
	检修	出现各种问题时的处理措施		笔试及答辩	0.3
	作业态度	积极主动，认真	小组评价	口试	0.1
	团队意识	主动交流、配合默契		口试	0.1

【自测题】

1. 分析交流接触器的工作过程。
2. 画出交流接触器的图形及文字符号。

任务 1.5.3　热继电器与中间继电器

【知识目标】

了解什么是热继电器；知道热继电器的结构原理。

【技能目标】

能分析热继电器的工作原理、分类、选用、维护；会进行热继电器的拆装。

【任务描述】

本任务是使用常用电工工具进行热继电器的拆装。

【相关知识】

(1) 热继电器 FR

1）电动机在实际运行中，常会遇到过载情况，但只要过载不严重、时间短，绕组不超过允许的温升，这种过载是允许的。但如果过载情况严重、时间长，则会加速电动机绝缘的老化，缩短电动机的使用年限，甚至烧毁电动机，因此必须对电动机进行过载保护。热继电器就是主要用于电力拖动系统中电动机负载的过载保护。常见热继电器如图 1-5-8 所示。

图 1-5-8　常见热继电器

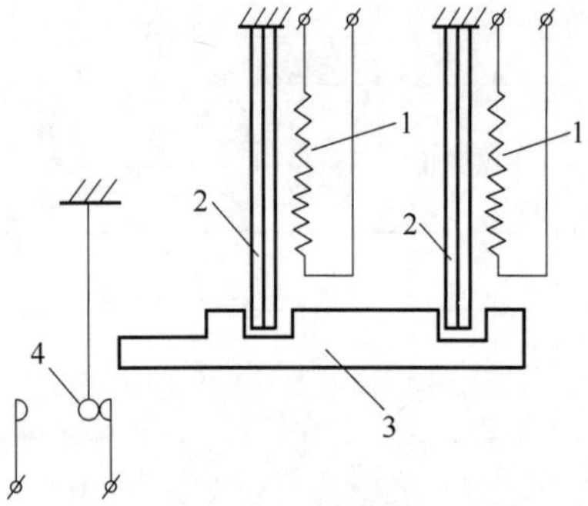

图 1-5-9　热继电器结构图

1—电阻丝　2—双金属片

3—导板　4—触头系统

2）热继电器主要由热元件、双金属片和触点组成，如图 1-5-9 所示，热元件由发热电阻丝做成。双金属片由两种热膨胀系数不同的金属辗压而成，当双金属片受热时，会出现弯曲变形。使用时，把热元件串接于电动机的主电路中，而常闭触点串接于电动机的控制电路中。

当电动机正常运行时，热元件产生的热量虽能使双金属片弯曲，但还不足以使热继电器的触点动作。当电动机过载时，双金属片弯曲位移增大，推动导板使常闭触点断开，从而切断电动机控制电路以起到保护作用。热继电器动作后一般不能自动复位，要等双金属片冷却后按下复位按钮复位。

热继电器的图形及文字符号如图 1-5-10 所示。

(2) 中间继电器

中间继电器就是用于继电保护与自动控制系统中，以增加触点的数量及容量。它用于在控制电路中传递中间信号。中间继电器的结构和原理与交流接触器基本相同，与接触器的主要区别在于：接触器的主触头可以通过大电流，而中间继电器的触头只能通过小电流。所以，它只能用于控制电路中。它一般是没有主触点

(a) 主电路符号　　(b) 控制电路符号

图 1-5-10　热继电器的图形及文字符号

的，因为过载能力比较小。所以它用的全部都是辅助触头，数量比较多。中间继电器符号如图 1-5-11 所示。

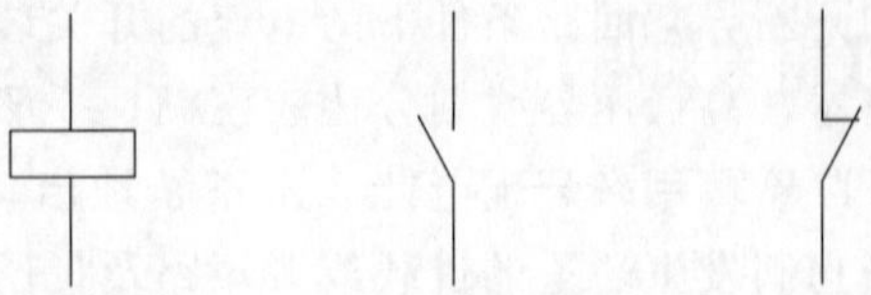

(a) 继电器线圈　(b) 动合触头　(c) 动断触头

图 1-5-11　中间继电器符号图

【任务实施】

(1) 设备与器材

常用电工工具，热继电器。

(2) 按钮拆装

① 热继电器拆卸。将电阻丝、双金属片、导板、触头系统进行拆卸。

② 将热继电器安装复位。

③ 检修。

【实操评价】

教学内容	评价要点	评价标准	评价方式	考核方式	分数权重
热继电器	热继电器拆卸	正确完整拆卸	教师评价	操作及答辩	0.2
	热继电器安装复位	正确完整安装		操作及答辩	0.3
	检修	出现各种问题时的处理措施		笔试及答辩	0.3
	作业态度	积极主动,认真	小组评价	口试	0.1
	团队意识	主动交流、配合默契		口试	0.1

【自测题】

1. 分析热继电器的工作过程。
2. 画出热继电器、中间继电器的图形及文字符号。

任务 1.5.4　断路器

【知识目标】

了解什么是断路器；知道断路器的结构原理。

【技能目标】

能分析断路器的工作原理、分类、选用、维护；会进行断路器的拆装。

【任务描述】

本任务是使用常用电工工具进行断路器的拆装。

【相关知识】

断路器是指能够关合、承载和开断正常回路条件下的电流并能在规定的时间内关合、承载和开断异常回路条件下的电流的开关装置。断路器按其使用范围分为高压断路器与低压断路器，高低压界线划分比较模糊，一般将3kV以上的称为高压电器。

断路器可用来分配电能，不频繁地启动异步电动机，对电源线路及电动机等实行保护，当它们发生严重的过载或者短路及欠压等故障时能自动切断电路，其功能相当于熔断器式开关与过欠热继电器等的组合，而且在分断故障电流后一般不需要变更零部件。目前，已获得了广泛的应用。

电的产生、输送、使用中，配电是一个极其重要的环节。配电系统包括变压器和各种高低压电器设备，低压断路器则是一种使用量大面广的电器。

(1) 工作原理

断路器一般由触头系统、灭弧系统、操作机构、脱扣器、外壳等构成。

当短路时，大电流（一般10至12倍）产生的磁场克服反力弹簧，脱扣器拉动操作机构动作，开关瞬时跳闸。当过载时，电流变大，发热量加剧，双金属片变形到一定程度推动机构动作（电流越大，动作时间越短）。

有电子型的，使用互感器采集各相电流大小，与设定值比较，当电流异常时微处理器发出信号，使电子脱扣器带动操作机构动作。

断路器的作用是切断和接通负荷电路以及切断故障电路，防止事故扩大，保证安全运行。而高压断路器要开断1500V，电流为1500～2000A的电弧，这些电弧可拉长至2m仍然继续燃烧不熄灭，故灭弧是高压断路器必须解决的问题。

吹弧熄弧的原理主要是冷却电弧减弱热游离，另一方面通过吹弧拉长电弧加强带电粒子的复合和扩散，同时把弧隙中的带电粒子吹散，迅速恢复介质的绝缘强度。

低压断路器也称为自动空气开关，可用来接通和分断负载电路，也可用来控制不频繁启动的电动机。它的功能相当于闸刀开关、过电流继电器、失压继电器、热继电器及漏电保护器等电器部分或全部的功能总和，是低压配电网中一种重要的保护电器。

低压断路器具有多种保护功能（过载、短路、欠电压保护等）、动作值可调、分断能力高、操作方便、安全等优点，所以被广泛应用。

低压断路器的主触点是靠手动操作或电动合闸的。主触点闭合后，自由脱扣机构将主触点锁在合闸位置上。过电流脱扣器的线圈和热脱扣器的热元件与主电路串联，欠电压脱扣器的线圈和电源并联。当电路发生短路或严重过载时，过电流脱扣器的衔铁吸合，使自由脱扣机构动作，主触点断开主电路。当电路过载时，热脱扣器的热元件发热使双金属片向上弯曲，推动自由脱扣机构动作。当电路欠电压时，欠电压脱扣器的衔铁释放，也使自由脱扣机构动作。分励脱扣器则作为远距离控制用，在正常工作时，其线圈是断电的，在需要距离控制时，按下启动按钮，使线圈通电。

(2) 主要特征

断路器的特性主要有：额定电压 U_e；额定电流 I_n；过载保护（I_r 或 I_{rth}）和短路保护（I_m）的脱扣电流整定范围；额定短路分断电流（工业用断路器 I_{cu}；家用断路器 I_{cn}）等。

额定电压（U_e）：这是断路器在正常（不间断的）情况下工作的电压。

额定电流（I_n）：这是配有专门的过电流脱扣继电器的断路器在制造厂家规定的环境温度下所能无限承受的最大电流值，不会超过电流承受部件规定的温度限值。

短路继电器脱扣电流整定值（I_m）：短路脱扣继电器（瞬时或短延时）用于高故障电流值出现时使断路器快速跳闸，其跳闸极限I_m。

额定短路分断能力（I_{cu}或I_{cn}）：断路器的额定短路分断电流是断路器能够分断而不被损害的最高（预期的）电流值。标准中提供的电流值为故障电流交流分量的均方根值，计算标准值时直流暂态分量（总在最坏的情况短路下出现）假定为零。工业用断路器额定值（I_{cu}）和家用断路器额定值（I_{cn}）通常以kA均方根值的形式给出。

短路分断能力（I_{cs}）：断路器的额定分断能力分为额定极限短路分断能力和额定运行短路分断能力两种。国标《低压开关设备和控制设备低压断路器》（GB 14048.2—2016）对断路器额定极限短路分断能力和额定运行短路分断能力做了如下的解释：

① 断路器的额定极限短路分断能力：按规定的试验程序所规定的条件，不包括断路器继续承载其额定电流能力的分断能力。

② 断路器的额定运行短路分断能力：按规定的试验程序所规定的条件，包括断路器继续承载其额定电流能力的分断能力。

③ 额定极限短路分断能力的试验程序为$O—t—CO$。

其具体试验是：把线路的电流调整到预期的短路电流值（例如380V，50kA），而试验按钮未合，被试断路器处于合闸位置，按下试验按钮，断路器通过50kA短路电流，断路器立即开断（open简称O），断路器应完好，且能再合闸。t为间歇时间，一般为3min，此时线路仍处于热备状态，断路器再进行一次接通（close简称C）和紧接着的开断（O），接通试验是考核断路器在峰值电流下的电动和热稳定性。此程序即为CO。断路器能完全分断，则其极限短路分断能力合格。

④ 断路器的额定运行短路分断能力的试验程序为$O—t—CO—t—CO$。它比I_{cn}的试验程序多了一次CO，经过试验，断路器能完全分断、熄灭电弧，就认定它的额定运行短路分断能力合格。

因此，可以看出，额定极限短路分断能力指的是低压断路器在分断了断路器出线端最大三相短路电流后还可再正常运行并再分断这一短路电流一次，至于以后是否能正常接通及分断，断路器不予以保证；而额定运行短路分断能力指的是断路器在其出线端最大三相短路电流发生时可多次正常分断。

IEC 947—2《低压开关设备和控制设备低压断路器》标准规定：A类断路器（指仅有过载长延时、短路瞬动的断路器）的I_{cs}可以是I_{cs}的25%、50%、75%和100%。B类断路器（有过载长延时、短路短延时、短路瞬动的三段保护的断路器）的I_{cs}可以是I_{cs}的50%、75%和100%。因此可以看出，额定运行短路分断能力是一种比额定极限短路分断电流小的分断电流值。

一般来说，具有过载长延时、短路短延时和短路瞬动三段保护功能的断路器，能实现选择性保护，大多数主干线（包括变压器的出线端）都采用它作主保护开关。不具备短路短延时功能的断路器（仅有过载长延时和短路瞬动二段保护），不能作选择性保护，它们只能使用于支路。IEC92《船舶电气》指出：具有三段保护的断路器，偏重于它的运行短路分断能力值，而使用于分支线路的断路器，应确保它有足够的极限短路分断能力值。

无论是哪种断路器，虽然都具备I_{cu}和I_{cs}这两个重要的技术指标。但是，作为支线上使用的断路器，可以仅满足额定极限短路分断能力即可。较普遍的偏颇是宁取大，不取正合适，认为取大保险。但取得过大，会造成不必要的浪费（同类型断路器，其 H 型——高分断型，比 S 型——普通型的价格要贵 1.3～1.8 倍）。因此支线上的断路器没有必要一味追求它的运行短路分断能力指标。而对于干线上使用的断路器，不仅要满足额定极限短路分断能力的要求，同时也应该满足额定运行短路分断能力的要求，如果仅以额定极限短路分断能力 I_{cu} 来衡量其分断能力合格与否，将会给用户带来不安全的隐患。

断路器是一种基本的低压电器，断路器具有过载、短路和欠电压保护功能，有保护线路和电源的能力。

主要技术指标是额定电压、额定电流。断路器根据不同的应用具有不同的功能，品种、规格很多，具体的技术指标也很多。

断路器自由脱扣：断路器在合闸过程中的任何时刻，若是保护动作接通跳闸回路，断路器完全能可靠地断开，这就叫自由脱扣。带有自由脱扣的断路器，可以保证断路器合闸短路故障时，能迅速断开，可以避免扩大事故的范围。

(3) 主要分类

按极数分：有单极、二极、三极和四极等。

按安装方式分：有插入式、固定式和抽屉式等。

A9/EC65 小型断路器：照明配电电路、短路及过载保护。

A9LE/EPNLE 漏电断路器：接地系统中，短路过载及漏电保护。断路器正常操作故障保护使断路器处于分断位置时相线、中性线都处在断开状态，避免中性线故障时带电。在进行接通和分断操作时，中性线接通优先，分断滞后。具有短路限流功能，额定短路分断能力高。具有过载保护短路漏电及电压保护装置，保护功能齐全，接线方便可靠（图 1-5-12）。

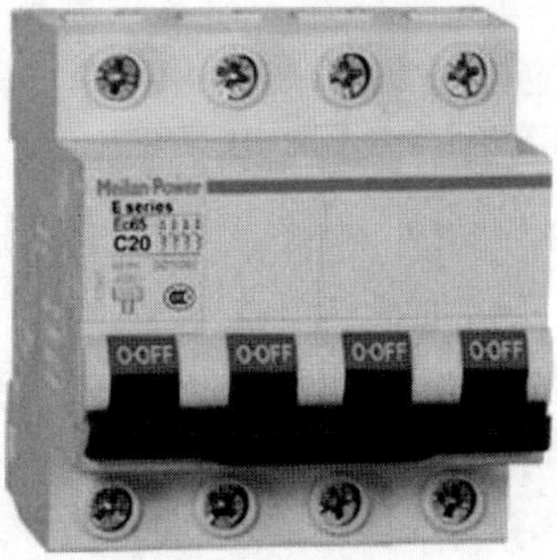

图 1-5-12 断路器

过欠压脱扣器：全自动过欠压延时保护器是根据市场需要研发的新一代产品。该保护器设计合理，并采用进口元器件和国内品牌元器件组装，产品能在高压冲击和欠压情况下迅速可靠地切换电源，保护家用电器。当电压恢复正常值，经延时后能自动接通电路、恢复供电，能有效保护电器在电源瞬间通电的冲击。所有功能全部自动化，无须专人操作，选用双色发光二极管指示，安全快捷。

EC100 小型断路器：工业配电系统，短路及过载保护。额定电流 63～125A，额定短路分断能力高，具有短路限流结构。保护功能齐全，具有过载及短路保护装置，接线安全可靠，采用“框式”接线结构，功能扩展简便，安全可靠。可配多种附件：漏电脱扣器、辅助触头、报警触头、分励脱扣器、欠压脱扣器等。

EPD 电涌保护器：EPD 插拔式采用与固定式电涌保护相同的工作原理和选择准则。对间接雷电和直接雷电影响或其他瞬时过电压的电涌进行保护。

EIC1 交流接触器：主要用于交流 50Hz 或 60Hz 额定电压至 660V 及以下，供远距离接通和分断电路之用，并可与相应规格的热继电器或电子保护器组合成电磁式或机电一体化的电动机启动器。

ENS 塑壳断路器：塑料外壳式断路器是综合采用国际先进技术设计开发的新型断路

器之一。该断路器额定绝缘电压 800V，适用于交流 50Hz 和 60Hz，额定工作电压至 690V，额定工作电流从 6A 至 1250A 的配电网络电路中，用来分配电能和保护线路及电源设备免受过载、短路、欠电压等故障的损坏，同时也能作为电动机的不频繁启动及过载短路欠电压保护。该断路器具有体积小、分断高、飞弧短（或无飞弧）等特点，是用户使用的理想产品。断路器可垂直安装（即竖装），亦可水平安装（横装）。

ENSLE 塑壳漏电断路器：用来对人提供间接接触保护，也可以防止因设备绝缘损坏，产生接地故障电流而引起的火灾危险，并可用于分配电能和保护线路及电源设备过载的短路，还可以作为线路的不频繁转换和电动机不频繁启动之用，常规的带剩余电流保护断路器的漏电保护模块工作电源取样为二相，本系列断路器为三相，若缺任一相，断路器漏电保护模块仍能正常工作，额定剩余动作电流及最大断开时间根据实际情况现场可调。

EGL-125 隔离开关：隔离开关是高压开关电器中使用最多的一种电器，是在电路中起隔离作用的。它本身的工作原理及结构比较简单，但是由于使用量大，工作可靠性要求高，对变电所、电厂的设计、建立和安全运行的影响均较大。刀闸的主要特点是无灭弧能力，只能在没有负荷电流的情况下分、合电路。EGL-125-4000A 适用于两条低压电路切换或者两个负载设备的转换或安全隔离等。

EATS3 双电源转换开关：用两路电源来保证供电的可靠性，一种产品在两路电源之间进行可靠切换。该产品具有自投自复和自投不自复两种切换功能。

EW45 万能式智能断路器：主要用来分配电能和保护线路及电源设备免受过载、短路、欠电压、单相接地等故障的危害，该断路器具有多种智能保护功能，可做选择性保护，且动作精确，避免不必要的停电，提高供电的可靠性和安全性。

(4) 组成部分

1）内部附件。

① 辅助触头：与断路器主电路分、合机构机械上连动的触头，主要用于断路器分、合状态的显示，接在断路器的控制电路中通过断路器的分合，对其相关电器实施控制或连锁。例如向信号灯、继电器等输出信号。塑壳断路器壳架等级额定电流 100A 为单断点转换触头，225A 及以上为桥式触头结构，约定发热电流为 3A；壳架等级额定电流 400A 及以上可装两常开、两常闭，约定发热电流为 6A。操作性能次数与断路器的操作性能总次数相同。

② 报警触头：用于断路器事故的报警触头，且此触头只有当断路器脱扣分断后才动作，主要用于断路器的负载出现过载短路或欠电压等故障时而自由脱扣，报警触头从原来的常开位置转换成闭合位置，接通辅助线路中的指示灯或电铃、蜂鸣器等，显示或提醒断路器的故障脱扣状态。由于断路器发生因负载故障而自由脱扣的概率不太多，因而报警触头的寿命是断路器寿命的 1/10。报警触头的工作电流一般不会超过 1A。

③ 分励脱扣器：分励脱扣器是一种用电压源激励的脱扣器，它的电压可与主电路电压无关。当电源电压等于额定控制电源电压的 70%～110%的任一电压时，就能可靠分断断路器。分励脱扣器是短时工作制，线圈通电时间一般不能超过 1s，否则线圈就会被烧毁。塑壳断路器为防止线圈烧毁，在分励脱扣器线圈串联一个微动开关，当分励脱扣器通过衔铁吸合，微动开关从常闭状态转换成常开，由于分励脱扣器电源的控制线路被切断，即使人为地按住按钮，分励线圈始终不会再通电，这就避免了线圈烧损情况的产生。当断

路器再扣合闸后，微动开关重新处于常闭位置。

④ 欠电压脱扣器：欠电压脱扣器是在它的端电压降至某一规定范围时，使断路器有延时或无延时断开的一种脱扣器，当电源电压下降（甚至缓慢下降）到额定工作电压的70%至35%范围内，欠电压脱扣器应运作，欠电压脱扣器在电源电压等于脱扣器额定工作电压的35%时，欠电压脱扣器应能防止断路器闭合；电源电压等于或大于85%欠电压脱扣器的额定工作电压时，在热态条件下，应能保证断路器可靠闭合。因此，当受保护电路中电源电压发生一定的电压降时，能自动断开断路器切断电源，使该断路器以下的负载电器或电气设备免受欠电压的损坏。使用时，欠电压脱扣器线圈接在断路器电源侧，欠电压脱扣器通电后，断路器才能合闸。

2）外部附件。

① 电动操作机构：这是一种用于远距离自动分闸和合闸断路器的一种附件，电动操作机构有电动机操作机构和电磁铁操作机构两种，电动机操作机构适用于塑壳式断路器壳架等级额定电流400A及以上断路器，电磁铁操作机构适用于塑壳式断路器壳架等级额定电流225A及以下断路器，无论是电磁铁或电动机，它们的吸合和转动方向都是相同的，仅由电动操作机构内部的凸轮的位置来达到合、分，断路器在用电动机构操作时，在额定控制电压的85%～110%的任一电压下，应能保证断路器可靠闭合。

② 转动操作手柄：适用于塑壳式断路器，在断路器的盖上装转动操作手柄的机构，手柄的转轴装在它的机构配合孔内，转轴的另一头穿过抽屉柜的门孔，旋转手柄的把手装在成套装置的门上面所露出的转轴头，把手的圆形或方形座用螺钉固定在门上，这样的安装能使操作者在门外通过手柄的把手顺时针或逆时针转动来确保断路器的合闸或分闸。同时转动手柄能保证断路器处于合闸时，柜门不能开启；只有转动手柄处于分闸或再扣，开关板的门才能打开。在紧急情况下，断路器处于“合闸”而需要打开门板时，可按动转动手柄座边上的红色释放按钮。

③ 加长手柄：是一种外部加长手柄，直接装于断路器的手柄上，一般用于600A及以上的大容量断路器上，进行手动分合闸操作。

④ 手柄闭锁装置：是在手柄框上装设卡件，手柄上打孔然后用挂锁锁起来，主要用于断路器处于合闸。

工作状态时，不容许其他人分闸而引起停电事故，或断路器负载侧电路需要维修或不允许通电时，以防被人误将断路器合闸。

(5) 接线方式

断路器的接线方式有板前、板后、插入式、抽屉式，板前接线是常见的接线方式。

1）板后接线方式：板后接线最大特点是在更换或维修断路器时，不必重新接线，只需将前级电源断开。由于该结构特殊，产品出厂时已按设计要求配置了专用安装板和安装螺钉及接线螺钉，需要特别注意的是由于大容量断路器接触的可靠性将直接影响断路器的正常使用，因此安装时必须引起重视，严格按制造厂要求进行安装。

2）插入式接线：在成套装置的安装板上，先安装一个断路器的安装座，安装座上6个插头，断路器的连接板上有6个插座。安装座的面上有连接板或安装座后有螺栓，安装座预先接上电源线和负载线。使用时，将断路器直接插进安装座。如果断路器坏了，只要拔出坏的，换上一只好的即可。它的更换时间比板前、板后接线要短，且方便。由于插、拔需要一定的人力。因此中国的插入式产品，其壳架电流限制在最大为 400A。插入式断路器在安装时应检查断路器的插头是否压紧，并应将断路器安装紧固，以减少接触电阻，提高可靠性。

3）抽屉式接线：断路器的进出抽屉是由摇杆顺时针或逆时针转动的，在主回路和二次回路中均采用了插入式结构，省略了固定式所必需的隔离器，做到一机二用，提高了使用的经济性，同时给操作与维护带来了很大的方便，增加了安全性、可靠性。特别是抽屉座的主回路触刀座，可与 NT 型断路器触刀座通用。

【任务实施】

(1) 设备与器材

常用电工工具，断路器。

(2) 按钮拆装

① 断路器拆卸。

② 将断路器安装复位。

③ 检修。

【实操评价】

教学内容	评价要点	评价标准	评价方式	考核方式	分数权重
断路器	断路器拆卸	正确完整拆卸	教师评价	操作及答辩	0.2
	断路器安装复位	正确完整安装		操作及答辩	0.3
	检修	出现各种问题时的处理措施		笔试及答辩	0.3
	作业态度	积极主动，认真	小组评价	口试	0.1
	团队意识	主动交流、配合默契		口试	0.1

【自测题】

1. 分析断路器的工作过程。

2. 解析断路器的组成。

任务 1.5.5　低压电器元件的安装

【知识目标】

掌握低压电器的安装；会低压电器的常见故障维修；了解低压电器电磁系统的维修及故障处理。

【技能目标】

会选用电动机连续运行低压电器（开关、接触器、按钮等）；能根据电路图正确规范地安装电路，并会用万用表进行初检。

【任务描述】

低压电器一般都有两个基本部分：一个是感测部分，它感测外界的信号，做出有规律的反应，在自控电器中，感测部分大多由电磁机构组成，在受控电器中，感测部分通常为操作手柄等；另一个是执行部分，如触点是根据指令进行电路的接通或切断的。本任务是完成低压电器的安装，并掌握低压电器的常见故障维修。

【相关知识】

控制电器按其工作电压的高低，以交流 1200V、直流 1500V 为界，可划分为高压控制电器和低压控制电器两大类。交流 1200V 及以下、直流 1500V 及以下的均称为低压电器。低压电器的发展，取决于国民经济的发展和现代工业自动化发展的需要，以及新技术、新工艺、新材料的研究与应用。目前正朝着高性能、高可靠性、小型化、数模化、模块化、组合化和零部件通用化的方向发展。

(1) 低压电器的安装

从安全方面考虑，安装和维护低压电器应注意以下事项：

1）电器应装在无强烈振动的地点，距地面应有适当高度。

2）应垂直安装，倾斜度一般不应超过 5°；对于油浸电器，绝对不许绝缘油溢出；电器的固定应使用螺栓，不得焊接固定。

3）安装新电器之前，应清除电器各接触面上的保护油层，以防接触不良。

4）维护时应注意电器的触头是否接触良好、紧密，各相触头是否动作一致，灭弧装置是否保持完整和清洁。

5）凡是金属外壳，都应采取防止间接触电的接地或接零保护措施；电器的裸露部分应有防护罩，以防止直接触电。

6）电器的防护应与安装地点的环境条件相适应。在有爆炸、火空危险的场所以及有大量粉尘或潮湿的地点，都应安装具有相应防护措施的电器。

(2) 低压电器的常见故障维修

各种电器元件经过长期使用或因使用不当会造成损坏，这时就必须及时进行维修。电气线路中使用的电器很多，结构繁简程度不一，这里首先分析各电器所共有的各零部件常见故障及维修方法，然后再分析一些常用电器的常见故障及维修方法。

1）电器零部件常见故障及维修。

① 触头的故障及维修。

a. 触头过热。触头接通时，有电流通过便会发热，正常情况下触头是不会过热的。当动、静触头接触电阻过大或通过电流过大则会引起触头过热，当触头温度超过允许值时，会使触头特性变坏，甚至产生熔焊。产生触头过热的具体原因分析如下：

• 通过动、静触头间的电流过大。任何电器的触头都必须在其额定电流值下运行，否则触头会过热。造成触头电流过大的原因有系统电压过高或过低；用电设备超载运行；电器触头容量选择不当和故障运行四种可能。

• 动、静触头间的接触电阻变大。接触电阻的大小关系到触头的发热程度，其增大的原因有：一是因触头压力弹簧失去弹力而造成压力不足或触头磨损变薄，针对情况应更换弹簧或触头；二是触头表面接触不良。例如在运行中，粉尘、油污覆盖在触头表面，加大了接触电阻；再如，触头闭合分断时，因有电弧会使触头表面烧毛、灼伤，致使残缺不平和接触面积减小而造成接触不良，因此应注意对运行中的触头加强保养。对铜制触头表面氧化层和灼伤的各种触头可用刮刀或细锉修正；对大、中电流的触头表面，不求光滑，重要的是平整；对小容量触头则要求表面质量好；对银及银基触头只需用棉花浸汽油或四氯化碳清洗即可，其氧化层并不影响接触性能。维修人员在修磨触头时，切记不要刮削太过，以免影响使用寿命，同时不要使用砂布或砂轮修磨，以免石英砂粒嵌于触头表面，反而影响触头接触性能。

对于触头压力的测试可用纸条凭经验来测定。将一条比触头略宽的纸条（厚 0.01mm）夹在动、静触头间，并使开关处于闭合位置，然后用手拉纸条，一般小容量的电器稍用力，纸条即可拉出；对于较大容量的电器，纸条拉出后有撕裂现象，以上现象表示触头压力合适。若纸条被轻易拉出，则说明压力不够；若纸条被拉断，说明触头压力太大。调整触头的压力可通过调整触头弹簧来解决。如触头弹簧损坏可更换新弹簧或按原尺寸自制。触头压力弹簧常用碳素钢弹簧丝来制造，新绕制的弹簧要在 250～300℃的条件下进行回火处理，保持时间约 20～40min，钢丝直径越大，所需时间越长。镀锌的弹簧要进行去氧处理，在 200℃左右中保持 2h，以便去除脆性。

b. 触头磨损。触头磨损有两种：一种是电磨损，由于触头间电火花或电弧的高温使触头金属气化所造成的；另一种是机械磨损，由于触头闭合时撞击触点接触面滑动摩擦等原因造成。触头在使用过程中，因磨损会越来越薄，当剩下原厚度的 1/2 左右时，就应更换新触头；若触头磨损太快，应查明原因，排除故障。

c. 触头熔焊。动、静触头表面被融化后焊在一起而分断不开的现象称为触头的熔焊。当触头闭合时，由于撞击和产生震动，在动、静触点间的小间隙中产生短电流，电弧温度高达 3000～6000℃，可使触头表面被灼伤或熔化，使动、静触头焊在一起。发生触头熔焊的常见原因是选用不当，使触头容量太小，而负载电流过大；操作频率过高；触头弹簧损坏初压力减小。触头熔焊后，只能更换新触头，如果因触头容量不够而产生熔焊，则应选用容量大一些的电器。

② 电磁系统的故障及维修。

a. 铁芯噪声大。电磁系统在工作时发出一种轻微的“嗡嗡”声，这是正常的；若声音过大或异常，可判断电磁机构出现了故障。

• 衔铁与铁芯的接触面接触不良或衔铁歪斜。铁芯与衔铁经过多次磁撞后端面会变形和磨损，或因接触面上积有尘垢、油污、锈蚀等，都将造成相互间接触不良而产生振动和噪声。铁芯的振动会使线圈过热，严重时会烧毁线圈，对 E 形铁芯，铁芯中柱和衔铁之间留有 0.1～0.2mm 的气隙，铁芯端面变形会使气隙减小，也会增大铁芯噪声。铁芯端面若有油垢，应拆下清洗；端面若有变形或磨损，可用细砂布平铺在平板上，修复端面。

• 短路环损坏。铁芯经过多次碰撞后，装在铁心槽内的短路环可能会出现断裂或脱落。短路环断裂常发生在槽外的转角和槽口部分，维修时可将断裂处焊牢，两端用环氧树脂固定；若不能焊接也可更换短路环或铁芯，短路环跳出时，可先将短路环压入槽内。

• 机械方面的原因。如果触头压力过大或因活动部分运动受卡阻，使铁芯不能完全吸合，都会产生较强的振动和噪声。

b. 线圈的故障及维修。

• 线圈的故障。当线圈两端电压一定时，它的阻抗越大，通过的电流越小。当衔铁在分离位置时，线圈阻抗最小，通过的电流最大；铁芯吸合过程中，衔铁与铁芯间的间隙逐渐减小，线圈的阻抗逐渐增大，当衔铁完全吸合后，线圈电流最小，如果衔铁与铁芯间不管是何原因，不完全吸合，会使线圈电流增大，线圈过热，甚至烧毁。如果线圈绝缘损坏或受机械损伤而形成匝间短路，或对地短路，在线圈局部就会产生很大的短路电流，使温度剧增，直至使整个线圈烧毁。另外，如果线圈电源电压偏低或操作频率过高，都会造成线圈过热烧毁。

• 线圈的修理。线圈烧毁一般应重新绕制。如果短路的匝数不多，短路又在接近线圈的端头处，其他部分尚完好，即可拆去已损坏的几圈，其余的可继续使用，这时对电器的工作性能的影响不会很大。

c. 灭弧系统的故障及维修。灭弧系统的故障是指灭弧罩破损、受潮、炭化、磁吹线圈匝间短路，弧角和栅片脱落等。这些故障均能引起不能灭弧或灭弧时间延长。若灭弧罩受潮，烘干即可使用；炭化时可将积垢刮除；磁吹线圈短路时可用一字改锥拨开短路处；弧角脱落时应重新装上；栅片脱落和烧毁时可用铁片按原尺寸配做。

2）常用电器故障及维修。

① 接触器的故障及维修。除去上边已经介绍过的触头和电磁系统的故障分析和维修外，其他常见故障如下所述。

a. 触头断相。因某相触头接触不好或连接螺钉松脱造成断相，使电机缺相运行。此时，电机也能转动，但转速低并发出较强的“嗡嗡”声。发现这种情况，要立即停车检修。

b. 触头熔焊。接触器操作频率过高、过载运行，负载侧短路、触头表面有导电颗粒或触头弹簧压力过小等原因，都会引起触头熔焊。发生此故障即使按下停止按钮，电机也不会停转，应立即断开前一级开关，再进行检修。

c. 相间短路。由于接触器正反转连锁失灵，或因误动作致使两台接触器同时投入运行而造成相间短路；或因接触器动作过快，转换时间短，在转换过程中，发生的电弧短路。凡此类故障，可在控制线路中采用接触器、按钮复合连锁控制电动机的正反转。

② 热继电器的故障及维修。热继电器的故障一般有热元件烧断、误动作和不动作等现象。

a. 热元件烧断。当热继电器动作频率太高，负载侧发生短路或电流过大，致使热元件烧断。欲排除此故障应先切断电源，检查电路排除短路故障，再重新选用合适的热继电器，并重新调整定值。

b. 热继电器误动作。这种故障的原因是：整定值偏小，以致未过载就动作；电动机启动时间过长，使热继电器在启动过程中就有可能脱扣；操作频率过高，使热继电器经常受启动电流冲击；使用场所强烈的冲击和振动，使热继电器动作机构松动而脱扣；另外，如果连接导线太细也会引起热继电器误动作。针对上述故障现象应调换适合上述工作性质的热继电器，并合理调整整定值或更换合适的连接导线。

c. 热继电器不动作。由于热元件烧断或脱落，电流整定值偏大，以致长时间过载仍不动作；导板脱扣；连接线太粗等原因，使热继电器不动作，因此对电动机也就起不到保护作用。根据上述原因，可进行针对性修理。另外，热继电器动作脱扣后，不可立即手动复位，应过 2min，待双金属片冷却后，再使触头复位。

③ 时间继电器的故障及维修。空气式时间继电器的气囊损坏或密封不严而漏气，使延时动作时间缩短，甚至不产生延时；空气室内要求极清洁，若在拆装过程中使灰尘进入气道内气道将会阻塞，时间继电器的延时时间会变得很长。针对上述情况可拆开气室，更换橡胶薄膜或清除灰尘，即可解决故障。空气式时间继电器受环境温度变化影响和长期存放都会发生延时时间变化，可针对具体情况适当调整。

④ 速度继电器的故障及维修。速度继电器发生故障后，一般表现为电动机停车时不能制动停转。此故障如果不是触头接触不良，就可能是调整螺钉调整不当或胶木摆杆断裂引起的。只要拆开速度继电器的后盖进行检修即可。

(3) 低压电器电磁系统的维修及故障处理

在低压电器中，频繁操作的接触器、启动器、电磁继电器、电磁铁等控制电器，以及长期工作的断路器，都有容易发生故障的电磁系统。为了延长这些电器的使用寿命，对其电磁系统应进行以下维护工作。

1）定期用压缩空气吹扫电磁系统积聚的灰尘，用刷子蘸汽油刷去铁芯极面的污垢，但不可刷洗线圈。

2）定期检查铁芯工作是否正常，动、静铁芯是否对齐，交流电磁系统的噪声是否过大，动铁芯是否粘着不释放，转轴（如果有的话）转动是否灵活，并定期在轴承中注入润滑油；对于直动式电磁系统，要检查其导轨有无卡涩现象。

3）定期检查线圈是否牢固地装在铁芯上，线圈温升是否超过规定值，并用兆欧表测量线圈对地的绝缘电阻（一般不应小于 1MΩ）。通常，铁芯和衔铁端面的加工精度很高，如果端面受到严重损伤或磨损而出现不平整现象，首先应使用细锉锉平，然后试装和修整刮平，方法如下：

① 将衔铁和静铁芯装在支架上，端面间衬一张双面复写纸。

② 向电阻线圈通电，于是衔铁吸合。此时端面上接触部位紧压着复写纸，在端面上印有斑点的地点，就是接触部位。

③ 切断电源，拆下铁芯，将端面上印有斑点的部位再锉光或刮平。锉光或刮平应顺着叠片方向进行，但不可能摊太平。否则，会减小 E 型磁铁中间磁极的间隙。如果该间隙小于厂家规定值，剩磁就较强，可能导致电磁线圈断电后衔铁粘住不能释放。

④ 重复以上步骤，进行多次试验，将端面上印有斑点的部位刮平，直至斑点平均密布整个端面为止。

【任务实施】

(1) 设备与器材

木制板，电表，圆木，螺口灯座，拉线开关，双孔插座，空气开关，金属扎片，塑料铝芯导线，塑料软线，常用电工工具，低压电器等。

(2) 三相异步电动机连续运行电路原理分析

如图 1-5-13 所示，合上开关 QS，工作过程如下：

1）启动：当松开 SB_1，动合触头分断，由于接触器动合辅助触头 KM 的闭合已将 SB_1 短接，所以松开 SB_1 后的电动机仍能运转，动合辅助触头又称自锁触头。

2）停止：当松开 SB_2 时，其动断触头闭合，因接触器的自锁触头 KM 在切断电路时已断开，停止自锁，接触器线圈 KM 不可能断电，因而电动机不可能转动。要使电动机重新运转，必须重新按下启动按钮 SB_1。

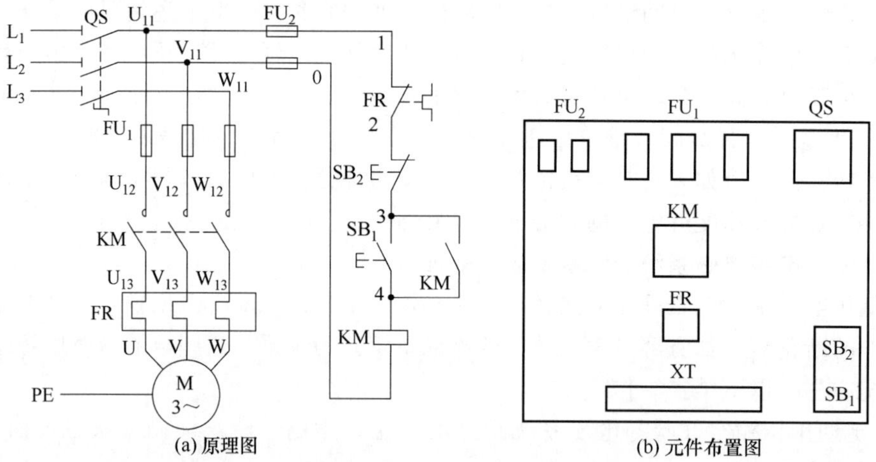

图 1-5-13 电动机单向连续运转控制线路

(3) 接线与调试

1）电动机单向连续运转控制线路接线图如图 1-5-14 所示。

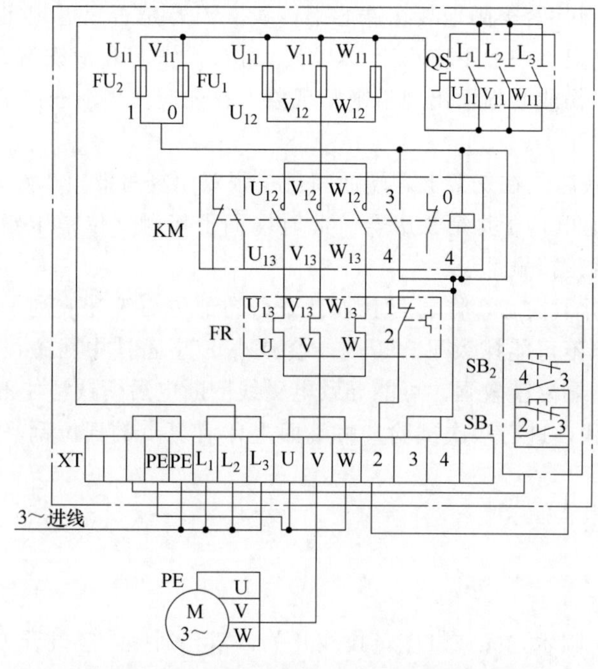

图 1-5-14 电动机单向连续运转控制线路接线图

2）布局与安装。如图 1-5-13 所示进行布局与安装，要求布局合理，安装符合电路安装时的要求，能够正确使用工具，具有一定的工艺性。

3）通电试车。通电时注意安全，要在检查无误后进行操作，通电步骤正确。开关开为由远及近，关为由近及远。

4）排故检修。

【实操评价】

教学内容	评价要点	评价标准	评价方式	考核方式	分数权重
三相异步电动机连续运行电路安装	电路分析过程	理论基础	教师评价	操作及答辩	0.2
	是否正确接线	维修电工		操作及答辩	0.3
	检修及排故	处理措施		笔试及答辩	0.3
	作业态度	积极主动，认真	小组评价	口试	0.1
	团队意识	主动交流、配合默契		口试	0.1

【自测题】

1. 连续运行的原理是什么？和电动控制有什么区别？
2. 为什么按下 SB_1 电动机会转动？
3. 按下 SB_2 电机不停是什么原因？

项目 1.6　变压器、电动机的使用与维护

任务 1.6.1　变压器同名端的判定

【知识目标】

熟悉变压器的结构、组成与分类；理解变压器的作用与工作原理。

【技能目标】

能够用直流法辨别出变压器的同名端；能够用交流法辨别出变压器的同名端。

【任务描述】

用万用表和电池分辨出变压器的同名端；利用万用表和交流电源分辨出变压器的同名端。

【相关知识】

(1) 变压器的结构

变压器是一种静止电器，它是通过线圈间的电磁感应，将一种电压等级的交流电转换成同频率的另一种电压等级的交流电的装置。主要由铁芯和绕组两大部分组成，主要功能包含：电压变换、电流变换、阻抗变换、相位变换和隔离等。

按用途可以分为电力变压器、仪用变压器、试验变压器、特种变压器等；按相数可分为单相变压器和三相变压器；按冷却方式可分为干式变压器和油浸式变压器；按绕组形式可分为双绕组变压器、三绕组和自耦变压器。其电力变压器的外部结构如图 1-6-1 所示。

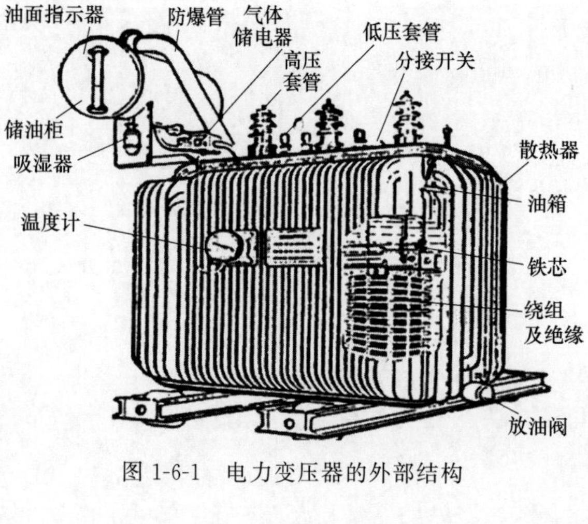

图 1-6-1　电力变压器的外部结构

变压器是将两组或两组以上的线圈绕制在同一个线圈骨架上，或绕在同一铁芯上制成的。变压器的线圈称为绕组，通常情况下，把变压器电源输入端的绕组称为初级绕组（又称一次绕组），输出端的绕组称为次级绕组（又称二次绕组）。

单相变压器和三相变压器的内部结构基本相同，均是由铁芯和绕组两部分组成，如图 1-6-2 所示。

常用的变压器铁芯有多种类型，典型的结构分别为口字形和日

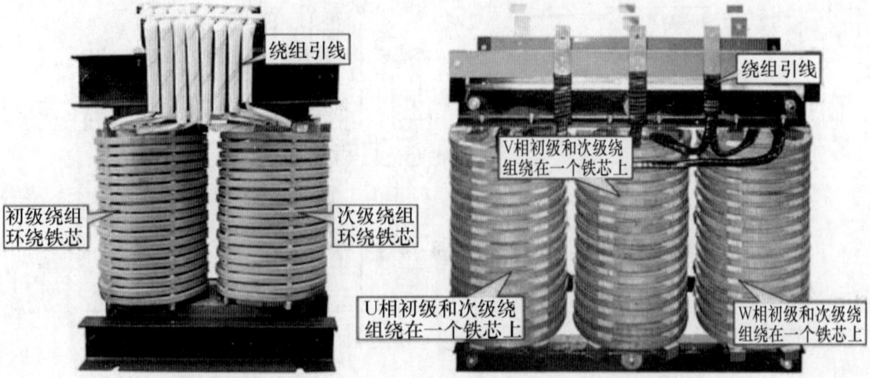

(a) 单相变压器　　(b) 三相变压器

图 1-6-2 变压器的内部结构

字形，如图 1-6-3 所示。为了减小涡流和磁滞损耗，铁芯通常选用磁导率较高、相互绝缘、厚度在 0.35～0.5mm 的硅钢片叠合而成，有的变压器铁芯也选用高磁导率的坡莫合金、铁氧体等材料制成。

(a) 口字形铁芯　　(b) 日字形铁芯

图 1-6-3 变压器的两种铁芯

绕组相数不同，其绕组数也不同。单相变压器的内部有 2 组绕组，而三相变压器的内部有 6 组绕组，如图 1-6-4 所示。绕组是变压器的电路部分，铁芯是变压器的磁路部分，二者构成变压器的核心，即电磁部分。绕组是用绝缘良好的漆包线、纱包线或丝包线在铁芯（骨架）上绕制而成的，如图 1-6-5 所示。

(2) 变压器的原理

最简单的铁芯变压器由一个软磁材料做成的铁芯及套在铁芯上的两个匝数不等的线圈构成，原理图如图 1-6-6 所示。

铁芯的作用是加强两个线圈间的磁耦合。为了减少铁芯涡流和磁滞损耗，铁芯由涂漆的硅钢片叠压而成，两个线圈之间没有电的联系。初级线圈（或原线圈）接交流电源，次级线圈（或副线圈）为另一个线圈接用电器。实际的变压器是很复杂的，不可避免地存在铜损（线圈电阻发热）、铁损（铁芯发热）和漏磁（经空气闭合的磁感应线）等。为了简

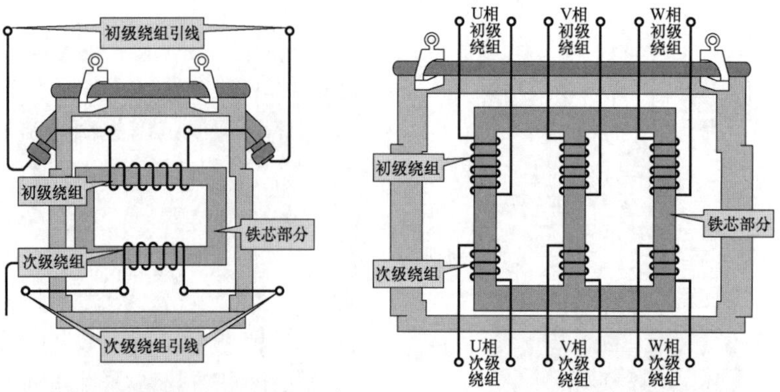

(a) 单相变压器　　(b) 三相变压器

图 1-6-4　单相和三相变压器的内部结构

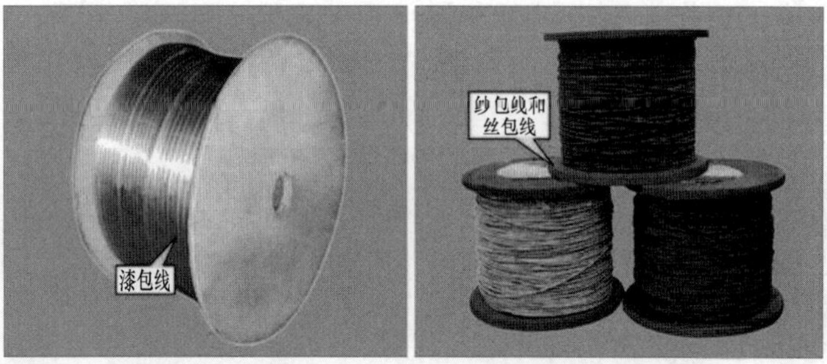

(a) 漆包线　　(b) 纱包线和丝包线

图 1-6-5　变压器的绕组材料

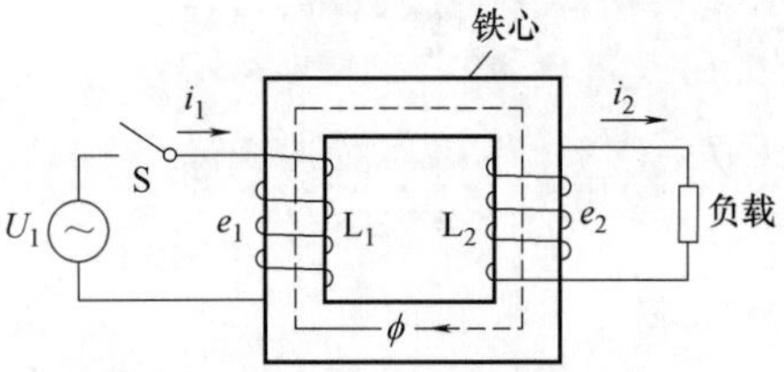

图 1-6-6　变压器的原理图

化，这里只介绍理想变压器。

理想变压器成立的条件是：忽略漏磁通，忽略原、副线圈的电阻，忽略铁芯的损耗，忽略空载电流（副线圈开路原线圈线圈中的电流）。例如电力变压器在满载运行时（副线圈输出额定功率）即接近理想变压器情况。

当变压器的原线圈接在交流电源上时，铁芯中便产生交变磁通，交变磁通用 φ 表示。原、副线圈中的 φ 是相同的，φ 是一简谐函数，可表示为 $\varphi=\varphi_{m}\sin\omega t$。由法拉第电磁感应定律可知，原、副线圈中的感应电动势为 $e_1=-N_1\mathrm{d}\varphi/\mathrm{d}t$、$e_2=-N_2\mathrm{d}\varphi/\mathrm{d}t$，式中 N_1、N_2 为原、副线圈的匝数。由图可知 $U_1=-e_1$，$U_2=e_2$（原线圈物理量用下角标 1 表示，副线圈物理量用下角标 2 表示），其有效值 $U_1=-E_1=jN_1\omega\varphi$、$U_2=E_2=-jN_2\omega\varphi$，令 $k=N_1/N_2$，称为变压器的变比。由上式可知 $U_1/U_2=-N_1/N_2=-k$，即变压器原、副线圈电压有效值之比等于其匝数比，而且原、副线圈电压的相位差为 π。进而得出：

$$U_1/U_2=N_1/N_2=k$$

变压器在空载运行时，原、副边电压之比近似等于原副绕组的匝数比。可见，当电源

电压 U_1 一定时，只要改变变比 k，即可得到不同的输出电压 U_2。$k>1$ 时，为降压变压器；$k<1$ 时为升压变压器，这就是变压器变换电压的基本原理。平时，可以根据变压器铭牌上的数据求得变压器的变比，等于原、副绕组的额定电压值之比。

在空载电流可以忽略的情况下，有 $I_1/I_2=N_2/N_1$，即原、副线圈电流有效值大小与其匝数成反比，且相位差为 π。进而可得：

$$I_1/I_2=N_2/N_1=1/k$$

上式说明变压器负载运行时，原、副绕组电流有效值之比近似等于它们的匝数比的倒数，这就是变压器电流变换的作用。

理想变压器原、副线圈的功率相等 $P_1=P_2$。说明理想变压器本身无功率损耗。实际变压器总存在损耗，其效率为 $\eta=P_2/P_1$。电力变压器的效率很高，可达 90%以上。

【任务实施】

(1) 器材准备

单相电源变压器，万用表（1 只），干电池 1 只（1.5V），24V 交流电源，导线若干。

(2) 电路的连接与同名端判定

在实际应用中，电气设备中的线圈都是密封在壳体内的，一般无法看到线圈的绕向，因此在电路图中通常采用“同名端标记”表示绕向一致的两相邻线圈的端子。

确定同名端的方法：当两个线圈中电流同时流入或流出同名端时，两个电流产生的磁场将相互增强；当随时间增大的时变电流从一线圈的一端流入时，将会引起另一线圈相应同名端的电位升高。

1）直流判断法

① 操作步骤。如图 1-6-7（a）所示连接绕组、万用表、开关和电池，将万用表挡位调制至直流电压低挡位（如 5V 以下）或者直流电流的低挡位（如 5mA）。

当 S 合上的瞬间，电流从 1 端流入，此时若电压表指针正偏，说明 3 端为高电位端，因为当电流从一线圈的一端流入时，将会引起另一线圈相应同名端的电位升高，因此 1、3 为同名端；若电压表指针反偏，说明 4 端为高电位端，即 1、4 端为同名端。

② 注意事项。断开 S 时，表针会摆向另一方向；S 不可长时间接通。

2）交流判断法

在单相变压器一次、二次绕组两端按照图 1-6-7（b）进行连线。

把两个线圈的任意两个接线端连在一起，例如将 1、3 相连，并在其中一个线圈上加一个较低的交流电压，用交流电压表分别测量 U_{12}、U_{34}、U_{24}，当 $U_{24}=U_{12}-U_{34}$，则 1、3 为同名端；若 $U_{24}=U_{12}+U_{34}$，则 1、3 为异名端。

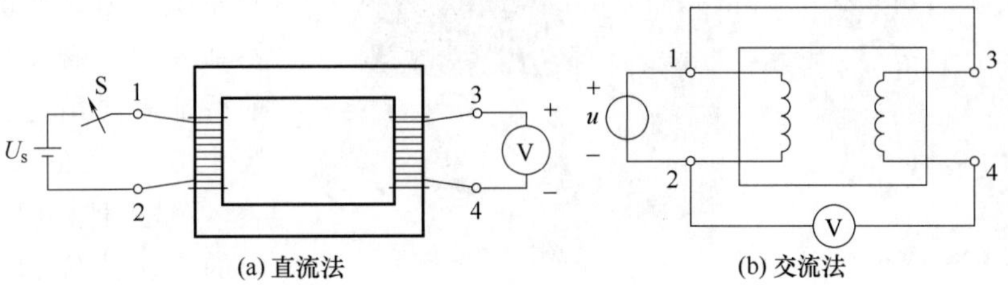

(a) 直流法　(b) 交流法

图 1-6-7　同名端判定接线图

【实操评价】

教学内容	评价要点	评价标准	评价方式	考核方式	分数权重
变压器同名端的测试	万用表的使用	正确、合理	教师评价	答辩	0.1
	测试前准备	正确、规范、合理接线		操作	0.2
	连线与测试	操作规范，读数准确		操作	0.5
	态度	积极主动，认真	小组评价	口试	0.1
	团队意识	主动交流、配合默契		口试	0.1

【自测题】

1. 变压器由哪两部分组成？它们各有什么作用？
2. 简述直流法判定同名端的步骤。

任务 1.6.2　三相异步电动机的绝缘测试

【知识目标】

了解兆欧表的用途和原理；熟悉兆欧表的使用方法。

【技能目标】

能正确使用兆欧表测试三相异步电动机的绝缘电阻；培养独立工作的能力和安全文明生产的习惯。

【任务描述】

合理选用兆欧表的型号；测试三相异步电动机的相间绝缘和对地绝缘并记录测试的数据。

【相关知识】

电气设备的绝缘性能是否良好，不仅关系到设备能否正常运行，而且关系到操作人员的生命安全。电气设备由于工作时的发热、受潮及老化等原因，绝缘性能往往会达不到要求，需要检修，检修前后都需要用兆欧表测量绝缘电阻。兆欧表俗称“摇表”，是一种专门测量绝缘电阻的直读式仪表，它的标度单位是兆欧，用 MΩ 表示，

(a) 指针式兆欧表　　(b) 数字式兆欧表

图 1-6-8　兆欧表的外形

$1M\Omega=1\times10^6\Omega$。兆欧表的外形如图 1-6-8 所示。

(1) 指针式兆欧表

1）工作原理。通常兆欧表由两部分组成：一部分是由磁电系比率表组成的测量机构，另一部分是由手摇直流发电机组成的电源供给系统。

兆欧表的原理如图 1-6-9 所示，图中 G 表示手摇发电机，1，2 为磁电系比率表中的两个可动线圈。R_A 和 R_B 是串接在两个线圈中的限流电阻。兆欧表有三个接线端钮："线路"端钮 L、"接地"端钮 E 和"屏蔽"端钮 G，被测绝缘电阻 R_X 接在 L、E 之间。

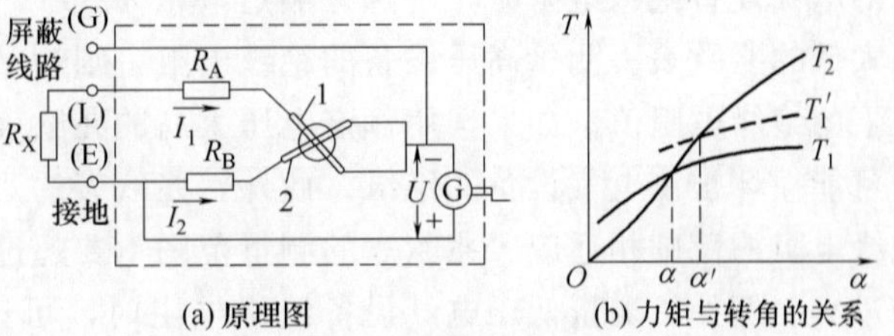

图 1-6-9 兆欧表的工作原理

如图 1-6-9（a）所示，兆欧表发电机发出的电压上并联有两条支路。一条称为电流支路，它是由线圈 1（电阻为 r_1）、电阻 R_A 与被测电阻 R_X 串联组成的，支路电流为 I_1，即：

$$I_1=U/(R_A+R_X+r_1)$$

另一条称为电压支路，它是由线圈 2（线圈的电阻为 r_2）与电阻 R_B 串联组成的，支路电流为 I_2，即：

$$I_2=U/(R_B+r_2)$$

当发电机的电压 U 和限流电阻 R_A、R_B 的值保持某一恒定值时，电流支路中电流 I_1 的大小由被测电阻 R_X 决定，产生转动力矩 T_1；电压支路中的电流 I_2 也是定值，它将产生反作用力矩 T_2。

由于气隙中磁场分布是不均匀的，所以转动力矩 T_1 与反作用力矩 T_2 都与两线圈在磁场中的位置有关，也就是说与指针的偏转角度 α 有关。在指针的零位处，两线圈都偏离磁场中心较远，力矩较小，随着偏转角的增大，线圈逐渐靠近磁场中心，力矩也随之增大，由于线圈 2 比线圈 1 更靠近磁场的中心，所以力矩 T_2 比 T_1 增大得更快，T_1、T_2 与偏转角 α 的关系如图 1-6-9(b) 所示。由图可见，在偏转角较小时，转动力矩 T_1 大于反作用力矩 T_2，使得指针偏转，随着偏转角的增大，两力矩也随之增大并逐渐接近相等，在偏转角 α 处两条曲线相交，此时 $T_1=T_2$，指针平衡，指出被测电阻值。如果被测电阻 R_X 减小，电流 I_1 增大，则曲线 T_1 将被抬高到 T_1' 的位置，使偏转角 α 要增大到 α' 才能使两条曲线相交，力矩平衡，指针偏转角度 α 增大说明被测电阻 R_X 减小。兆欧表的偏转角 α 只随被测电阻 R_X 的电阻值而改变。

兆欧表的刻度也与万用表的电阻刻度一样，如图 1-6-10 所示。在被测电阻 $R_X=0$ 时，电流 I_1 为最大，转动力矩 T_1 也最大（曲线 T_1 抬得最高），兆欧表指针的偏转角将顺时针偏转到标度尺的最右端才能与反作用力矩 T_2 平衡，指示出 $R_X=0$；当未接被测电阻 R_X 时，相当于 $R_X=\infty$，这时电流 $I_1=0$，$T_1=0$，可动部分在 I_2 产生的反作用力矩 T_2 作用下逆时针偏转，使指针停在标度尺的最左端，指示出 $R_X=\infty$。

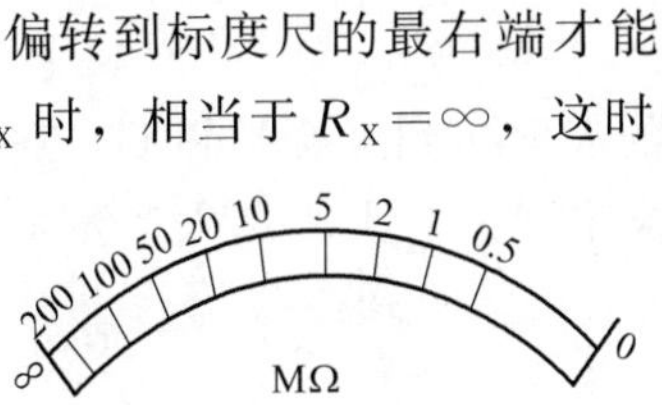

图 1-6-10 兆欧表的刻度

2）使用方法。

① 兆欧表的选择。兆欧表的主要性能参数有额定电

压、测量范围等，额定电压有 100V、250V、500V、1000V、2500V 等规格，测量范围有 0～200MΩ，0～500MΩ，0～1000MΩ，0～2000MΩ 等规格。

选择兆欧表时，主要考虑的因素是额定电压及测量范围。兆欧表的额定电压应根据被测电气设备或线路的额定电压来选择。例如，测量额定电压在 500V 以上的电气设备绝缘电阻时，一般应选择额定电压为 1000V 或 2500V 的兆欧表；而测量额定电压在 500V 以下的电气设备绝缘电阻时，可选择额定电压为 500V 或 1000V 的兆欧表。如果选用额定电压太低的兆欧表去测量高压设备的绝缘电阻，则测量结果不能正确反映被测设备在工作电压下的绝缘电阻值；如果选用额定电压太高的兆欧表去测量低压电气设备的绝缘电阻，则有可能损坏被测电气设备的绝缘。此外，兆欧表的测量范围也应与被测电气设备或线路的绝缘电阻的范围相适应。兆欧表的测量范围不要超过被测绝缘电阻值太多，以免使测量误差过大。例如，测量低压电气设备绝缘电阻时，可选用 0～500MΩ 的兆欧表；测量高压电气设备或电缆的绝缘电阻时，可选用 0～2000MΩ 的兆欧表。另外有一些兆欧表的标尺刻度不是从 0MΩ 开始，而是从 1MΩ 或 2MΩ 开始的，这种兆欧表一般不宜用来测量低压电气设备的绝缘电阻，因为低压电气设备的绝缘电阻可能小于 1MΩ。

② 使用兆欧表测量前的检查。兆欧表使用时，应将表放置平稳，测量前应对兆欧表进行一次开路和短路试验，检查兆欧表是否良好。检查方法是：先使兆欧表的 L、E 端钮开路，摇动发电机，使其转速达到规定范围，这时指针应指在“∞”上；再将兆欧表的 L、E 端钮短路，摇动发电机，指针应指在“0”上。否则，兆欧表有误差，应进行检修调整。

③ 兆欧表的接线。兆欧表有三个测量端钮，分别标有 L（线路）、E（接地）和 G（屏蔽）。一般测量时，只用 L 端和 E 端。例如，测量线路对地的绝缘电阻或者三相电动机绕组对外壳的绝缘电阻时，将被测电气设备的相线端（如三相电动机绕组端）接 L（线路）端钮，将被测设备的外壳或接地端（如三相电动机的外壳）接 E（接地）端钮，如图 1-6-11（a）所示；测量三相电动机绕组相间的绝缘电阻接线，如图 1-6-11（b）所示。

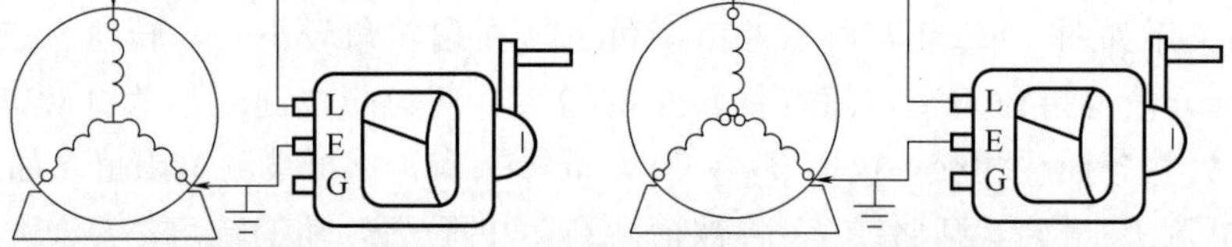

(a) 电动机对外壳绝缘电阻 (b) 电动机相间绝缘电阻

图 1-6-11 测量绝缘电阻接线方法

G 是屏蔽端钮，应接屏线，其作用是减少被测设备表面漏电流对测量值的影响，一般仅在测量电缆对地绝缘电阻或被测设备表面漏电流很严重时才使用，其接法如图 1-6-12 所示。

当电缆表面存在漏电流 I_3 时，可以通过保护环把电缆的表面接到屏蔽端钮 G，这样就可以把漏电流 I_3 通过屏蔽端钮引回到发电机，不会流到线路端钮 L 上去增大测量电流 I_1，也就不会造成测量误差。

3）注意事项。

① 绝缘电阻的测量必须在被测电气设备和线路停电状态下进行。对于电容量较大的

设备，必须进行 2～3min 的充分放电后再进行测量，以保障人身和设备的安全。

② 测量前，应将被测设备表面擦干净，以免引起误差。

③ 兆欧表和被测设备之间的连接导线应用单股线分开单独连接，不要用双股绝缘导线，否则有可能因导线绝缘不良而引起误差。

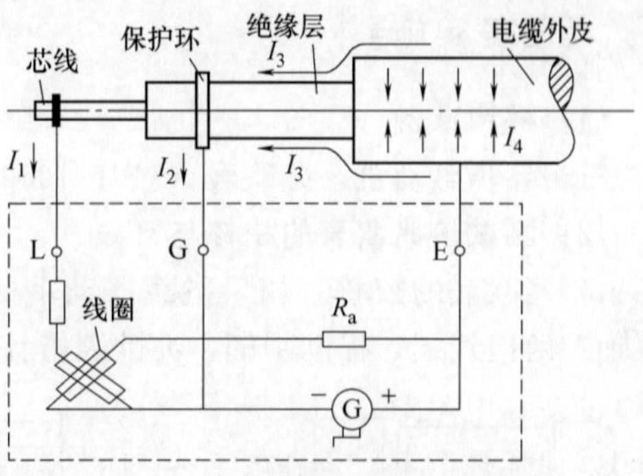

图 1-6-12 屏蔽端钮 G 的接法

④ 兆欧表虽然采用了比率表测量机构，测量结果与手摇发电机电压无关，但是由于仪表本身的灵敏度有限，线圈需要一定的电流才能产生足够的转动力矩与反作用力矩，因此手摇发电机必须供给足够的电源电压，为此手摇发电机应达到一定的转速以保证仪表的正常工作。测量时应使手摇发电机的转速稳定在规定范围内，一般要求约为 120r/min。由于绝缘电阻阻值随着测量时间的长短而有所不同，因此规定以摇测 1min 后的读数为准。如果在测量过程中，发现指针指“0”，则不能再继续摇动手摇发电机，以防表内线圈过热而损坏。

⑤ 测量完毕后，在兆欧表没有停止转动和被测电气设备没有完全放电之前不要急于拆除导线。在对电容量较大的设备进行测量后，也应注意先将被测电气设备对地短路放电，然后才能拆除导线，以防发生触电事故。

(2) 数字式兆欧表

数字式兆欧表一般采用三位半 LCD 显示器显示，测试电压由直流电压变换器将 9V 直流电压变成 250V、500V 或 1000V 等直流电压，并采用数字电桥进行高阻测量。相比指针式兆欧表，数字式兆欧表具有量程宽、读数直观、携带使用方便、整机性能稳定等优点，适用于各种电气绝缘电阻的测量。

1）工作原理。数字式兆欧表使用时先将电源开关打开，此时显示器高位显示“1”。然后根据测量需要选择相应的量程，根据测量需要选择相应的测试电压。

2）使用方法。测量时将被测对象接入数字式兆欧表相应的插孔，将输入线 L 接至被测对象线路端，L 引线应尽量悬空，E 端接至被测对象地端，测试电缆时，插孔 G 接保护环。接线完毕后按下测试按键，此时高压指示 LED 点亮，测试进行，当显示值稳定后即可读数，读数完毕后松开测试按键。如果显示器最高位仅显示“1”，表示超量程，需要换至高量程挡。如在最高量程挡中仍显示“1”，则说明绝缘电阻值已超过最高量程。

3）注意事项。数字式兆欧表使用时的注意事项与指针式兆欧表基本相同，在测试前也应检查被测对象是否已完全切断电源，并应短路放电。测试时，不允许手持测试端，以保证读数准确和人身安全。

测试时如显示读数不稳，有可能是环境干扰或绝缘材料不稳定的影响，此时将 G 端接到被测对象屏蔽端，可使读数稳定。

电池不足时及时更换电池，如果长期不使用应取出电池，以免电池漏液损坏仪表。

为保证测试安全和减少干扰，测试线采用硅橡胶材料，勿随意更换。保存时勿置于高温、潮湿处存放，以延长使用寿命。

【任务实施】

(1) 材料准备

三相异步电动机，兆欧表（500，1000，2500V 各一只），学生根据需要合理选用。

(2) 测试前兆欧表的校核与接线

1）兆欧表的校核。如果空载摇动手柄，兆欧表指针指向“∞”位置，短路“线路”“接地”两接线端，摇动手柄，兆欧表指针指向“0”位置，则兆欧表校核成功。

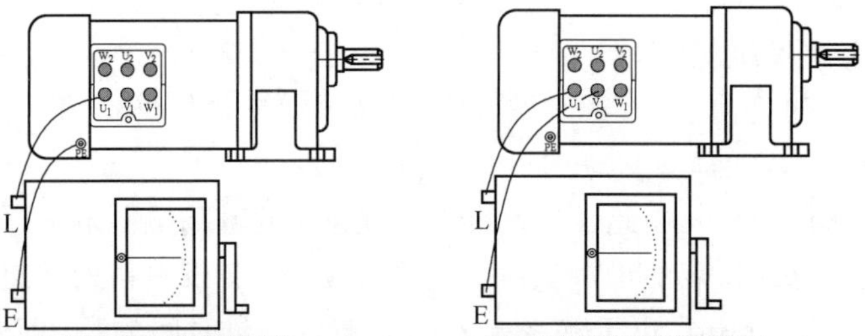

(a) 对地绝缘测试接线图　(b) 相间绝缘测试接线图

图 1-6-13　三相异步电动机绝缘测试接线图

2）电动机绝缘测试接线。测试三相异步电动机相间的绝缘时，接线端（L）和接线端（E）分别接电动机端子的 U 和 V，V 和 W 及 W 和 U，测试出每两相之间的绝缘电阻值。测试相对地绝缘电阻时，接线端（L）和接线端（E）分别接电动机端子 U 和地，V 和地及 W 和地，测试出每相对地的绝缘电阻值。接线如图 1-6-13 所示。

(3) 三相异步电动机绝缘电阻的测试与读数

测试过程中注意摇动表的转速为 120r/min，摇动一分钟读数，读数时保持摇表的转速，读数完毕方可停止摇表，并将读数填入下表。

三相异步电动机绝缘测试数据记录表

	U-V	V-W	W-U	U-地	V-地	W-地
绝缘电阻（MΩ）						

【实操评价】

教学内容	评价要点	评价标准	评价方式	考核方式	分数权重
三相异步电动机绝缘测试	兆欧表选型	正确、合理	教师评价	答辩	0.1
	测试前准备	正确、规范、合理接线		操作	0.2
	测试与读数	操作规范，读数准确		操作	0.5
	态度	积极主动，认真	小组评价	口试	0.1
	团队意识	主动交流、配合默契		口试	0.1

【自测题】

1. 如何选择兆欧表的电压等级？
2. 三相异步电动机绝缘电阻测试有哪些注意事项？

任务 1.6.3　三相异步电动机的拆装与保养

【知识目标】

熟悉三相异步电动机的结构组成与分类；理解三相异步电动机的工作原理。

【技能目标】

能正确拆装和保养三相异步电动机；培养独立工作的能力和安全文明生产的习惯。

【任务描述】

借助常用工具进行三相异步电动机的拆卸；保养三相异步电动机，使其保持良好性能。

【相关知识】

(1) 三相异步电动机的结构

三相异步电动机的结构如图 1-6-14 所示，它主要由定子和转子两个部分组成，定子是不动的部分，转子是旋转的部分，在定子和转子之间有一定的气隙。

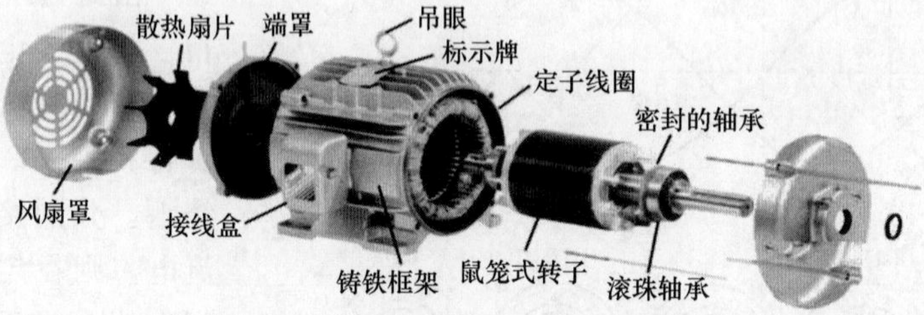

图 1-6-14　三相异步电动机的结构

1）定子（静止部分）。

① 定子铁芯：定子铁芯的作用是作为电机磁路的一部分，并在其上放置定子绕组。

② 定子绕组：定子绕组是电动机的电路部分，通入三相交流电，产生旋转磁场。

③ 机座：作用是固定和支承定子铁芯及端盖。

2）转子（旋转部分）。转子是电动机的旋转部分，包括转子铁芯、转子绕组和转轴等部件。

① 转子铁心：电动机磁路的一部分，并放置转子绕组。一般用 0.5 毫米厚的硅钢片冲制、叠压而成，硅钢片外圆冲有均匀分布的槽孔，用来安置转子绕组。

② 转子绕组：作用是切割定子旋转磁场产生感应电动势及电流，并形成电磁转矩而使电动机旋转。

(2) 三相异步电动机的工作原理

三相异步电动机的定子铁芯中放置三相结构完全相同的绕组 U 相、V 相、W 相，各相绕组在空间上互差 120°电角度，如图 1-6-15（a）所示，向这三相绕组通入对称的三相交流电，如图 1-6-15（b）（c）所示。下面以两极电动机为例说明电流在不同时刻时，磁场在空间的位置。

在 $\omega t=0$ 的瞬间，$i_u=0$，i_v 为负值，i_w 为正值，如图 1-6-15（c）所示，则 V 相电流从 V_2 流进，V_1 流出，而 W 相电流从 W_1 流进，W_2 流出。利用右手定则可以确定 $\omega t=0$ 瞬间由三相电流所产生的合成磁场方向，如图 1-6-15（d）所示。可见这时的合成磁场是一对磁极，磁场方向与纵轴线方向为一致，上方为北极（N 极），下方是南极（S 极）。

在 $\omega t=\pi/2$ 时，经过了四分之一周期，i_u 由零变为最大值，电流由首端 U_1 流入，末端 U_2 流出；i_v 仍为负值，U 相电流方向与（1）时一样；i_w 也变为负值，W 相电流由 W_1 流出，W_2 流入，其合成磁场方向如图 1-6-15（d）所示，可见磁场方向已经较 $\omega t=0$ 时按顺时针方向转过 90°。应用同样的分析方法可画出 $\omega t=\pi$，$\omega t=2/3\pi$，$\omega t=2\pi$ 时的合成磁场，分别如图 1-6-15（d）③④⑤所示，由图中可明显地看出磁场的方向逐步按顺时针方向旋转，共计转过 360°，即旋转了一周。

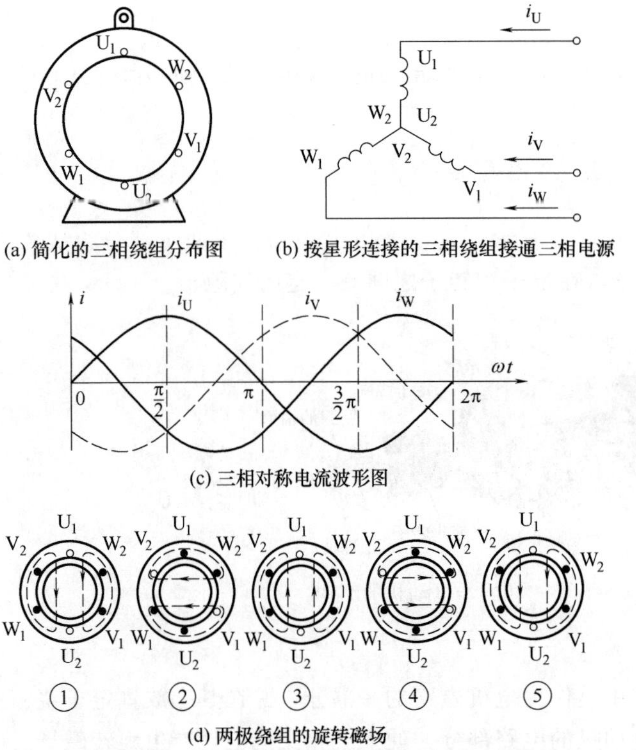

(a) 简化的三相绕组分布图 (b) 按星形连接的三相绕组接通三相电源

(c) 三相对称电流波形图

(d) 两极绕组的旋转磁场

图 1-6-15 三相异步电动机旋转磁场的产生

由此可以得出如下结论：在三相交流电动机定子上布置有结构完全相同在空间位置各相差 120°电角度的三相绕组，分别接入三相对称交流电，则在定子与转子间所产生的合成磁场是沿定子内圆旋转的，是一个大小不变，且以一定的转速不断旋转的磁场，我们称此为旋转磁场，其旋转方向由通入三相绕组中的电流的相序决定，当相序发生改变时，旋转磁场就会改变方向。

异步电动机工作原理：当电动机的定子绕组中通入三相电流时，定子绕组会产生一个旋转磁场，转子导体将切割旋转磁场而产生感应电流，转子导体中的感应电流又与旋转磁场相互作用产生电磁力，电磁力产生的电磁转矩驱动转子沿旋转磁场方向旋转起来。由于电动机的实际转速低于旋转磁场的转速，不同步，因此叫三相异步电动机。

【任务实施】

(1) 材料准备

三相异步电动机，兆欧表，拉具，木手锤，扳手，改刀，器皿，机油，记号笔等。

(2) 三相异步电动机的拆卸步骤

1）作好端盖与定子机座的标记，为装配做准备。

2）用拉具拆卸皮带轮或联轴器。在皮带轮（或联轴器）的轴仰端做好尺寸标记，如图 1-6-16 所示。松脱皮带轮上的定位销，拉具的爪子紧贴皮带轮，拉具丝杠尖端对准电动机轴中心，慢慢转动丝杠将皮带轮拉出，如图 1-6-17 所示。如拉不出不能硬拉，可以在定位销处注入煤油，待几小时后再拉。也可对皮带轮加热，待皮带轮膨胀后即可拉出。应注意温度不能太高，防止轴变形。拆卸过程不能用铁锤等直接敲打皮带轮，防止碎裂。

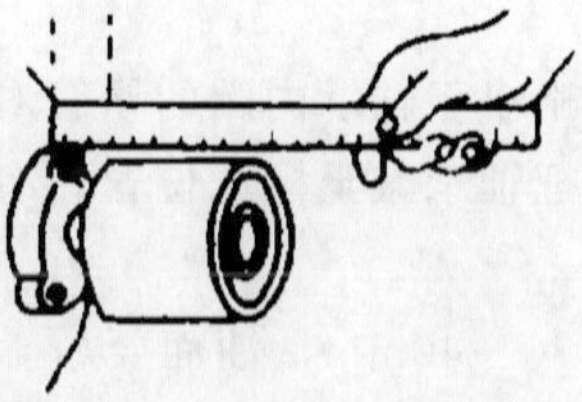

图 1-6-16　皮带轮的位置标记法

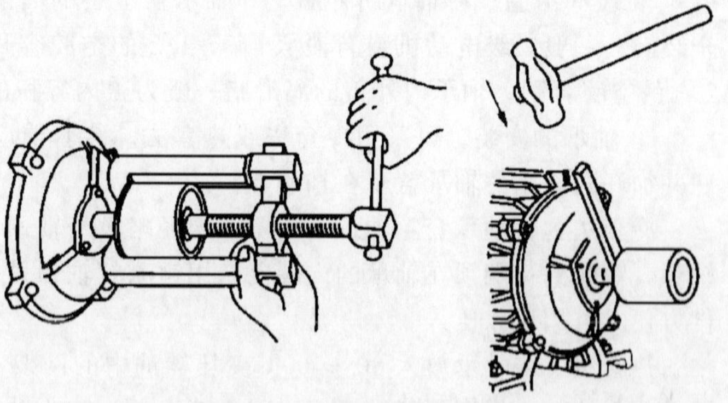

图 1-6-17　用拉具拆卸皮带轮

3）风罩、风扇叶的拆卸。松脱外风扇罩的螺栓，取下风罩。松脱转子轴尾端风扇上定位螺栓或取下销子。用木手锤在风扇四周均匀轻敲，风扇可松脱取下，以便于清洗小型异步电动机后端盖内的轴承。当不需加油或更换时风扇可不拆下。若风扇叶是塑料制成的，可将风扇浸入热水中待膨胀后卸下。

4）轴承盖和端盖的拆卸。在端盖与机座接缝处的任一位置做好标记，拧下轴承外盖螺栓，衬以垫木用木手锤轻轻敲打端盖四周，取下端盖。

5）轴承的拆卸。常用拉具拆卸、铜棒拆卸、搁在圆桶上拆卸、加热拆卸等方法。用拉具拆卸，如图 1-6-18 所示。根据轴承的大小，选用适宜的拉具，拉具的脚爪应紧扣在轴承的内圈上，拉具的丝杆顶点要对准转子轴的中心，均匀用力慢慢扳转丝杆即可取下轴承。

图 1-6-18　拉具拆卸轴承图

拆卸电动机时，若遇到轴承留在端盖的轴承孔内，可采用图 1-6-19 所示的方法。将端盖止口向上，平衡地搁在两块铁板上。垫上一段直径小于轴承外径的金属棒，用木手锤沿轴承外圈敲打，敲出轴承。

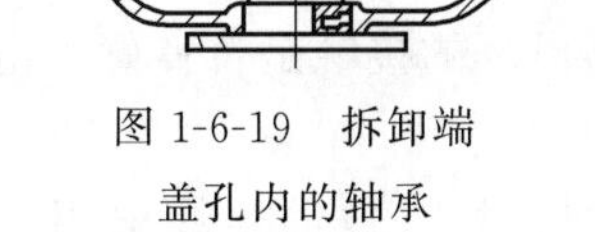

图 1-6-19　拆卸端盖孔内的轴承

6）抽出转子。抽出转子时，应以不损伤定子绕组为宜，小型电动机的转子可以连同后端盖一起取出。大容量电动机的转子，可用起动设备起吊，起吊时应不损坏定子、转子绕组等。

(3) 三相异步电动机的装配

电动机的装配顺序按拆卸的逆顺序进行。装配前各配合处要先清洗除锈，装配时，应将各部件按拆卸时所作标记复位。

1）滚动轴承的安装。

① 清洗检查。将轴承和轴承盖先用煤油清洗后，检查轴承有无裂纹，内外轴承环有无裂缝等。再用手旋转轴承外圈，观察其转动是否灵活、均匀、无杂音。否则应查出故障或更换，若观察正常，再用汽油清洗待干后装配。

新轴承安装，将其置放在70～80℃的变压器油中加热65min，待全部防锈油熔去后，再用汽油洗净待干后装配。

② 装润滑脂。在轴承内外圈里和轴承盖里装的润滑脂应洁净，塞装要均匀，禁止完全装满。一般二级电动机装满轴承1/3～1/2的空腔容积，四级及以上的电动机装满轴承2/3的空腔容积。轴承内外盖的润滑脂一般为盖内容积的1/3～1/2。

③ 轴承的安装。可采用冷套法或热套法。装套前应将轴颈部分揩擦干净，把经过清洗并加好润滑脂的轴承盖套在轴颈上。

冷套法：将轴承套上轴颈，用一段内径略大于轴颈，外径略小于轴承内圈的铁管对准轴颈，铁管的一端顶在轴承的内圈上，用锤敲打轴颈另一端，把轴承敲至标记位置，有条件方便时可用压床压入。

热套法：将轴承放入80～100℃变压器油中的网架上加热30～40min，油面要覆盖轴承，均匀加热，温度不能过高，时间不能太长，防止轴承退火。热套时，要趁热迅速把轴承一直推到轴颈。如套不进应检查原因，如无外因，可用套筒顶住轴承的内圈，用木手锤轻轻敲入。轴承套好后，用压缩空气吹去轴承内的变压器油，并擦干净。

2）后端盖的安装。将轴伸端朝下垂直放置在木板上，把后端盖套在后轴承上，用木手锤敲打端盖，应使轴承外圈与端盖内圈为过渡或过盈配合。如出现间隙配合时，又无法更换端盖，可在端盖内圈与轴承配合处适当均匀冲小浅孔再行装配。装轴承外盖，逐步均匀拧紧内外轴承螺栓。

3）转子安装。把转子对准定子孔中心，小心地往里放送，后端盖应对准与机座的标记，旋上后端盖螺栓。

4）前端盖的安装。将前端盖对准与机座的标记，用木手锤均匀敲击端盖四周，不可单边用力，并拧上端盖的紧固螺栓。拧紧前后端盖上的螺栓时，为保证不损伤端盖耳攀和转子同心度，应四周均匀用力，按对角线上下左右逐步拧紧，最后装前轴承外盖，先在外轴承盖孔内插入一根螺栓，一手顶着螺栓，另一手缓慢转动转轴，轴承内盖随之转动，当手感觉到轴承外盖螺孔对齐时，可将螺栓拧入内轴盖的螺孔内，再装另两颗螺栓，也应逐步拧紧。

5）皮带轮的安装。皮带轮与轴对准键槽或止紧螺钉孔。中小型电动机，在皮带轮的端面上垫上木块用木手锤打入，若打入困难，可在轴的另一端垫上木块顶在地上，再打入皮带轮。安装较大型电动机的皮带轮（或联轴器）可用千斤顶。

(4) 装配后的检查

1）机械检查。检查所有固定螺栓是否拧紧，转子的转动是否灵活，轴伸端径向有无偏摆的情况；绕线式转子的刷握架位置安装是否正确，电刷与滑环的接触是否良好，电刷在刷握内有无卡住现象，弹簧压力是否均匀等。

2）测定绝缘电阻。用兆欧表测定电动机定子绕组相与相、相对地的绝缘电阻。测量过程中兆欧表的转速须保持基本恒定（约 120r/min），兆欧表指针稳定时读其指示值。对于 500V 以下的电动机其绝缘电阻不应低于 0.5MΩ，全部更换绕组的则应不低于 1MΩ。

【实操评价】

教学内容	评价要点	评价标准	评价方式	考核方式	分数权重
三相异步电动机的拆装	拆卸过程	正确、规范	教师评价	答辩	0.1
	装配过程	正确、规范		操作	0.2
	装配后的检测	操作规范，读数准确		操作	0.5
	态度	积极主动，认真	小组评价	口试	0.1
	团队意识	主动交流、配合默契		口试	0.1

【自测题】

1. 简述三相异步电动机的拆卸步骤及注意事项。
2. 简述三相异步电动机装配过程中的注意事项。

项目 1.7　三相异步电动机控制电路的安装

任务 1.7.1　电气图的绘制与分析

【知识目标】

掌握电气控制原理图的阅读方法；掌握电气控制电路图的绘制方法。

【技能目标】

能阅读电气控制原理图；能绘制简单的电气图。

【任务描述】

阅读和分析简单机床的控制电路。

【相关知识】

(1) 电气原理图的绘制

1）电气原理图中的电器元件是按未通电和没有受外力作用时的状态绘制的。在不同的工作阶段，各个电器的动作不同，触点时闭时开，而在电气原理图中只能表示出一种情况。因此，规定所有电器的触点均表示在原始情况下的位置，即在没有通电或没有发生机械动作时的位置。对接触器来说，是线圈未通电，触点未动作时的位置；对按钮来说，是手指未按下按钮时触点的位置；对热继电器来说，是常闭触点在未发生过载动作时的位置等。

2）触点的绘制位置要求。使触点动作的外力方向必须是：当图形垂直放置时为从左到右，即垂线左侧的触点为常开触点，垂线右侧的触点为常闭触点；当图形水平放置时为从下到上，即水平线下方的触点为常开触点，水平线上方的触点为常闭触点。

3）主电路、控制电路和辅助电路应分开绘制。主电路是设备的驱动电路，是从电源到电动机大电流通过的路径；控制电路是由接触器和继电器线圈、各种电器的触点组成的逻辑电路，实现所要求的控制功能；辅助电路包括信号、照明、保护电路等。

4）动力电路的电源电路绘成水平线，受电的动力装置（电动机）及其保护电器支路应垂直于电源电路。

5）主电路用垂直线绘制在图的左侧，控制电路用垂直线绘制在图的右侧，控制电路中的耗能元件画在电路的最下端，平齐。

6）图中自左而右或自上而下表示操作顺序，并尽可能减少线条和避免线条交叉。

7）图中有直接电联系的交叉导线的连接点（即导线交叉处）要用黑圆点表示。无直接电联系的交叉导线，交叉处不能画黑圆点。

8）在原理图的上方将图分成若干图区，并标明该区电路的用途与作用；在继电器、接触器线圈下方列有触点表，以说明线圈和触点的从属关系。

例如，图 1-7-1 就是根据上述原则绘制出的某机床电气原理图。

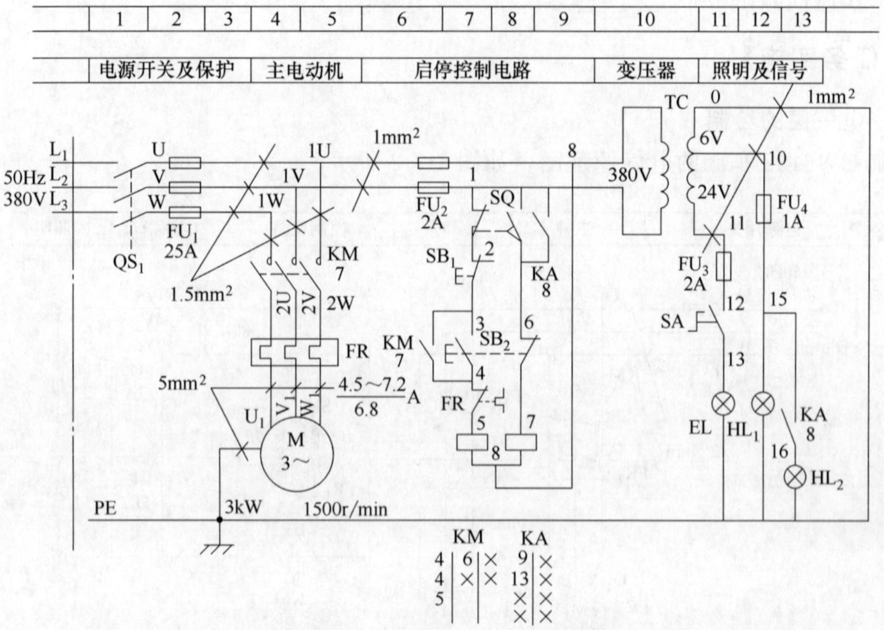

图 1-7-1　按照电气绘图的原则绘制的电气原理图

(2) 电气原理图的分析

1）基本原则。化整为零、顺藤摸瓜、先主后辅、集零为整、安全保护、全面检查。

采用化整为零的原则，以某一电动机或电器元件（如接触器或继电器线圈）为对象，从电源开始，自上而下，自左而右，逐一分析其接通断开关系。

2）分析方法与步骤。

① 分析主电路。无论线路设计还是线路分析都是先从主电路入手。主电路的作用是保证机床拖动要求的实现。从主电路的构成可分析出电动机或执行电器的类型、工作方式，启动、转向、调速、制动等控制要求与保护要求等内容。

② 分析控制电路。主电路各控制要求是由控制电路来实现的，运用“化整为零”“顺藤摸瓜”的原则，将控制电路按功能划分为若干个局部控制线路，从电源和主令信号开始，经过逻辑判断，写出控制流程，以简便明了的方式表达出电路的自动工作过程。

③ 分析辅助电路。辅助电路包括执行元件的工作状态显示、电源显示、参数测定、照明和故障报警等。这部分电路具有相对独立性，起辅助作用但又不影响主要功能。辅助电路中很多部分是受控制电路中的元件来控制的。

④ 分析联锁与保护环节。生产机械对于安全性、可靠性有很高的要求，实现这些要求，除了合理地选择拖动、控制方案外，在控制线路中还设置了一系列电气保护和必要的电气联锁。在电气控制原理图的分析过程中，电气联锁与电气保护环节是一个重要内容，不能遗漏。

⑤ 总体检查。经过“化整为零”，逐步分析了每一局部电路的工作原理以及各部分之间的控制关系之后，还必须用“集零为整”的方法检查整个控制线路，看是否有遗漏。特别要从整体角度去进一步检查和理解各控制环节之间的联系，以达到正确理解原理图中每一个电气元器件的作用。

【任务实施】

(1) 电气图的绘制

绘制 CW6132 车床的电气原理图，如图 1-7-2 所示。

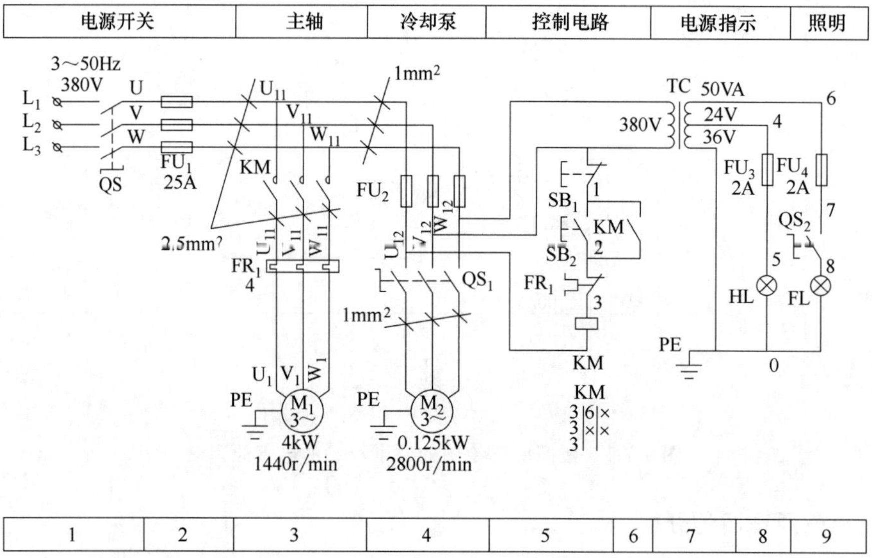

图 1-7-2 CW6132 车床电气原理图

1）画主电路。绘制主电路时，应依规定的电气图形符号用粗实线画出主要控制、保护等用电设备，如断路器、熔断器、变频器、热继电器、电动机等，并依次标明相关的文字符号。

2）画控制电路。控制电路一般由开关、按钮、信号指示、接触器、继电器的线圈和各种辅助触点构成，无论简单或复杂的控制电路，一般均是由各种典型电路（如延时电路、联锁电路、顺控电路等）组合而成，用以控制主电路中受控设备的“启动”“运行”“停止”，使主电路中的设备按设计工艺的要求正常工作。对于简单的控制电路，只要依据主电路要实现的功能，结合生产工艺要求及设备动作的先、后顺序依次分析，仔细绘制。对于复杂的控制电路，要按各部分所完成的功能，分割成若干个局部控制电路，然后与典型电路相对照，找出相同之处，本着先简后繁、先易后难的原则逐个画出每个局部环节，再找到各环节的相互关系。

(2) 电气原理图的分析

① 分析主电路；

② 分析控制电路；

③ 分析辅助电路；

④ 分析联锁与保护环节；
⑤ 总体检查。

【实操评价】

教学内容	评价要点	评价标准	评价方式	考核方式	分数权重
电气控制原理图的绘制和分析	掌握绘制方法	绘制电路正确、规范	教师评价	答辩	0.2
	能分析主电路	能正确地说出原理		答辩	0.3
	能分析控制电路	能正确地分析出电路的工作原理		答辩	0.3
	作业态度	积极主动，认真	小组评价	口试	0.1
	团队意识	主动交流、配合默契		口试	0.1

【自测题】

1. 简述电气控制原理图的绘制原则。
2. 简述电气原理图分析的基本原则。

任务 1.7.2　电动机点动运行电路的安装

【知识目标】

熟悉电动机点动控制电路的原理；掌握电动机控制电路的分析方法。

【技能目标】

能正确安装和检修点动控制电路；培养安全文明生产的习惯。

【任务描述】

合理选用低压电器元件；根据电气原理图，正确地安装电路并通电测试。

【相关知识】

电动机的控制线路都是由一些基本控制“环节”组合而成的。所谓点动控制，是指当用手按动按钮开关时，电动机直接启动，只要手一松开，电动机就立即停止运转。如果在点动控制线路中多串联一只动断（常闭）按钮，同时把接触器的一个动合（常开）辅助接点并联在启动按钮的两个接点上，接触器的主触点和辅助触点同步动作组成了单向连续运转控制线路。如果将热继电器的热元件串联在主电路中，将热继电器的动断触点串联在控制线路中，则组成了具有过载保护的控制线路。

【任务实施】

(1) 设备、器材准备

1）常用电工工具，铅笔。

2）500V 兆欧表，钳形电流表，万用表。

3）三相异步电动机（Y-100L2-4）1 台；接触器（CJ0-10）1 只；熔断器（RLI-15）5 只；接线排（JX2-1003JX2-1006）各 1 副；按钮（LAm-3H）1 只；热继电器（RJ10-10）1 只；负荷开关（HQ1-30/3）1 只、组合开关（H210-25/3）1 只；木制电盘（400mm×300mm×30mm）1 块；木螺钉适量。

4）绝缘导线：主电路 BV1.5mm^2，控制电路 BVR1mm^2，按钮线 BVR0.75mm^2，数量按需要而定，主、控电路所用导线颜色应有所区别。

(2) 接线与调试

1）安装步骤。

① 电动机点动控制线路的电气原理如图 1-7-3 所示，电气接线图如图 1-7-4 所示；

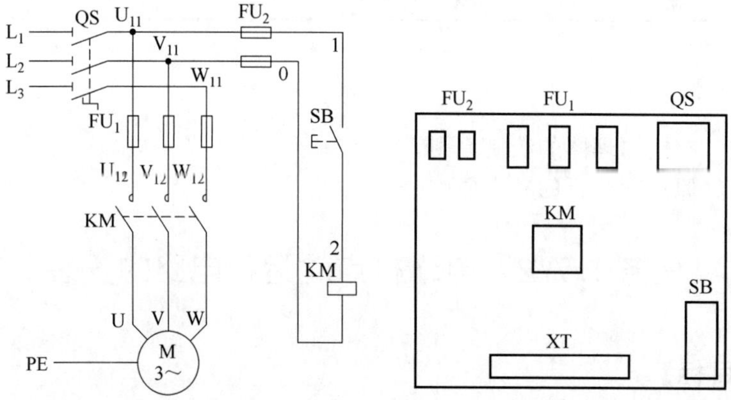

(a) 原理图　(b) 元件布置图

图 1-7-3　电动机点动控制线路

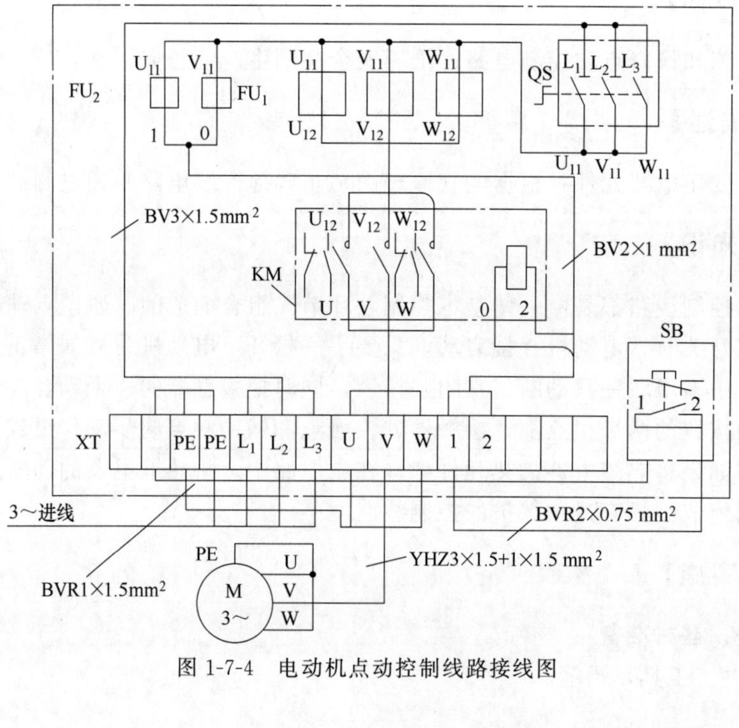

图 1-7-4　电动机点动控制线路接线图

② 对照电气原理图检查设备所需材料，准备元器件；

③ 根据电气原理图，设计布置各元件的位置和线路走向，可以用铅笔在盘上划线定位，参考图 1-7-3（b）所示的元件布置图；

④ 经教师认可后，进行布线，固定元器件；

⑤ 布线完成后，对照电气原理图进行自检；

⑥ 交给指导教师验证，确认无误后，接上电动机通电试车。试车时对照下述工作原理进行检查：

a. 合上开关 QS，按下启动按钮 SB，线圈 KM 得电，动合触头（常开）KM 闭合，电动机在额定电压下启动运转；

b. 松开启动按钮 SB，线圈 KM 断电，动合触头 KM 断开，电动机脱离电源而停止运转；

c. 采用接触器点动控制线路，操作人员的手不能离开点动按钮，但在实际操作应用中，电动机启动后需要连续工作，为实现此目的，需要采用能自动“锁住”的按钮线路。

2）安装工艺。

① 布线一般是以接触器为中心从里向外、由低到高、先主后辅为原则；

② 布线通道尽可能少，同路行走导线按主、辅电路分类集中；

③ 走线要求横平竖直，改变方向时应垂直，紧贴板面布线；

④ 要求走线合理，同一平面的所有导线应高低、前后一致，不得交叉，必须交叉时应在接线端子接出时就架空跨越；

⑤ 导线与接线端子应接触良好，不得压绝缘层，不得出现反圈，线芯裸露不能过长；

⑥ 为了便于安装检查、检修，每根导线两端应套上有编号的号码管。

3）自检方法。

① 核对接线及端头编号的正确性，看有无漏、错之处；

② 检查端头连接是否牢固和接触良好，以免运行时产生闪弧现象；

③ 检查线路的通断情况，通常用万用表电阻挡检查，挡位要选择恰当；检查辅助电路时，可断开主电路进行，表笔分别搭在 U_{11}，V_{11} 两线端上，没按启动按钮 SB 时，表盘读数应为“∞”，按下启动按钮 SB 时，读数应为接触器线圈直流电阻；检查主电路的通断时，可用手按接触器触头来代替其线圈的通电检查。

4）安装注意事项。

① 电动机及按钮的金属外壳必须可靠接地；

② 在按钮内接线时，用力不能过猛；

③ 通电试车前一定要请指导教师验证。

【实操评价】

教学内容	评价要点	评价标准	评价方式	考核方式	分数权重
三相异步电动机点动运行与维护	电路分析	正确分析原理	教师评价	答辩	0.2
	安装连接	正确、规范、合理接线		操作	0.3
	运行调试	操作安全，运行步骤正确		操作	0.3
	作业态度	积极主动，认真	小组评价	口试	0.1
	团队意识	主动交流、配合默契		口试	0.1

【自测题】

1. 分析电动机点动控制电路的工作原理。
2. 电气控制原理图的绘制原则有哪些？

任务 1.7.3　电动机启、停控制电路的安装

【知识目标】

掌握电动机启、停电路的工作原理；熟悉电气控制电路图的分析方法。

【技能目标】

掌握电动机启、停控制电路的安装和检修方法；培养电气控制线路安装能力和安全文明生产的习惯。

【任务描述】

根据控制要求，合理选择电器元件；安装电动机启、停控制电路，并进行通电测试和检修。

【相关知识】

(1) 电动机单向运转电路

电动机单向运转主要是实现电动机正常启动、保持运作、安全停止这三个工作状态（简称起—保—停）。比如在使用车床加工元件时，刀架的进给运动就是电动机单向运转带动拖板横向运动，从而对工件进行车削加工。

电动机的种类很多，而三相交流异步电动机是最常见、最常用的。

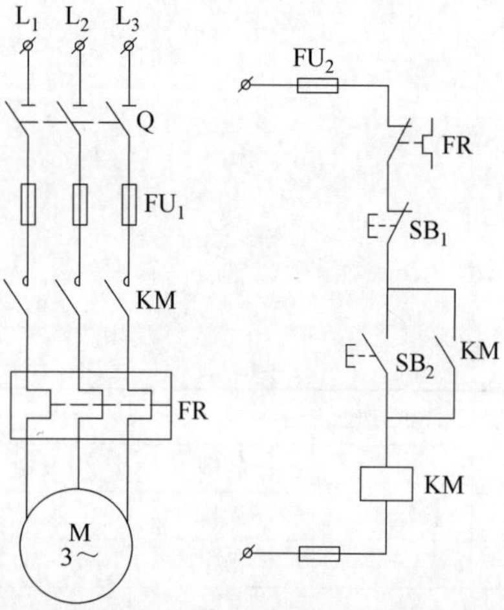

图 1-7-5　三相异步电动机起—保—停控制电路（自锁）

三相异步电动机启动有全压启动和降压启动。一般在小功率情况下采用全压起动，而对于大功率电动机均采用降压起动方法，这里我们介绍全压起动的方法。

1）电路的组成。图 1-7-5 为三相异步电动机的起—保—停控制电路，此电路采用了一个刀开关 Q，一个三相交流接触器 KM，一台鼠笼式三相交流异步电动机 M，一个热继电器 FR，启动按钮 SB_2 和停止按钮 SB_1 各一个，两组熔断器 FU_1 和 FU_2。

当按下启动按钮 SB_2 时，接触器 KM 线圈通电吸合并自锁，电动机开始转动并且持续转动，直到当按下停止按钮 SB_1 时，交流接触器断电释放，电动机停止转动。

2）工作原理。先将刀开关 Q 闭合，为电动机启动做好准备。当按下启动按钮 SB_2 时，交流接触器 KM 的线圈通电，动铁芯被吸合，使三个主触头闭合，电动机 M 启动。当松开 SB_2 时，它本应在弹簧作用下恢复其断开位置，但由于与启动按钮并联的辅助触头和主触头同时闭合，因此接触器线圈的电路仍然接通而使接触器触头保持在闭合位置，这个辅助触头称为自锁触头。此时电动机 M 仍然转动。

如将停止按钮 SB_1 按下，则将交流接触器线圈的电路切断，动铁芯和触头恢复到断开的位置，电动机 M 停止工作。

3）线路中的控制保护措施。上述控制电路可实现短路保护作用、过载保护作用和零电压保护等多重保护。

① 熔断器 FU 起短路保护作用。一旦发生短路事故，熔丝立即熔断，电动机立即停止运转。

② 热继电器 FR 起过载保护作用。过载时，热继电器的热元件发热，常闭触头断开，使交流接触器线圈断电，主触头断开，电动机也就停下来。为了可靠地保护电动机，应至少用两个热元件，分别串接在电动机的任意两相中。这样不仅在电动机过载时起保护作用，而且当任意一相的熔丝熔断后作单相运行时，仍有一个或两个热元件中通有电流而使电动机得到保护。

③ 零电压保护。零电压保护就是当电源暂时停电时，电动机即自动从电源切除。因为这时接触器线圈中的电流消失，动铁芯释放而使主触头断开。当电源电压恢复后，若不重新按启动按钮，则电动机不能自行启动，因为自锁触头已经断开，起到了零电压保护的作用。

如果不是采用继电器控制，而是直接用刀开关或组合开关进行手动控制，那么停电时未及时拉开开关，当电源电压恢复时，电动机即自行启动而可能造成事故。

(2) 固态继电器及其应用

1）固态继电器。固态继电器（SSR）是一种无触点开关，与普通电磁式继电器相比，具有体积小、重量轻、开关速度快、无机械触点等特点，在通断电路时不产生电弧，且耐冲击、抗有害气体腐蚀，没有机械振动和噪声，控制端与执行端隔离，其驱动电压低、电流小，还可以与计算机控制输出端配接。因而，在各种电子电器装置中，已经部分取代了老式继电器。

专用的固态继电器具有短路保护、过载保护和过热保护功能，与组合逻辑固化封装就可以实现用户需要的智能模块直接用于控制系统中，图 1-7-6 为固态继电器外形。

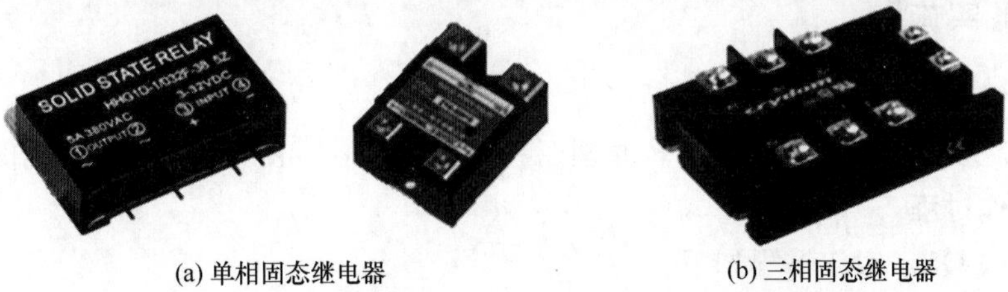

(a) 单相固态继电器　　(b) 三相固态继电器

图 1-7-6　固态继电器外形

2）固态继电器的应用。固态继电器已广泛应用于计算机外围接口设备、恒温系统、调温、电炉加温控制、电机控制、数控机械、遥控系统、工业自动化装置；信号灯、调光、闪烁器、照明舞台灯光控制系统；仪器仪表、医疗器械、复印机、自动洗衣机；自动消防、保安系统，以及作为电网功率因素补偿的电力电容的切换开关等，另外在化工、煤矿等需防爆、防潮、防腐蚀场合中都有大量使用。

3）固态继电器的特点。固态继电器是具有隔离功能的无触点电子开关，在开关过程中无机械接触部件，因此固态继电器除具有与电磁继电器一样的功能外，还具有逻辑电路兼容，耐振耐机械冲击，安装位置无限制，良好的防潮防霉防腐蚀性能，在防爆和防止臭氧污染方面的性能也极佳，输入功率小，灵敏度高，控制功率小，电磁兼容性好，噪声低和工作频率高等特点。

4）固态继电器的工作原理。它是用半导体器件代替传统电接点作为切换装置的具有继电器特性的无触点开关器件，单相 SSR 为四端有源器件，其中两个输入控制端，两个输出端，输入输出间为光隔离，输入端加上直流或脉冲信号到一定电流值后，输出端就能从断态转变成通态。

交流固态继电器按开关方式分有电压过零导通型（简称过零型）和随机导通型（简称随机型），按输出开关元件分有双向可控硅输出型（普通型）和单向可控硅反并联型（增强型），按安装方式分有印刷线路板上用的针插式（自然冷却，不必带散热器）和固定在金属底板上的装置式（靠散热器冷却）。

5）识别输入、输出引脚兼测好坏。在交流固态继电器的壳体上，输入端一般标有“+”“−”及“INPUT”字样，而输出端则不分正、负，但有的器件标有“LOAD”字样。而对于直流固态继电器，一般在输入和输出端均标有“+”“−”，有的器件还标有“IN”（输入）、“OUT”（输出）字样，以示区别。

用数字万用表判别输入、输出端时，可使用二极管挡，分别对四个引脚进行正反向测试，其中必定能测出一对引脚间的电压值符合正向导通、反向截止的规律，即正向测量时显示“1.3～1.6V”，反向测试时显示溢出符号“1”。据此便可判定这两个引脚为输入端，而在正向测量时，显示“1.3～1.6V”的一次测量，红表笔所接的是正极，黑表笔所接的则为负极。对于直流固态继电器，找到输入端后，一般与其横向两两相对的便是输出端的正极和负极。需要指出的是，有些直流固态继电器的输出端带有保护二极管，保护管的正极接固态继电器的负极，保护管的负极则是与固态继电器的正极相接，测试时要注意正确区分。

【任务实施】

(1) 电气线路图分析

图 1-7-7 为电动机单向连续运转原理图和元件布置图，图 1-7-8 为其接线图。

(2) 工作过程

合上开关 QS，工作过程如下：

1）启动。

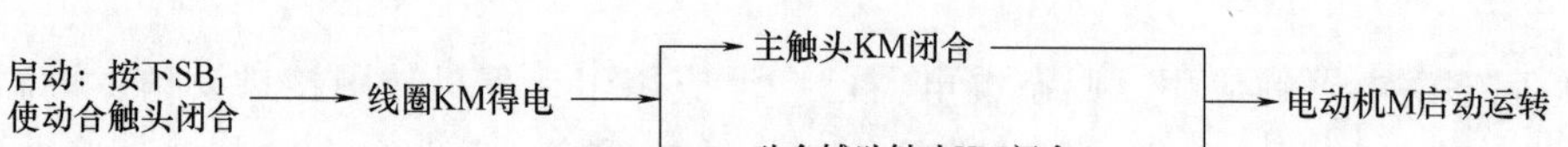

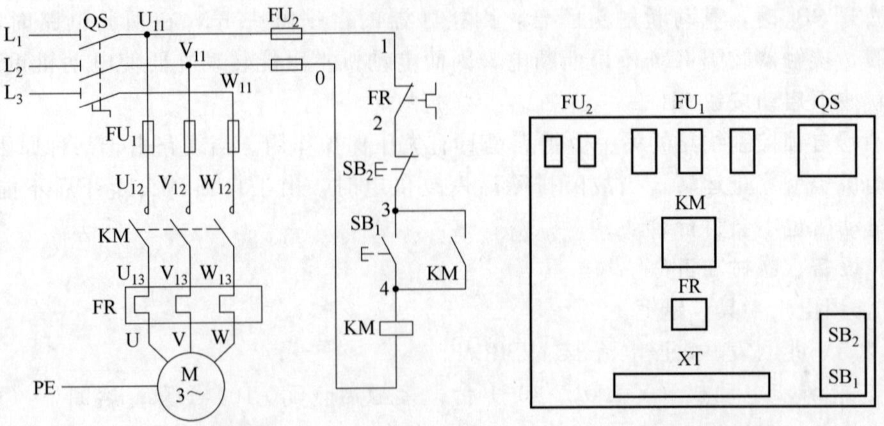

(a) 原理图　　　　　　　　　　(b) 元件布置图

图 1-7-7　电动机单向连续运转控制线路

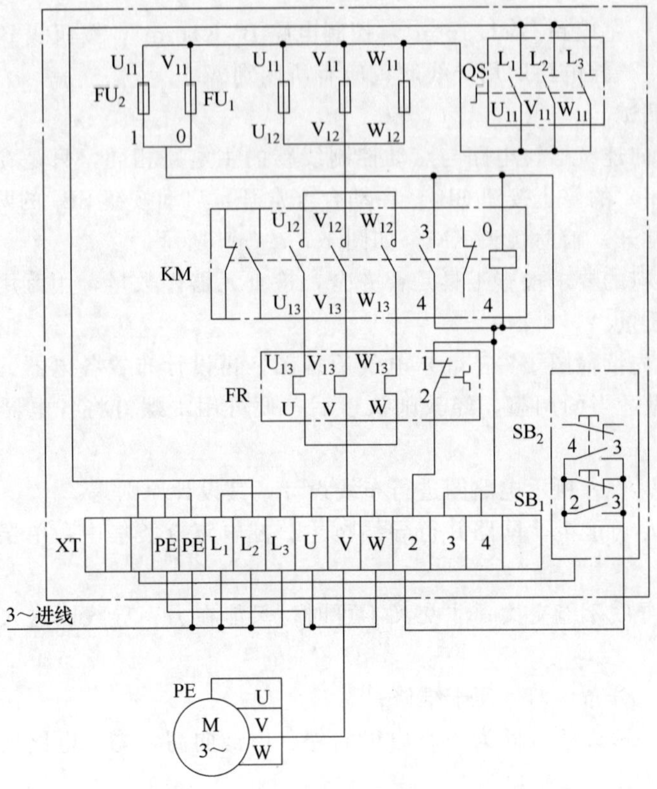

图 1-7-8　电动机单向连续运转控制线路接线图

当松开 SB_1 时，动合触头分断，由于接触器动合辅助触头 KM 的闭合已将 SB_1 短接，所以松开 SB_1 后的电动机仍能运转，动合辅助触头又称自锁触头。

2）停止。

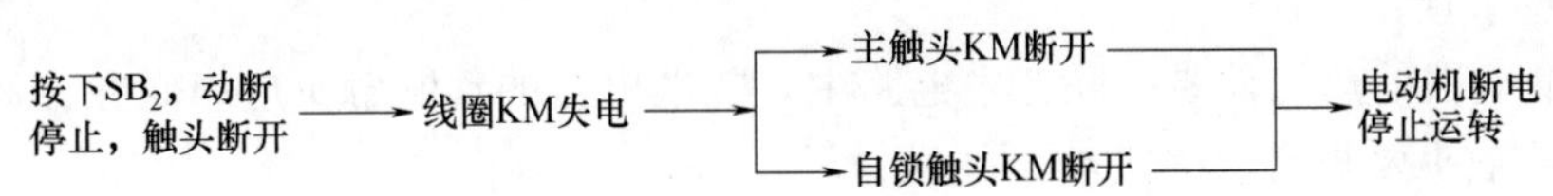

当松开 SB_2 时，其动断触头闭合，因接触器的自锁触头 KM 在切断电路时已断开，停止自锁，接触器线圈 KM 不可能断电，因而电动机不可能转动。要使电动机重新运转，必须重新按下启动按钮 SB_1。

接触器自锁控制线路的另一个特点是具有失压保护作用。当线路由于某种原因突然断电，电动机也就停止运转，当故障排除后恢复供电时，由于自锁触头断开后不能自行闭合，故电动机也不会自行启动。

(3) 设备、器材准备

1）常用电工工具；铅笔。

2）2.5V 兆欧表、钳形电流表、万用表。

3）三相异步电动机（Y-100L2-4）1 台；接触器（CJ0-10）1 只；熔断器（RLI-15）5 只；接线排（JX2-1003JX2-1006）各 1 副；按钮（LAm-3H）1 只；热继电器（RJ10-10）1 只；负荷开关（HQ1-30/3）1 只、组合开关（H210-25/3）1 只；木制电盘（400mm×300mm×30mm）1 块；木螺钉适量。

4）绝缘导线：主电路 BV1.5mm^2，控制电路 BVR1mm^2，按钮线 BVR0.75mm^2，数量按需要而定，主、控电路所用导线颜色应有所区别。

(4) 接线与调试

1）电动机单向连续运转电路与点动控制线路的主电路相同，只是在控制电路中增加了一个动断（常闭）的停止按钮 SB_2，在动合（常开）启动按钮 SB_1 的两端，并接了接触器的一对动合（常开）辅助触头 KM，如图 1-7-7（a）所示。

2）按设备材料的要求检查工具是否齐全，检查元器件数量，用万用表检查接触器线圈及其他元件的质量。

3）学生自己先读懂图 1-7-7（a）电气原理图，再设计布置各电器元件位置，也可参考图 1-7-7（b）做适当的调整，经教师认可后，便可用木螺钉将各电器元件固定在木电盘上。

4）按图 1-7-7（a）所示电路图进行布线设计，其设计原则是：

① 布线通道尽可能少，同路并行导线按主、控电路分类集中，单层密排，紧贴安装面布线；

② 同一平面导线不能交叉，非交叉不可时，只能在另一导线因进入接点而抬高时从其下空隙穿越；

③ 横平竖直，分布均匀，便于维修；

④ 布线次序一般以接触器为中心由里向外、由低向高，先主电路后控制电路，以不妨碍后继布线为原则；

⑤ 螺旋熔断器座的壳端应接负载，电器上的空余螺钉一律拧紧；

⑥ 布完线后，先对照图 1-7-8 仔细检查，然后由实习教师检查；经教师同意后，再进行通电试运转，不得接电动机，试验时可按工作原理对照检查；

⑦ 交验，接上电动机通电试车；

⑧ 注意事项：

a. 热继电器的热元件要串联在主电路中，热继电器的动断触头应串联在控制电路中；

b. 自锁触头要与启动按钮 SB_1 并联；

c. 接线柱上的压紧螺钉要拧紧；

d. 试车时应先合上电源开关，再按 SB_1；停车时，先按 SB_2，再断开电源开关；

e. 操作时要注意安全，电动机外壳上要接好接地线。

【实操评价】

教学内容	评价要点	评价标准	评价方式	考核方式	分数权重
三相异步电动机连续运行与维护	电路分析	正确分析原理	教师评价	答辩	0.2
	安装连接	正确、规范、合理接线		操作	0.3
	运行调试	操作安全，运行步骤正确		操作	0.3
	作业态度	积极主动，认真	小组评价	口试	0.1
	团队意识	主动交流、配合默契		口试	0.1

【自测题】

1. 电动机启、停控制电路中有哪些保护措施？
2. 分析电动机启、停控制电路的电气原理。

任务 1.7.4　三相异步电动机正反转控制电路的安装

【知识目标】

熟悉正反转电路的电气原理；掌握电气元件的选用方法。

【技能目标】

能正确选择电器元件并安装电动机正反转控制电路；能通电测试并检修电路的故障。

【任务描述】

熟悉电路的原理；根据电气原理图安装检修电动机正反转控制电路。

【相关知识】

在生产加工过程中，往往要求电动机能够实现可逆运行。如工作台的前进与后退，主轴电动机的正转与反转，电梯的升与降等，这就要求电动机能够正转，又能够反转。我们知道，只要改变电动机的三相电源进线的任意两相的相序，电动机即可反转。下面分析电机接触器互锁正反转控制电路与接触器按钮双重联锁正反转控制电路。

(1) 三相异步电机接触器互锁正反转控制电路原理分析

接触器互锁正反转控制电路如图 1-7-9 所示，其主电路由转换开关 QS，熔断器 FU_1，接触器 KM_1、KM_2 主触点，热继电器 FR 热元件，电动机 M 组成；控制电路由熔断器 FU_2，热继电器 FR 常闭触点，停车按钮 SB_1 常闭触点，启动按钮 SB_2、SB_3 常开触点，接触器 KM_1、KM_2 线圈及辅助常开常闭触点组成。其中 QS 为电源总开关，熔断器 FU_1

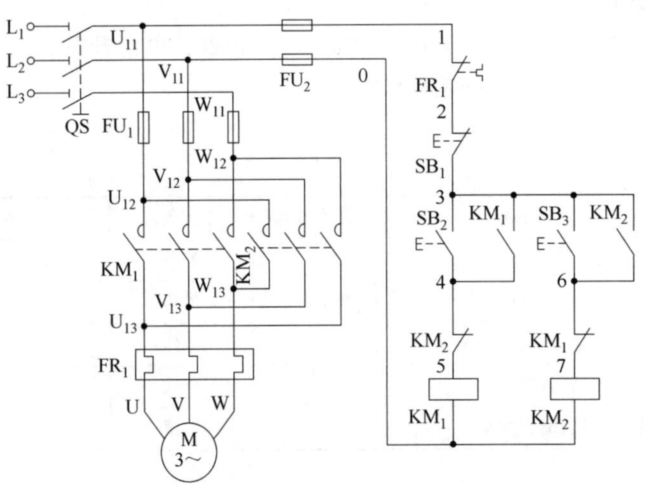

图 1-7-9 三相异步电动机接触器互锁正反转控制电路

为电路总短路保护，熔断器 FU_2 为控制电路短路保护，热继电器 FR 为过载保护，接触器 KM_1 控制电动机 M 正转电源的通断，接触器 KM_2 控制电动机 M 反转电源的通断，按钮 SB_1 为电动机 M 的停车按钮，SB_2 为电动机的正转启动按钮，SB_3 为电动机的反转启动按钮。

电路工作原理如下：合上电源开关 QS，当需要电动机正转时，按下正转启动按钮 SB_2，接触器 KM_1 线圈通过以下途径得电：L_1 号线—FU_2—1 号线—FR_1 常闭触点—2 号线—SB_1 常闭触点—3 号线—SB_2 常开触点—4 号线—接触器 KM_2 常闭触点—5 号线—接触器 KM_1 线圈—0 号线—FU_2—L_2 号线。接触器 KM_1 得电吸合，其主触点闭合，接通电动机 M 的正转电源，电动机 M 启动正转。同时，接触器 KM_1 并接在 3 号线至 4 号线间的辅助常开触点闭合自锁，使得松开按钮 SB_2 时，接触器 KM_1 线圈仍然能够保持通电吸合。而串接在接触器 KM_2 线圈回路的 6 号线至 7 号线之间的接触器 KM_1 辅助常闭触点断开，切断接触器 KM_2 线圈回路的电源，使得在接触器 KM_1 得电吸合，电动机 M 正转时，接触器 KM_2 不能得电，电动机 M 不能接通反转电源。这种利用接触器常闭触点互相控制的方法叫接触器联锁（或互锁），实现联锁作用的辅助常闭触点称为联锁触点（或互锁触点）。当电动机 M 需要停车时，按下停车按钮 SB_1，接触器 KM_1 线圈失电释放，所有常开、常闭触点复位，电动机 M 停车。同理，当需要电动机 M 反转时，按下反转启动按钮 SB_3，接触器 KM_2 线圈通过以下途径通电：L_1 号线—FU_2—1 号线—FR_1 常闭触点—2 号线—SB_1 常闭触点—3 号线—SB_3 常开触点—6 号线—接触器 KM_1 常闭触点—7 号线—接触器 KM_2 线圈—0 号线—FU_2—L_2 号线。

接触器 KM_2 得电吸合，其主触点闭合接通电动机 M 的反转电源，电动机 M 启动反转。同时，接触器 KM_2 并接在 3 号线至 6 号线间的辅助常开触点闭合自锁，使得松开按钮 SB_3 时，接触器 KM_2 线圈仍然能够保持通电吸合。而串接在接触器 KM_1 线圈回路 4 号线至 5 号线之间的接触器 KM_2 辅助常闭触点断开，切断接触器 KM_1 线圈回路的电源，使得在接触器 KM_2 得电吸合，电动机 M 反转时，接触器 KM_1 不能得电，电动机 M 不能接通正转电源。当需要停车时，按下停车按钮 SB_1，接触器 KM_2 线圈失电释放，所有常开、常闭触点复位，电动机 M 断电停车。

由上述分析可知，接触器联锁正反转控制电路的优点是工作安全可靠，缺点是操作不便。因电动机从正转变为反转时，必须先按下停止按钮后才能按反转启动按钮，否则由于接触器的联锁作用，不能实现反转。为克服此线路的不足，可采用按钮联锁或按钮和接触器双重联锁的正反转控制电路。

(2) 接触器按钮双重联锁正反转控制电路原理分析

接触器按钮双重联锁正反转控制电路，结合了接触器联锁和按钮联锁正反转控制电路两者的优点，操作方便，工作安全可靠，其电路原理如图 1-7-10 所示。

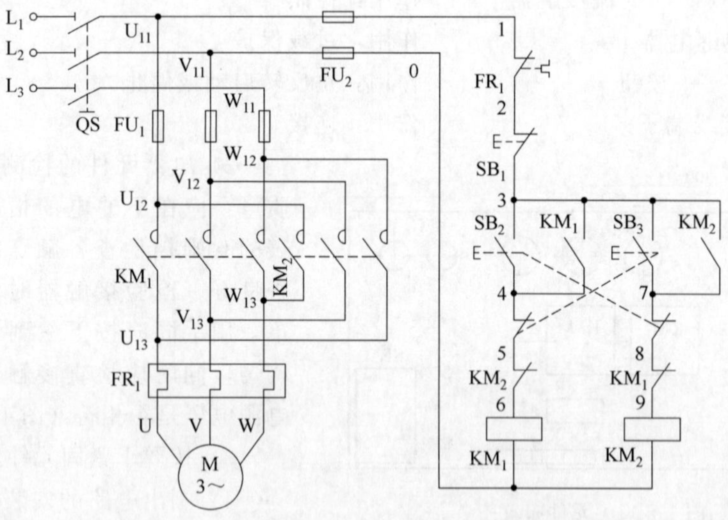

图 1-7-10 接触器-按钮双重联锁正反转控制电路

其电路工作原理如下：合上电源开关 QS。当需要电动机正转时，按下正转启动按钮 SB_2，按钮 SB_2 串接在接触器 KM_2 线圈回路 7 号线至 8 号线之间的常闭触点立即断开。接触器 KM_1 线圈通过以下途径得电：L_1 号线—FU_2—1 号线—FR_1 常闭触点—2 号线—SB_1 常闭触点—3 号线—SB_2 常开触点—4 号线—SB_3 常闭触点—5 号线—接触器 KM_2 常闭触点—6 号线—接触器 KM_1 线圈—0 号线—FU_2—L_2 号线。接触器 KM_1 得电自锁，其主触点闭合接通电动机 M 的正转电源，电动机 M 启动正转。同时，串接在接触器 KM_2 线圈回路 8 号线至 9 号线之间的接触器 KM_1 辅助常闭触点断开，对接触器 KM_2 线圈实现联锁。

同理，当需要电动机 M 反转时，按下反转启动按钮 SB_3，按钮 SB_3 串接在接触器 KM_1 线圈回路 4 号线至 5 号线之间的常闭触点立即断开。接触器 KM_2 线圈通过以下途径通电：L_1 号线—FU_2—1 号线—FR_1 常闭触点—2 号线—SB_1 常闭触点—3 号线—SB_3 常开触点—7 号线—SB_2 常闭触点—8 号线—接触器 KM_1 常闭触点—9 号线—接触器 KM_2 线圈—0 号线—FU_2—L_2 号线。接触器 KM_2 得电自锁，其主触点闭合接通电动机 M 的反转电源，电动机 M 启动反转。同时串接在接触器 KM_1 线圈回路 5 号线至 6 号线之间的接触器 KM_2 辅助常闭触点断开，对接触器 KM_1 线圈实现联锁。当需要停车时，按下停车按钮 SB_1，接触器 KM_1 或 KM_2 线圈失电释放，所有常开、常闭触点复位，电动机 M 断电停车。

【任务实施】

(1) 电路安装

1）根据电路原理进行电器元件的选择。

QS——组合开关　　作用：电源的引入或分断
FU_1——熔断器（60A）　　作用：主电路短路保护
FU_2——熔断器（15A）　　作用：控制电路短路保护
KM_1、KM_2——交流接触器　　作用：控制
FR——热继电器　　作用：过载保护
SB_1～SB_3——按钮　　作用：正反转启动或停止
XT——接线端子　　作用：连接

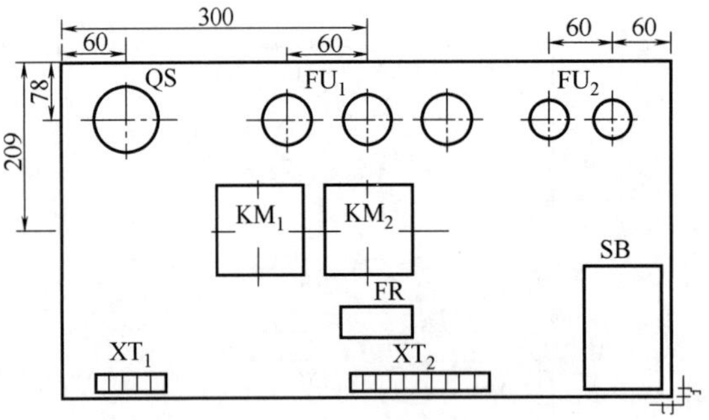

图 1-7-11　元件布置图

2）电器元件的检测。检验元器件质量：应在不通电的情况下，用万用表的欧姆挡检查各触点的分合情况是否良好。检验接触器时，应拆下灭弧罩，用手同时按下三副主触头并用力均匀，同时应检查接触器线圈电压与电源电压是否相符（图 1-7-11）。

3）按要求紧固元件。

4）画出电路的安装接线图（图 1-7-12）。

① 画出元件的图形符号，并标注代号；

② 根据电气原理图，在元件的对应部位标注编号；

③ 将要进入按钮的编码标注在接线端子上。

5）对安装完毕的电路进行自检。

自检：用万用表进行检查时，应选用电阻挡的适当倍率，并进行电阻调零。

① 检查主电路时，可用手按下 KM 主触头进行检查；

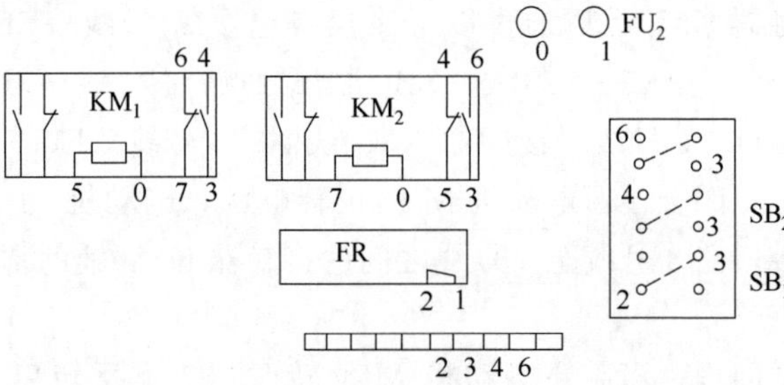

图 1-7-12　电动机正反转控制电路接线图

② 检查控制电路，可将万用表笔分别搭在 FU_2 的两个出端 0～1 之间，这时万用表的读数应为无穷大，按下启动按钮 SB_2、SB_3 或接触器的辅助常开触头时，万用表的读数应为交流接触器线圈的直流电阻值，约为 400～700Ω；

③ 热继电器电流的整定值，取电动机功率（千瓦计）值的 2 倍。

6）通电试车。

① 试车顺序：先接上电动机，再接上电源，然后合上板外闸刀开关，再合上组合开关，接着用试电笔测试熔断器的五个出端，若电路已通，则可按下启动按钮；

② 试车成功率以通电后第一次按下按钮计算；

③ 通电完毕应首先按停止按钮，关上组合开关，再断开组合开关，然后先拆电源线，再拆电机线。

(2) 故障检修

以下以双重互锁正反转电路为主，分析交流电机正反转电路常见故障。

故障查找：查找时要对应电气原理图，如下表所示。

正反转电路常见故障及排查

序号	故障现象	故障范围	排除方法
1	按下 SB_2 无反应	1-2-3-4-5-6-0 之间断路	用万用表检测 1-2，2-3，3-4，并按 SB_1，4-5，5-6，6-0，如果表针不偏转，则故障就在这两个点之间
2	按下 SB_2 点动（正转点动）	3-KM_1 常开-4 之间断路	查看 3、4 接点，检查 KM_1 常开触点是否出现故障
3	按下 SB_2 正转正常启动，按 SB_2 无反应	3-7-8-9-0 之间断路	用万用表检测，3-6，并按下 SB_2，6-7，7-8，8-9，9-0，如果表针不偏转，则故障就在这两个点之间
4	正转正常，反转点动	3-KM_2 常开-7 之间断路	查看 3、7 接点，检查 KM_2 常开触点是否出现故障

【实操评价】

教学内容	评价要点	评价标准	评价方式	考核方式	分数权重
三相异步电动机正反装控制电路的安装检修	电路分析	正确分析原理	教师评价	答辩	0.2
	安装连接	正确、规范、合理接线		操作	0.3
	故障检修	操作安全，分析方法正确		操作	0.3
	作业态度	积极主动，认真	小组评价	口试	0.1
	团队意识	主动交流，配合默契		口试	0.1

【自测题】

1. 分析电动机正反转控制电路的电气原理。
2. 试绘制双重互锁正反转控制电路的电气原理图。

项目 1.8　直流电源电路的制作

任务 1.8.1　半导体二极管识别与检测

【知识目标】

知道半导体导电特性；掌握半导体单向导电性。

【技能目标】

会用万用表检测二极管极性和好坏。

【任务描述】

能结合二极管导电特性，利用万用表进行检测。

【相关知识】

(1) 半导体的基本知识

半导体是导电能力介于导体和绝缘体之间的物质。自然界中的物质按导电能力可分为导体（如银、铜、铝等）、绝缘体（如塑料、橡胶、陶瓷等）、半导体（如锗、硅、砷化镓等）三大类。

1）半导体的导电特性。

① 热敏性：热敏性是指半导体的电阻率随温度升高而显著减小的特性。利用半导体的热敏特性可以制造自动控制中常用的热敏电阻及其他的热敏元件用于检测温度的变化。

② 光敏性：有的半导体在无光照时电阻率很高，而一旦受到光线照射电阻率会显著下降。利用这种特性可以制作光敏元器件，如光敏电阻、光敏二极管等，从而实现对路灯、航标灯的自动控制或制作成火灾报警器装置、光控开关等。

③ 掺杂性：半导体最显著、最突出的特征是在纯净的半导体材料中加入某种微量元素（如硼和磷等）后，其导电能力将猛增几万甚至百万倍。利用掺杂的方法可以制造出各种不同特性、不同用途的半导体。

常用的半导体材料有硅（Si）和锗（Ge）以及化合物砷化镓（GaAs）、碳化硅（SiC）和磷化铟（InP）等，其中硅（Si）和锗（Ge）最为常用。

2）本征半导体。所谓本征半导体就是纯净的具有单晶体结构的半导体，其载流子有限，导电性很差，如纯净的硅（Si）和锗（Ge）就是本征半导体。

① 结构模型。硅（Si）和锗（Ge）都是四价元素。当它们形成晶体时，每两个相邻的原子就有一对共有的价电子，形成共价键从而达到稳定条件。如图 1-8-1 所示为硅或锗

单晶体共价键结构示意图。

② 本征激发。本征激发是指由于半导体材料中价电子受共价键的束缚力较小，在一定的温度下或在一定强度光的照射下，少数价电子可以获得足够的能量而挣脱共价键的束缚，成为自由电子的物理现象，如图 1-8-2 所示。

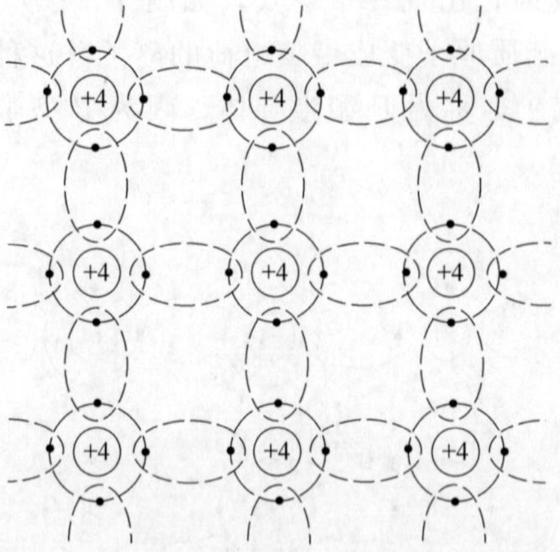

图 1-8-1　硅或锗单晶体共价键结构示意图

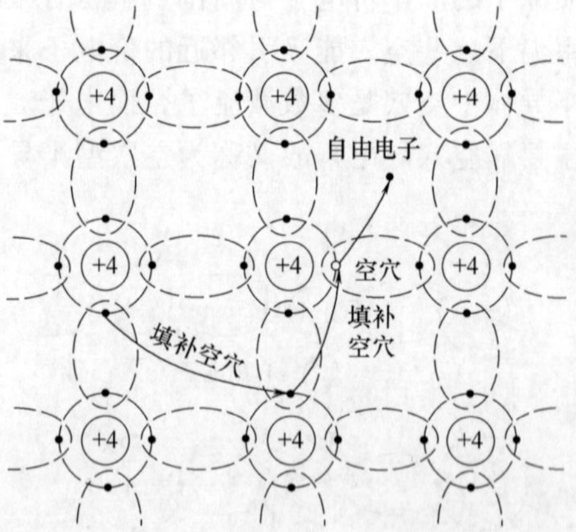

图 1-8-2　本征激发产生的电子-空穴对

在电子挣脱共价键的束缚成为自由电子后，共价键中就留下一个空位，称为空穴。此时中性原子失去一个电子而带正电，故可认为空穴带正电。有空穴的原子可以吸引相邻原子中的价电子填补这个空穴，同时在这个相邻的原子中出现另一个空穴，如此继续下去，就如同一个空穴在运动。即空穴与自由电子一样，都是通过定向移动参与导电的带电粒子，统称为载流子。

自由电子和空穴总是成对出现，叫作电子-空穴对。自由电子在运动过程中可能由于被具有空穴的原子俘获，使电子-空穴对消失，这种现象称为复合。在晶体内部这种电子-空穴对的不断产生与复合，最终在一定的外界条件下达到动态平衡。这种动态平衡取决于外界条件，外界温度越高、光照越强，电子-空穴对的数量就越多，导电能力就越强，这就是半导体的热敏性与光敏性，也是半导体的一个重要特征。

在半导体两端加上外电场，半导体的自由电子和空穴都定向移动，此时在晶体内部将出现两种电流：一是自由电子定向移动运动所形成的电子电流；二是空穴定向运动所形成的空穴电流。这两个电流之和即为导体中的电流。

3）杂质半导体。在常温下，本征半导体中虽然存在着电子和空穴两种载流子，但是数目很少，因此导电性能很差。此时如果在本征半导体中有控制、有选择地掺入微量的有用杂质，就能大大改善半导体的导电性能。掺入杂质制成具有特定导电性能的半导体称为杂质半导体，常用的有 N 型和 P 型两种。

① N 型半导体。在硅（或锗）晶体中掺入 5 价元素（如磷、砷、锑）后，杂质原子就替代了晶格中某些硅原子的位置，它的 5 个价电子中有 4 个与周围的硅原子结成共价键。多余的一个价电子处在共价键之外，如图 1-8-3 所示。杂质原子对这个多余的价电子束缚力较弱，在室温下它就可以被激发成为自由电子，同时杂质原子变成带正电荷的离子。这种杂质半导体中电子的浓度比同一温度下本征半导体中电子的浓度大许多倍，这就

大大提高了半导体的导电能力，把这种杂质半导体称为N型半导体。N型半导体中电子的浓度远远大于空穴的浓度，所以电子是多数载流子（简称多子），空穴为少数载流子（简称少子），故N型半导体又称电子型半导体。

② P型半导体。在硅（或锗）的晶体中掺入微量的3价元素（如硼、铝、铟）后，杂质原子的3个价电子与周围的硅原子构成共价键时，出现一个空穴，如图1-8-4所示。在室温下这些空穴能吸引邻近的价电子来填充，使杂质原子变成带负电荷的离子。这种杂质半导体中空穴是多数载流子，而电子是少数载流子，称为P型半导体。因为P型半导体主要靠空穴导电，故又称为空穴型半导体。

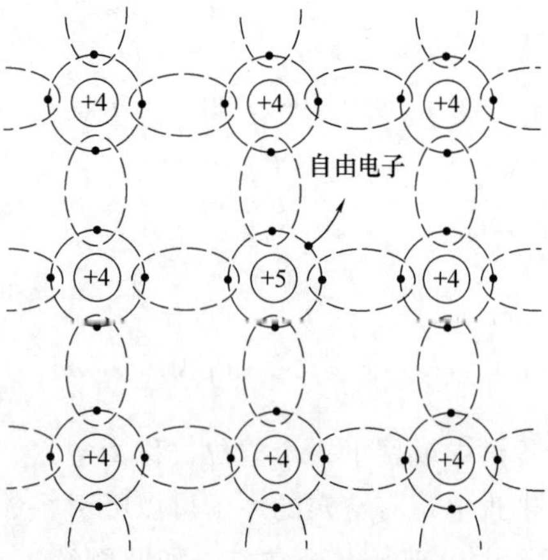

图1-8-3 N型半导体结构示意图

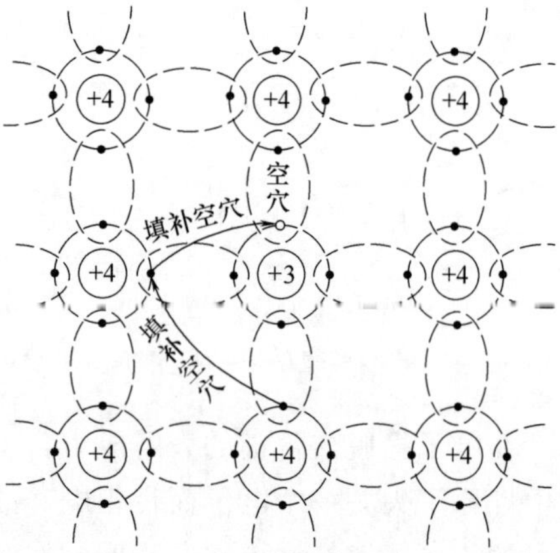

图1-8-4 P型半导体结构示意图

4）PN结及其单向导电性。在一块硅片上，用不同的掺杂工艺使其一边形成P型半导体，另一边形成N型半导体，那么，在两种半导体的交界面附近就形成了PN结。PN结是构成各种半导体器件的基础。

① PN结的形成。如图1-8-5所示，把P型半导体与N型半导体结合在一起时，由于P区的空穴浓度高，自由电子浓度低，N区的电子浓度高，而空穴浓度低，这种载流子浓度的差异，使N区的电子必然向P区扩散，而与P区的空穴复合，在P区靠近交界面处形成一个负离子的薄层；同理，P区的空穴向N区扩散，而与N区的电子复合，在N区靠近交界面处形成一个正离子的薄层，这两个薄层区域称为空间电荷区，即PN结。

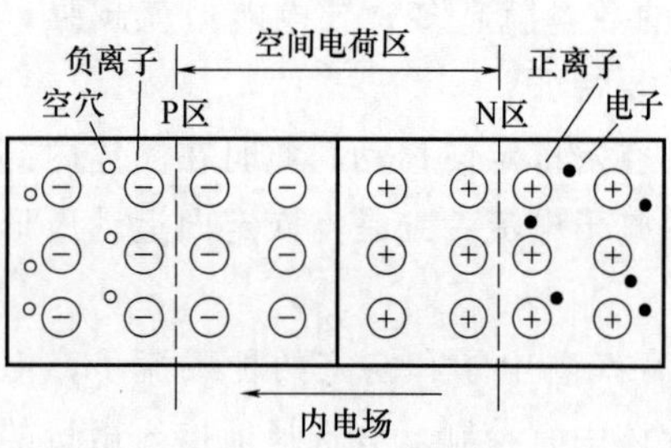

图1-8-5 平衡状态下的PN

在空间电荷区中，由于正负电荷的出现，便在其间形成一个电场，称为内电场。它的方向由带正电荷的N区指向带负电荷的P区。显然，内电场是阻碍多子扩散的。当扩散运动的作用力与产生内电场的阻力达到平衡时，空间电荷区的宽度不再变化，即PN结形成。

② PN结的单向导电性。在PN结加正向电压时，如图1-8-6所示，P区接电源正极，N区接电源负极（称为PN结正向偏置）。此时在外电场的作用下，多子被推向空间电荷

区，结果使 PN 结变窄，内电场被削弱，有利于多子的扩散，而不利于少子的漂移。因此在外加不大的电压下（一般零点几伏），便可产生较大的电流，这就是正向接法使 PN 结处于导通状态，导通时 PN 结的等效电阻很小。为了限制电流，常在回路中串入一个电阻。

PN 结加反向电压时，如图 1-8-7 所示，P 区接电源负极，N 区接电源正极（称为 PN 结反向偏置）；此时，外加电场与内电场方向一致，使 PN 结加宽，阻止了多子的扩散，但促使了少子的漂移，在回路中形成反向电流。因为少子的浓度很低，反向电流很小，所以反接时 PN 结处于截止状态。

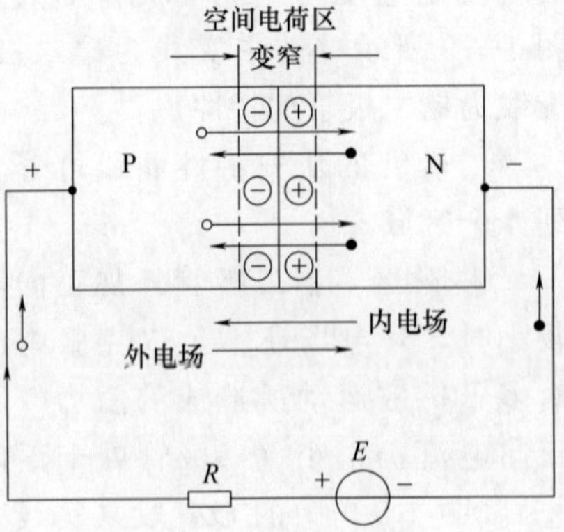

图 1-8-6　PN 结加正向

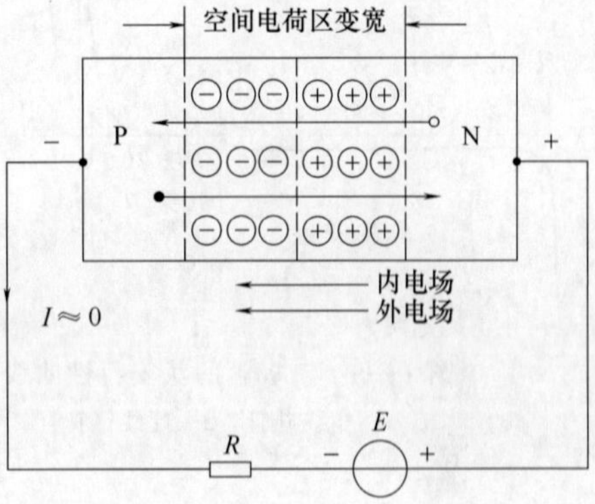

图 1-8-7　PN 结加反向

总之，PN 结加正向电压时，形成较大的正向电流；而加反向电压时，反向电流很小，这种特性称为单向导电性。

(2) 半导体二极管

半导体二极管是由 PN 结两端加上引线和管壳构成的。

1）二极管的类型及结构。二极管的结构及表示符号如图 1-8-8 所示，类型和特点如表 1-8-1 所示。

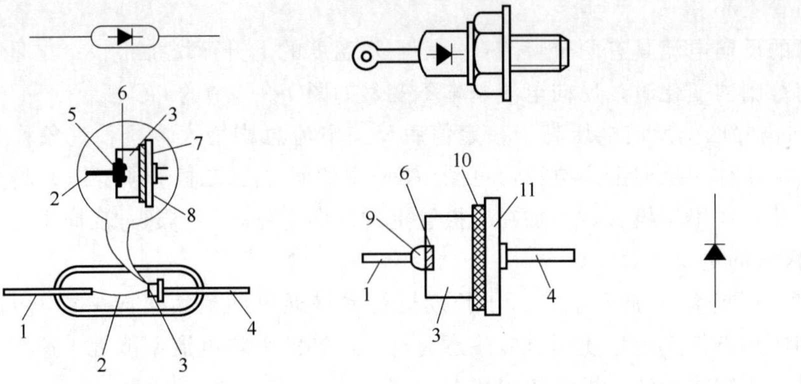

(a) 点接触型　(b) 面接触型　(c) 二极管表示符号

图 1-8-8　二极管的结构

1—正极引线　2—金属触丝（P 型）　3—N 型锗晶片　4—负极引线　5—P 型层

6—PN 结　7—锡　8—底座　9—铝合金球　10—金锑合金　11—底座

表 1-8-1 半导体二极管类型、特点

二极管的类型	二极管的结构	特点	适用场合
点接触型	结构见图 1-8-8(a)	结面积小,不能通过大电流	适用于高频小功率的场合
面接触型	结构见图 1-8-8(b)	结面积大,能通过较大电流	适用于低频大功率的场合

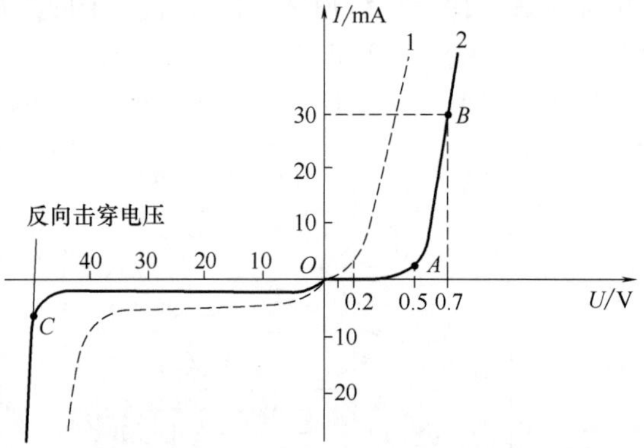

图 1-8-9 二极管的伏安特性曲线
1—实线硅管 2—虚线锗管

2）二极管的特性。二极管最主要的特点就是单向导电性，其特点可以用伏安特性曲线说明。所谓伏安特性曲线就是电压与电流的关系曲线，如图 1-8-9 所示（图中实线为硅二极管、虚线为锗二极管的特性）。

二极管的伏安特性曲线可分为下列 4 个区域。

① 死区。当二极管外加正向电压较小时，外电场还不足以克服内电场对多子扩散运动所造成的阻力，因此正向电流仍很小（二极管处于正向截止）。图 1-8-9 中的 *OA* 段（实线）称为死区，*A* 点电压称为死区电压，硅管约为 0.5V，锗管约为 0.2V。

② 导通区。当二极管的正向电压大于或等于死区电压时，外电场大大削弱了内电场的阻挡作用，使多子快速扩散形成较大的正向电流，且随着电压的增加，正向电流迅速增大，如图 1-8-9 中的 *AB* 段所示。硅二极管电流上升曲线比锗二极管更陡。正向导通且电流不太大时的管压降，硅管约为 0.6～0.8V，锗管约为 0.2～0.3V。

③ 反向截止区。当二极管加上反向电压时，由于反向电压是增加内电场的，故使 PN 结加宽，只有极小的少子引起反向电流通过二极管，此时二极管处于截止状态。反向电压增加，反向电流基本不变，故反向电流又称为反向饱和电流。在同样的条件下，硅管的反向电流比锗管更小。

二极管的反向电流具有两个特点：一是它随温度的上升而增加很快；二是当外加反向电压在一定范围内变化时，反向电流基本不变，如图 1-8-9 中的 *OC* 段。

④ 反向击穿区。反向电压高于一定值后反向电流急剧增大，这种现象称为击穿。击穿时的反向电压称为反向击穿电压，见图 1-8-9 中的 *C* 点。二极管击穿时，将造成永久性的破坏。因此在使用二极管时，加在二极管上的反向电压，不得超过反向击穿电压。

3）二极管的主要参数。

① 最大平均整流电流 I_F。指管子长期运行允许通过的最大正向平均电流，它由 PN 结的面积和散热条件决定。使用时应注意通过二极管的平均电流不能大于这个数值，并满足散热条件，否则将导致二极管的损坏。

② 最大反向电压 U_{RM}。指二极管在使用时允许加的最大反向电压，超过此值就有击穿的危险。为了确保管子的安全工作，一般给出击穿电压值的一半作为 U_{RM}。

③ 反向电流 I_R。指管子未击穿时的反向电流的数值，反向电流越小，管子的单向导

电性越好。温度对反向电流影响很大，使用时应加以注意。

(3) 稳压二极管及稳压电路

稳压二极管是一种特殊的二极管，它工作在反向击穿状态下。它利用 PN 结的反向击穿特性，采用特殊工艺方法制造，使其在规定的方向电流范围内可以重复击穿。当稳压二极管工作在击穿状态时微小的端电压变化就会引起通过其中电流的急剧变化，利用这种特性在电路中与适当的电阻配合就能起到稳定电压的作用，故称为稳压二极管。稳压二极管的表示符号如图 1-8-10 所示。

1）稳压二极管的伏安特性。稳压二极管的伏安特性与普通二极管基本相似，其主要区别是稳压二极管的反向特性曲线比普通二极管更陡，其曲线如图 1-8-11 所示。

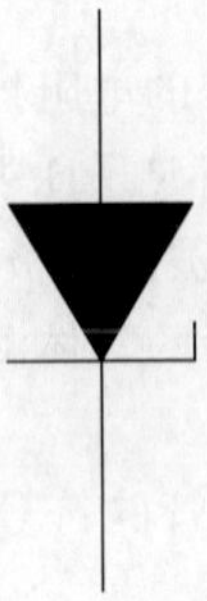

图 1-8-10 稳压二极管符号

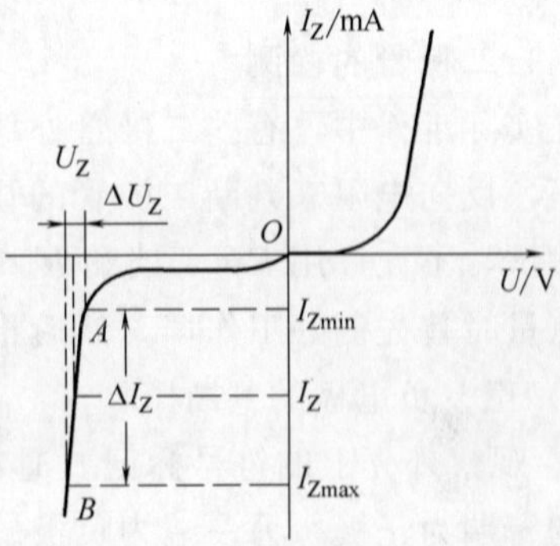

图 1-8-11 稳压二极管伏安特性曲线

从伏安特性曲线上可以看出，当反向电压比较小时，反向电压在一定范围内变化，反向电流很小而且基本不变；当反向电压增高到击穿电压时，反向电流突然剧增，稳压二极管反向击穿。此后，电流虽然在很大范围内变化，但稳压二极管两端的电压变化很小。利用这一特性，稳压二极管在电路中能起到稳压作用。在使用时要注意，由“击穿”转化为“稳压”的决定条件是外电路中必须有限制电流的措施，使稳压二极管不会因过热而损坏。

2）稳压二极管的主要参数。

① 稳定电压 U_Z 和稳定电流 I_Z。稳定电压就是稳压管在正常工作下管子两端的电压。同一型号的稳压管，由于制造方面的原因，其稳压值也有一定的分散性，如 2CW18，其稳定电压 $U_Z=10\sim12V$。

稳定电流常作为稳压管的最小稳定电流 I_{Zim} 来看待。一般小功率稳压管可取 I_Z 为 5mA。如果反向工作电流太小，会使稳压管工作在反向特性曲线的弯曲部分而使稳压特性变坏。

② 最大稳定电流 I_{Zmax} 和最大允许耗散功率 P_{ZM}。最大稳定电流是稳压二极管允许通过的最大电流，在工作时的电流应小于这个电流，若超过，二极管会因为电流过大造成热击穿而损坏。

最大允许耗散功率 $P_{ZM}=U_ZI_{Zmax}$，如果管子的电流超过最大稳定电流 I_{Zmax}，将会使管子的实际功率超过最大允许耗散功率，管子将会发生热击穿而损坏。

最大稳定电流 I_{Zmax} 和最大允许耗散功率 P_{ZM} 这两个参数是为了保证管子安全工作而规定的。

③ 电压温度系数 a_V。电压温度系数 a_V 是说明稳定电压 U_Z 受温度变化影响的系数。例如 2CW18 稳压管的电压温度系数为 0.095%/℃，就是说温度每增加 1℃，其稳压值将升高 0.095%。一般稳压值低于 6V 的稳压管具有负的温度系数；高于 6V 的稳压管具有正的温度系数。稳压值为 6V 左右的管子其稳压值基本上不受温度的影响，因此，选用 6V 左右的管子可以得到较好的温度稳定性。

④ 动态电阻 r_Z。动态电阻是指稳压管在正常工作时，两端电压的变化量 U_Z 与相应的电流变化量 I_Z 的比值。稳压管的反向特性曲线越陡，动态电阻越小，稳压性能就越好。r_Z 的数值约在几欧至几十欧之间。

【任务实施】

(1) 二极管的检测

在实际工作中，有些二极管外部没有特殊的标志，常用万用表的电阻挡，通过测试二极管正、反向电阻来判断二极管的管脚极性及质量。测量时一般用 $R\times1$k 挡或 $R\times100$ 挡进行测试，不允许用 $R\times1$ 挡和 $R\times10$k 挡进行测量，否则会造成被测二极管损坏。

测量时首先调好工作挡，然后将两表笔短接进行调零，调零后的具体测试如下：

1）正、负电极的判断。

① 观察外壳上的符号标记。通常在二极管的外壳上标有二极管的符号，带有三角形箭头的一端为正极，另一端为负极。

② 观察外壳上的色点。在点接触二极管的外壳上，通常标有极性色点（白色或红色）。一般标有色点的一端即为正极，还有的二极管上标有色环，带色环的一端则为负极。

③ 若遇到型号和标记不清楚时，用万用表的欧姆挡进行判别，主要是利用二极管的单向导电性，其反向电阻远大于正向电阻。万用表欧姆挡一般选在“$R\times100$”或“$R\times1$k”挡，测量时两表笔分别接被测二极管的两个电极，如图 1-8-12（a）（b）所示。若测得阻值为几百欧姆至几千欧姆（对锗二极管为 100Ω～1kΩ），则黑表笔所接的一端为正极，红表笔所接的一端则为负极；若电阻值在几十千欧到几百千欧，则红表笔接的是二极管的正极，黑表笔接的是二极管的负极。

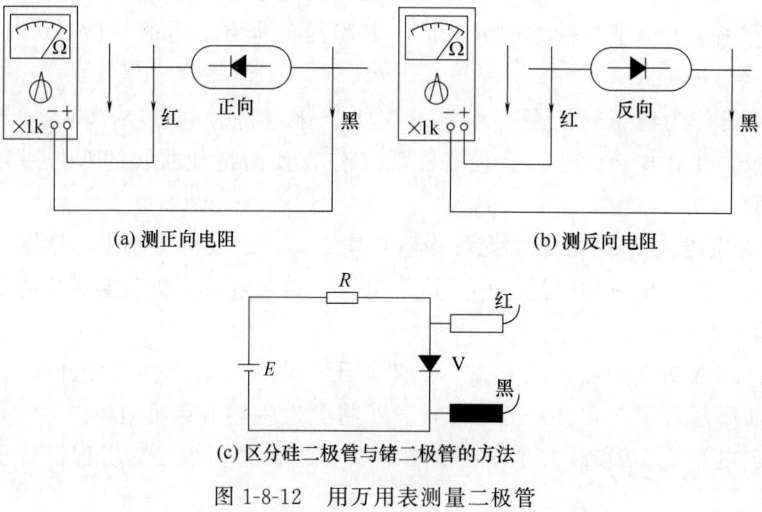

图 1-8-12　用万用表测量二极管

④ 数字万用表的二极管挡也可测量，好的二极管其正向导通压降，硅管一般约为0.7V，锗管一般约为0.3V，在显示该电压情况下，红表笔为二极管的正极。

2）好坏的判断。一般二极管的反向电阻比正向电阻大几百倍，所以可以通过测量正、反向电阻来判断二极管的好坏。小功率硅二极管正向电阻为几百欧到几千欧，锗二极管为100～1000Ω，表 1-8-2 可作为判断二极管好坏的参考。

3）硅管、锗管的区分。如果不知道被测的二极管是硅管还是锗管，可借助于图 1-8-12（c）所示电路来判断。图中 E 为 1.5V 电源电动势，R 为限流电阻（检波二极管 R 可取 200Ω，其他二极管只可取 1kΩ），用万用表测量二极管正向压降。

表 1-8-2　判断二极管好坏的参考值

正向电阻	反向电阻	管子好坏
100 欧至几千欧	几十千欧至几百千欧	好
0	0	短路损坏
无穷大	无穷大	开路损坏
正、反向电阻比较接近		管子失效

① 若指针指示在刻度中间偏右一点——硅管。

② 若指针指示靠近 0 的位置——锗管。

③ 数字万用表的二极管挡也可测量，好的二极管其正向导通压降，硅管一般在 0.7V 左右，锗管一般在 0.3V 左右。

检测时的注意事项：由于二极管正向特性曲线起始端的非线性，PN 结的正向电阻随外加电压的变化而变化，所以同一只二极管用不同的电阻挡测得的正向电阻读数是不一样的。

4）一般二极管的选用。选二极管时不能超过它的极限参数，即最大整流电流、最高反向工作电压、最高工作频率、最高结温等，并留有一定的余量。此外，还应根据技术要求进行选择。

① 当要求反向电压高、反向电流小、工作温度高于100℃时应选硅管。需要导通电流大时，应选面接触型硅管。

② 要求导通压降较低时选锗管，工作频率较高时，选点接触型二极管（一般为锗管）。

（2）设备、器材

半导体二极管的识别与检测中需要的主要元器件设备如表 1-8-3 所示。

表 1-8-3　主要元器件设备表

元件名称	型号/参数	数量
常用电工工具	标准电工包	40 套
指针式万用表	MF500 型或 MF47 型	20 台
二极管		若干
半导体器件手册		5 套

【实操评价】

教学内容	评价要点	评价标准	评价方式	考核方式	分数权重
半导体二极管检测	倍率选择	正确、规范	教师评价	答辩	0.1
	测量过程	正确、规范		操作	0.2
	测量结果	操作规范，读数准确、判断正确		操作	0.5
	态度	积极主动，认真	小组评价	口试	0.1
	团队意识	主动交流、配合默契		口试	0.1

【自测题】

1. 按照导电能力的强弱，铜、铝等金属属于（　　）。

A. 导体　B. 半导体　C. 绝缘体　D. 都不是

2. 下列不属于半导体材料的是（　　）。

A. 硅　B. 锗　C. 铁　D. 砷化钾

3. 按照导电能力的强弱，橡胶、塑料等物质属于（　　）。

A. 导体　B. 半导体　C. 绝缘体　D. 都不是

4. 半导体材料可制成热敏元件，用于检测温度的变化是利用它（　　）。

A. 对温度反应灵敏　B. 对光照反应灵敏　C. 具有杂敏性　D. 导电性好

5. 半导体材料可制成光电管等是利用它（　　）。

A. 对温度反应灵敏　B. 对光照反应灵敏　C. 具有杂敏性　D. 导电性好

6. 半导体材料可制成二极管、三极管等是利用它（　　）。

A. 对温度反应灵敏　B. 对光照反应灵敏　C. 具有杂敏性　D. 导电性好

7. N 型半导体是在纯净半导体中掺入（　　）。

A. 2 价元素　B. 3 价元素　C. 4 价元素　D. 5 价元素

8. P 型半导体是在纯净半导体中掺入（　　）。

A. 2 价元素　B. 3 价元素　C. 4 价元素　D. 5 价元素

9. N 型半导体的多数载流子是电子，但形成的杂质原子应（　　）。

A. 带负电　B. 带正电　C. 不带电　D. 无法确定

10. P 型半导体的多数载流子是空穴，但形成的杂质原子应（　　）。

A. 带负电　B. 带正电　C. 不带电　D. 无法确定

11. 当温度升高时，半导体的导电能力将（　　）。

A. 增强　B. 减弱　C. 不变　D. 无法确定

12. PN 结的特性是（　　）。

A. 正、反向都导通　B. 正向导通、反向截止

C. 正、反向都截止　D. 正向截止、反向导通

13. 点接触型 PN 结结面积小，结电容也小，常用于（　　）。

A. 高频检波电路　B. 低频整流电路　C. 作开关　D. 都不是

14. 面接触型 PN 结结面积大，结电容也大，常用于（　　）。

A. 高频检波电路　B. 低频整流电路　C. 作开关　D. 都不是

15. 半导体二极管的主要特点是具有（　　）。

A. 电流放大作用　B. 电压放大作用　C. 单向导电性　D. 双向导电性

任务1.8.2　单相半波整流电路

【知识目标】

掌握半波整流电路工作原理。

【技能目标】

会分析选择半波整流二极管。

【任务描述】

根据整流电路原理图，分析整流的工作原理，并通过简单计算会选择二极管。

【相关知识】

(1) 整流电路

在日常生活中，各种放大器、电子设备及各种自动控制装置都是使用稳定的直流电源。直流稳压电路可以由直流发电机和各种电池提供，但为了经济适用我们都是利用半导体的单向导电性将日常适用的工频交流电转换成稳定的直流电。图 1-8-13 是把工频交流电转换成直流稳压电源的原理图，它一般由电源变压器、整流电路、滤波电路和稳压电路四个部分组成，各部分功能如下：

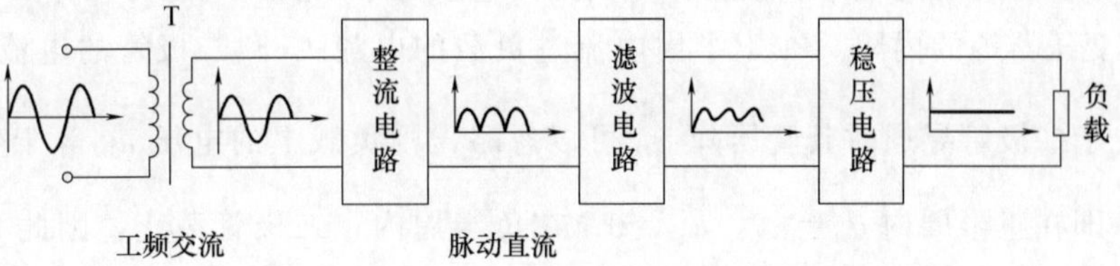

图 1-8-13　整流电路原理图

1）电源变压器：将电网提供的工频交流电变换为符合用电设备所需的正弦交流电。

2）整流电路：利用具有单向导电性能的整流元件，将正负交替的正弦交流电压整流成为单方向的脉动电压。

3）滤波电路：滤波电路由电容、电感等储能元件组成。它的作用是尽可能地将单向脉动电压中的脉动成分滤掉，使输出电压成为比较平滑的直流电压。

4）稳压电路：采取某些措施，使输出的直流电压在电网电压或负载电流发生变化时保持稳定。

由前面知识可知，二极管具有单向导电性，因此可以利用二极管的这一特性组成整流电路，可将交流电压变换为单向脉动电压。在小功率直流电源中，经常采用单相半波、全波和单相桥式整流电路。

(2) 单相半波整流电路

1）工作原理及参数计算。图 1-8-14（a）为单相半波整流电路，它是最简单的整流电路，由电源变压器 T、整流二极管 VD 及负载电阻 R_L 组成。

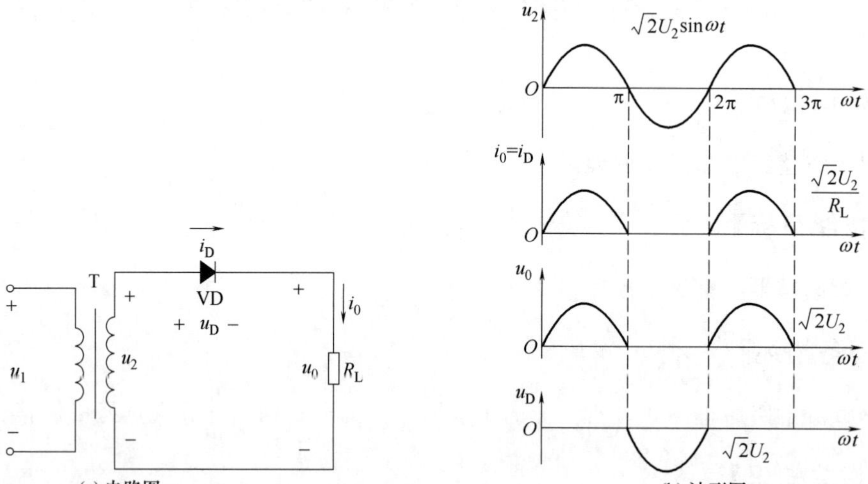

(a) 电路图　　(b) 波形图

图 1-8-14　单相半波整流电路

设变压器副边的电压 $u_2=\sqrt{2}U_2\sin\omega t$。在变压器副边电压 u_2 为正的半个周期内，二极管导通，电流经过二极管流向负载，在 R_L 上得到一个极性上正下负的电压；而在 u_2 为负的半个周期内，二极管反向偏置，电流基本上等于零。所以，在负载电阻 R_L 两端得到的电压 u_0 的极性是单方向的，如图 1-8-14（b）所示。

设整流二极管 VD 是理想二极管，即其正向电阻为零，反向电阻为无穷大，同时忽略整流电路中变压器等的内阻。在正半周内流过负载的电流 i_0 和二极管的电流 i_D 为 $i_0=i_D=\frac{u_2}{R_L}$；由于二极管导通时其管压降 u_D 可以忽略，则负载上的电压 u_0 等于变压器的副边电压 u_2，即在正半周内 $u_0=u_2$，$u_D=0$。在负半周内，二极管截止，因此 $i_0=i_D=0$；此时，负载上的输出电压也等于零，而二极管两端承受一个反向电压，其值就是变压器副边电压 u_2，即 $u_0=0$，$u_D=u_2$。

由上可知，负载电阻上得到的整流电压 u_0 是大小变化的单向脉动直流电压，u_0 的大小常用一个周期的平均值表示，其平均值 U_0 和 I_0 可以分别用直流电压表和直流电流表测量，也可以用积分的方法求得，计算方法如下：

$$U_0=\frac{1}{2\pi}\int_0^{\pi}u_0\,\mathrm{d}(\omega t)=\frac{1}{2\pi}\int_0^{\pi}\sqrt{2}U_2\sin\omega t\cdot\mathrm{d}(\omega t)=0.45U_2$$

即：

$$U_0=0.45U_2 \tag{1-8-1}$$

流过负载电阻 R_L 的直流电流平均值为：

$$I_L=\frac{U_0}{R_L}=0.45\frac{U_2}{R_L} \tag{1-8-2}$$

2）二极管的选择。二极管可根据两个参数来选择：一是通过二极管的电流 I_D；二是二极管截止时承受的最高反向电压 U_{RM}。

由于二极管与负载电阻是串联的，因此二极管的电流就是负载 R_L 中的电流，即 $I_D=I_0$。

电路中二极管截止时承受的最高反向电压就是变压器二次电压的幅值 U_{2M}，即 $U_{RM}=U_{2M}=\sqrt{2}U_2$。

由以上分析可知，半波整流电路具有电路简单、元件少的优点，但交流电压只有半个周期得到利用，输出电压脉动大、利用率低。

【任务实施】

单相半波整流电路中，U_1 为变压器原边电压，U_2 为变压器副边电压，U_0 为负载电阻 R_L 上的电压，若 U_1 是 300V，U_1 和 U_2 线圈扎数比是 3∶1，计算 U_0、I_0 并选择二极管。

【考核评价】

教学内容	评价要点	评价标准	评价方式	考核方式	分数权重
整流二极管选用	画出原理图	正确、规范	教师评价	答辩	0.1
	分析计算过程	正确、规范		分析	0.2
	根据计算结果选择合适二极管	计算准确、选择合理		答辩	0.5
	态度	积极主动,认真	小组评价	口试	0.1
	团队意识	主动交流、配合默契		口试	0.1

【自测题】

1）单相半波整流电路中，U_2 为变压器副边电压，大小为 100V，负载电阻 R_L 是 2Ω，计算电阻 R_L 上的电流 I_0 大小。

2）单相半波整流电路中，U_2 为变压器副边电压，大小为 100V，负载电阻 R_L 是 3Ω，①计算电阻 R_L 上的电流；②计算二极管的平均电流。

任务 1.8.3　单相桥式整流电路分析

【知识目标】

掌握桥式整流电路工作原理。

【技能目标】

会分析选择桥式整流二极管。

【任务描述】

根据桥式整流原理图，分析 u_2 在正半周和负半周时四个二极管及电路的导通情况，并能推算输出电压和输出电流，选择合适的二极管。

【相关知识】

(1) 工作原理及参数计算

为了克服单相半波整流和全波整流的缺点，现广泛采用单相桥式整流电路。它由四个二极管接成电桥形式，电路图如图 1-8-15 所示。

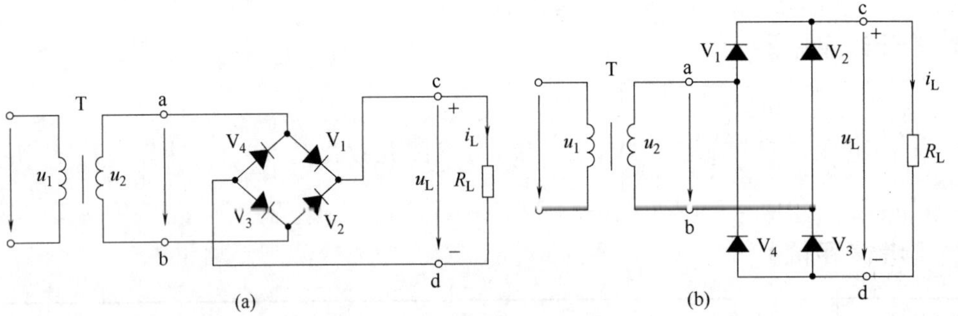

图 1-8-15 单相桥式整流电路

设变压器副边的电压 $u_2=\sqrt{2}U_2\sin\omega t$。当 u_2 为正半周时，即变压器副边的 a 端为“+”，b 端为“−”，a 点的电位高于 b 点，二极管 V_1 和 V_3 承受正向电压而导通，V_2 和 V_4 承受反向电压而截止。电流的方向由图 1-8-15 分析可知，从变压器副边的 a 端流出，通过 V_1 流经负载 R_L 再通过 V_3 回到 b 端流入变压器。若忽略二极管 V_1 和 V_3 的正向压降，则负载电压 $u_L=u_2$。这时二极管 V_2 和 V_4 承受的反向电压近似等于 u_2，其最大值 U_{RM} 为：$U_{RM}=\sqrt{2}U_2$。

当 u_2 为负半周时，b 端为“+”，a 端为“−”，二极管 V_2 和 V_4 导通，V_1 和 V_3 截止。电流从 b 端流出，通过 V_2 流经 R_L，再通过 V_4 回到 a 端。此时同样可以认为 $u_L=|u_2|$。V_1 和 V_3 承受的反向电压最大值仍为$\sqrt{2}U_2$。

总之，在电源电压变化的一个周期内，负载 R_L 上都始终有一个方向不变的电流流过，R_L 上始终为同一极性的电压。电源电压 u_2、负载电压 u_L 和负载电流的波形如图 1-8-16 所示。

由上述可知，单相桥式整流电路是 V_1 和 V_3、V_2 和 V_4 串联后轮流导通的，相当于在负载电阻上的电压和电流是单相全波脉动电压和电流。比较图 1-8-16 和图 1-8-15（b）可知，单相桥式整流电路的输出电压和输出电流的平均值与全波整流时相同，即：

单相桥式整流电路的输出电压：

$$U_0\approx 0.9U_2 \tag{1-8-3}$$

单相桥式整流电路的输出电流：

$$I_L=0.9\frac{U_2}{R_L} \tag{1-8-4}$$

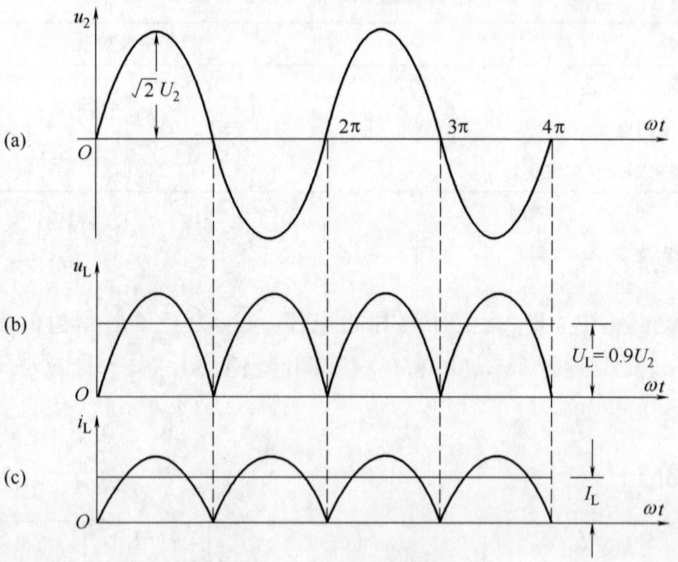

图 1-8-16 桥式整流波形

(2) 二极管的选择

在单相桥式整流电路中，由于每两只二极管串联后轮流导通，所以流过每只二极管的平均电流为输出电流的一半，即 $I_D=0.5I_0$。

在变压器副边，由于每两只二极管串联后轮流导通，如果忽略管子的导通压降和反向漏电流，则二极管所承受的反向电压为 u_2 的幅值，即 $U_{RM}=\sqrt{2}U_2$。

【例 1-8-1】 一桥式整流电路，已知负载电阻 $R_L=8\Omega$，变压器副边电压 $U_2=36V$，试为其选择整流二极管。

解：(1) 负载上的直流电流平均值为：

$$I_L=0.9\frac{U_2}{R_L}=0.9\times\frac{36}{8}=4.05(A)$$

(2) 通过每个二极管的平均电流为：

$$I_D=\frac{1}{2}I_L=\frac{1}{2}\times4.05=2.025(A)$$

(3) 加在二极管上的最大反向电压为：

$$U_{RM}=\sqrt{2}U_2=\sqrt{2}\times36\approx50.4(V)$$

为使整流电路工作安全，在选择二极管时，二极管的最大整流电流 I_M 应大于二极管中流过的平均电流，额定的反向工作电压峰值 U_{RM} 应比二极管在电路中承受的最高反向电压 U_{RM} 大一倍左右。因此查《晶体管手册》可知，在该电路中可选整流二极管 2CZ56C，其额定正向整流电流 $I_F=3A$，最高反向峰值电压 $U_{RM}=100V$。

由以上分析将几个常见整流电路的平均输出电压、电流和需承受的最高反向电压总结如表 1-8-4 所示。

表 1-8-4 **几种常见整流电路的二极管参数表**

电路	单相半波整流	单相全波整流	单相桥式整流
整流输出电压平均值	$0.45U_2$	$0.9U_2$	$0.9U_2$
二极管的平均电流	I_0	$0.5I_0$	$0.5I_0$
二极管截止时承受的最高反向电压	$\sqrt{2}U_2$	$2\sqrt{2}U_2$	$\sqrt{2}U_2$

【任务实施】

单相桥式整流电路中，U_1 为变压器原边电压，U_2 为变压器副边电压，U_0 为负载电阻 R_L 上的电压，若 U_1 是 200V，U_1 和 U_2 线圈扎数比是 10∶1，计算 U_0、I_0 并选择二极管。

【考核评价】

教学内容	评价要点	评价标准	评价方式	考核方式	分数权重
整流二极管选用	画出原理图	正确、规范	教师评价	答辩	0.1
	分析计算过程	正确、规范		分析	0.2
	根据计算结果选择合适二极管	计算准确、选择合理		答辩	0.5
	态度	积极主动，认真	小组评价	口试	0.1
	团队意识	主动交流、配合默契		口试	0.1

【自测题】

1. 单相桥式整流电路中，U_2 为变压器副边电压，大小为 50V，负载电阻 R_L 是 100 欧，计算电阻 R_L 上的电流 I_0 大小。

2. 单相桥式整流电路中，U_2 为变压器副边电压，大小为 100V，负载电阻 R_L 是 50 欧，①计算电阻 R_L 上的电流；②计算二极管的平均电流。

任务 1.8.4 直流电源电路的制作与检测

【知识目标】

了解整流电路组成及工作原理。

【技能目标】

会整流电路制作与调试。

【任务描述】

根据电路要求，设计制作整流电路并进行调试检测。

【相关知识】

整流电路的设计制作与调试

单相桥式整流电容滤波电路如图 1-8-17 所示，由同步变压器 T 副边输出 60V 的交流同步电压，经 $VD_1 \sim VD_4$ 单相桥式整流，再经过电容的滤波作用把整流输出的脉动比较大的直流电压的脉动程度减小。

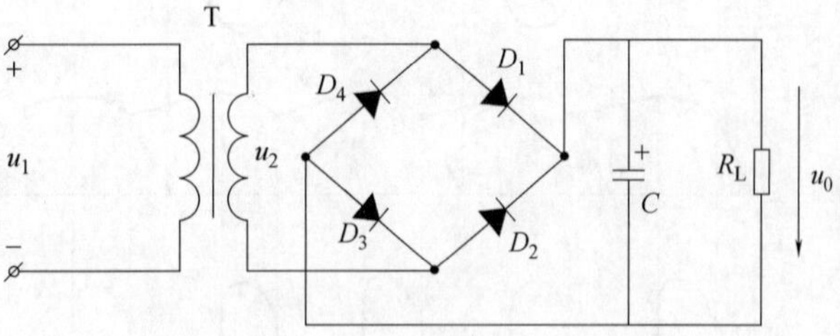

图 1-8-17　桥式整流电容滤波电路

当第一个正半周开始上升时，二极管 V_1 和 V_3 导通，电源 u_2 向负载 R_L 提供电流的同时，向电容充电，由于二极管的正向电阻和变压器副绕组的直流电阻比 R_L 小得多，所以充电时间常数很小，电容端电压 u_C 的上升速度基本跟得上 u_2 的上升速度，即充电电压 u_C 与 u_2 波形一致，直到 $u_C = \sqrt{2}U_2$。

u_2 从最大值开始下降，当 $u_2 < u_C$ 时，V_1 和 V_3 截止，在此期间电容器向负载 R_L 放电。因为通常 C 和 R_L 都较大，所以放电时间常数 $\tau = R_L C$ 较大，放电速度较慢，u_C 的下降速度比 u_2 的下降速度慢得多，因而在这段时间 $u_C > u_2$，整流管全部截止。

在 u_2 按正弦规律逐渐上升到一定值后，当 $u_2 > u_C$ 时，V_2 和 V_4 管导通，又对电容 C 充电，规律同前述，如此周而复始地进行充放电，使负载上获得的电压波形大大改善。

【任务实施】

(1) 实训内容与步骤

1）电路的安装。

① 元件布置图与连线图的设计。根据图 1-8-17 桥式整流电容滤波电路的原理图画出元件布置图与布线图。

② 元器件的选择与测量。根据桥式整流电容滤波电路的原理图选择元件并进行测量，特别是对二极管与电容等元件的性能、极性进行测量。

③ 元器件安装。按照画出的元件布置图，将元器件放置在电路板焊接位置上，安装元器件并做引线成型。弯脚时，应将元件根部留 5～10mm 长度，以免损坏元器件。引线端除去氧化层后，涂上助焊剂，上锡备用。

④ 元器件焊接。根据电路的布线图进行焊接。焊接时焊点应圆滑无毛刺，焊接完成后应检查线路与焊点，避免出现虚焊、漏焊与错焊。

2）电路的调试。

① 通电前检查。将焊接好的电路板与原理图对照检查。重点检查二极管元件管脚是否正确，单相桥式整流电路输入、输出端是否短路。

② 通电调试。将交流电源接到电路，观察电路板有无异常现象，如有异常现象，应

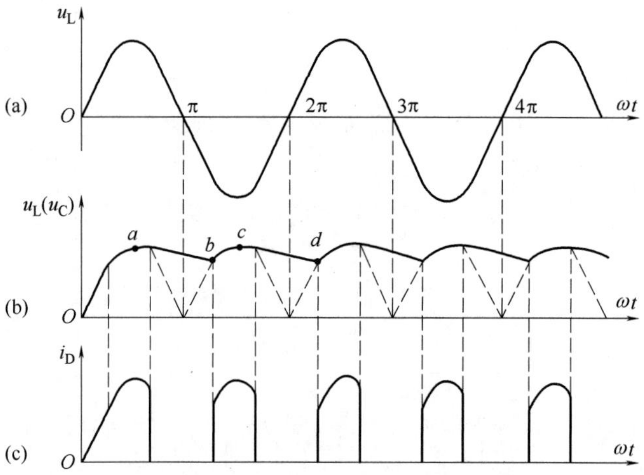

图 1-8-18 桥式整流电容滤波电路波形

立即断开交流电源，并仔细检查电路板，查出问题并给予解决。如无异常现象，则进行下面的步骤：

③ 用万用表测量变压器二次侧 60V 电压、单相整流电路直流输出电压是否正常。

④ 用示波器逐一观察电路中的交流电压、整流输出 u_A、电容 C 两端的锯齿波 u_C，如图 1-8-18 所示。

(2) 设备器材

整流电路的设计、制作中需要的主要元器件设备见表 1-8-5。

表 1-8-5 主要元器件设备表

元件名称	型号/参数	数量	元件名称	型号/参数	数量
电烙铁、烙铁架		40 套	电容		若干
万用表	MF500 型或 MF47 型	10 台	二极管		若干
电阻		若干			

【实操评价】

教学内容	评价要点	评价标准	评价方式	考核方式	分数权重
直流稳压电源制作与检测	元件检测	正确、规范	教师评价	操作	0.1
	制作过程	正确、规范		操作	0.2
	制作结束检测	结果正确、操作规范		操作	0.5
	态度	积极主动，认真	小组评价	口试	0.1
	团队意识	主动交流、配合默契		口试	0.1

【自测题】

根据下图所示电路，分析 V_1 正负极接反时所产生的后果？

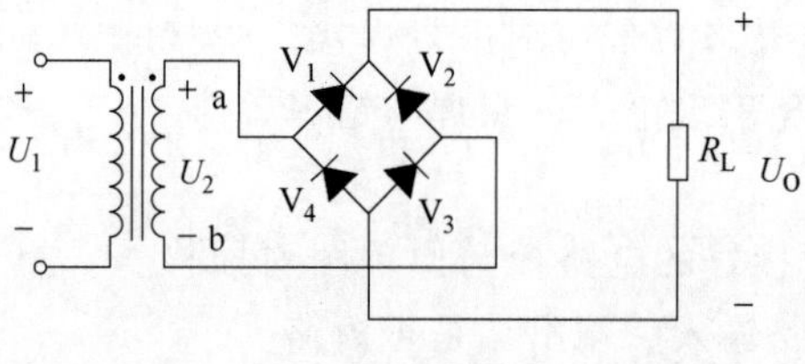

项目 1.9　共射极单管放大电路制作

任务 1.9.1　三极管的特性

【知识目标】

知道半导体三极管的结构、类型、符号；熟悉半导体三极管的作用、特性；了解主要参数；理解三极管伏安特性曲线图。

【技能目标】

知道半导体的特性；认识三极管，会三极管伏安特性图的应用；会用万用表对三极管元件进行检测。

【任务描述】

本项目的任务是熟悉半导体三极管的特性，使用万用表对三极管进行检测。

【相关知识】

(1) 晶体三极管

1）晶体三极管的结构。晶体三极管又称为晶体管、半导体三极管和双极型晶体管等，简称三极管。它有三区、两结、三极。

① 三区：发射区、基区和集电区。

② 两结：发射区与基区间的 PN 结称为发射结，集电区与基区间的 PN 结称为集电结。

③ 三极：3 个区各引出一个电极，分别叫发射极 e、基极 b 和集电极 c。

2）类型及电流分配关系。

① NPN 型：是指由两块 N 型半导体中间夹着一块 P 型半导体的管子，结构、符号如图 1-9-1（a）所示。

② PNP 型：是指由两块 P 型半导体中间夹着一块 N 型半导体的管子，结构、符号如图 1-9-1（b）所示。

③ 电流关系：$I_E = I_C + I_B$，发射极的箭头代表发射结正向接通时电流的方向，NPN 管箭头向外，PNP 管箭头向内。

3）三极管作用。三极管制造时发射区掺杂浓度高，基区很薄且杂质浓度低，集电区面积大，掺杂浓度低于发射区，用于保证晶体管具有电流放大作用。

① 电流放大作用：放大的基本条件是发射结正偏，集电结反偏；实质是用一个微小的 ΔI_B 去控制一个较大的 ΔI_C；交流电流放大倍数 β 为：$\beta = \Delta I_C / \Delta I_B$。

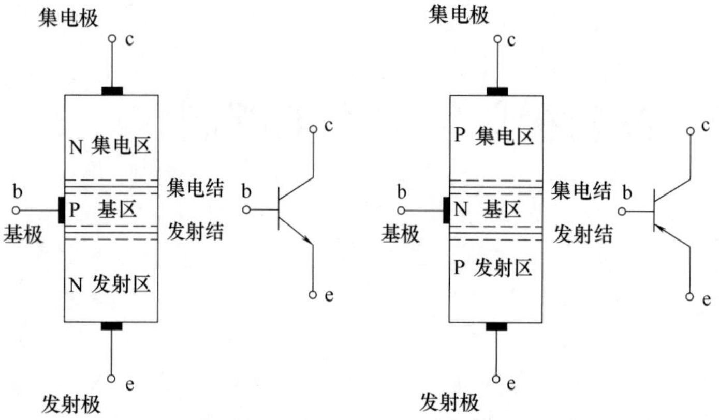

(a) NPN型 (b) PNP型

图 1-9-1 晶体三极管结构示意图及符号

② 开关作用：如电视机电源电路中的开关管。

4）三极管特性曲线。由于硅三极管应用较多，下面以 NPN 型共射极硅管为例进行分析。

三极管的各极电压与电流之间的关系曲线称为三极管的伏安特性曲线。它反映了三极管的基本性能，是分析放大电路的基本依据，其中最常用的是输入、输出特性。

① 输入特性：输入特性是指 U_{CE} 为一定值时，加在基极—发射极间的电压 U_{BE} 与由它产生的基极电流 I_B 之间的关系。用函数式表示为：

$$I_B=f(U_{BE})\,|\,U_{CE}=\text{常数}$$

三极管输入特性曲线如图 1-9-2 所示，与二极管的正向特性相似，常将其分为三个区域：死区、非线性区和线性区。

② 输出特性：输出特性是指在一定的基极电流 I_B 下，输出回路中集—射极之间的电压 U_{CE} 与集电极电流 I_C 的关系，用函数式表示为：

$$I_C=f(U_{CE})\,|\,I_B=\text{常数}$$

三极管输出特性曲线如图 1-9-3 所示，与二极管的正向特性相似，常将其分为三个区域：饱和区、截止区和放大区。

a. 饱和区：当 I_B 增加，则 I_C 增加很小或不增加，三极管基本上失去放大作用，这种情况称为饱和。在此区域里发射结和集电结都正偏；c、e 相当于接通的开关，三极管无放大作用。饱和压降用 $U_{CE(sat)}$ 表示，小功率硅管 $U_{CE(sat)}\approx 0.3V$，锗管的 $|U_{CE(sat)}|\approx$

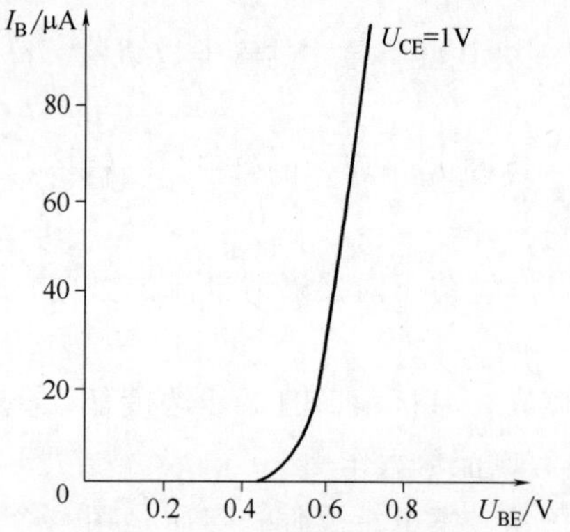

图 1-9-2 三极管输入特性曲线

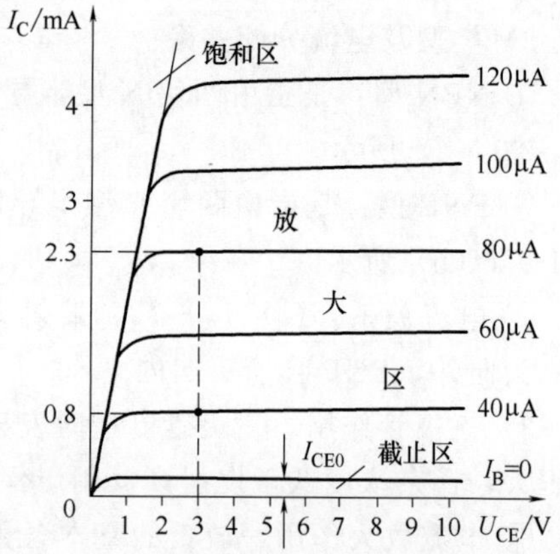

图 1-9-3 三极管输出特性曲线及 3 个工作区

0.1V，其值是判定三极管是否饱和的依据。

b. 截止区：一般习惯于把 $I_B \leqslant 0$ 的区域称为截止区。在图 1-9-3 的输出特性曲线上，相当于 $I_B=0$ 这条曲线以下的区域，称为截止区。在此区域里发射结和集电结都反偏；c、e 相当于断开的开关，三极管无放大作用。

c. 放大区：I_C 平行于 U_{CE} 轴的区域是放大区。此时曲线基本平行等距，I_C 受 I_B 控制（$I_C=\beta I_B$）；在此区域发射结正偏，集电结反偏，三极管具有放大作用。

5）三极管主要参数。三极管的参数表示了管子的各项技术指标和适用范围，是计算、调试和选用三极管的依据。这里仅介绍几种常用的参数。

① 电流放大系数 β：是表示三极管放大能力的主要指标。β 值小放大能力差，但 β 值大工作稳定性差，选用时应根据具体电路而定。

② 穿透电流 I_{CEO}：当基极开路时，集电极—发射极间加上一定反向电压时的集电极电流称为穿透电流，I_{CEO} 也是衡量管子质量的一个标准。温度对 I_{CEO} 影响很大，当温度上升时，I_{CEO} 增加很快，使 I_C 也相应增大，显然 I_{CEO} 越小管子越稳定。硅管的温度稳定性比锗管好。

③ 反向击穿电压 $U_{(BR)CEO}$：指基极开路时，集电极—发射极间所能承受的最大反向电压。当温度上升时，击穿电压要下降，所以工作电压要选得比击穿电压小得多，以保证有一定的安全系数。若 $U_{CE}>U_{(BR)CEO}$ 将导致三极管损坏。

④ 集电极最大允许电流 I_{CM}：I_{CM} 表示当 β 下降到额定值的 2/3 时，所允许的最大集电极电流。当 $I_C>I_{CM}$ 时，管子不一定立即损坏，但超过太多则可能烧坏三极管。

⑤ 集电极最大允许功率损耗 P_{CM}：是根据管子允许的最高温度定出的。显然，使用时加在管子上的电压 U_{CE} 和通过集电极的电流 I_C 的乘积应小于 P_{CM} 值，且要注意散热条件。

(2) 国产半导体器件的型号命名方法

一般国产三极管外壳上都标注有型号，其表示的意义如表 1-9-1 所示。

表 1-9-1　国产半导体型号组成部分的符号及其意义

第一部分		第二部分		第三部分		第四部分	第五部分
用数字表示器件的电极数目		用汉语拼音字母表示器件的材料和极性		用汉语拼音字母表示器件类别		用数字表示器件序号	用汉语拼音字母表示规格号
符号	意义	符号	意义	符号	意义		
2	二极管	A	N 型，锗材料	P	普通管		
		B	P 型，锗材料	W	稳压管		
		C	N 型，硅材料	Z	整流管		
		D	P 型，硅材料	L	整流堆		
3	三极管	A	PNP，锗材料	U	光电器件		
		B	NPN，锗材料	K	开关管		
		C	PNP，硅材料	X	低频小功率管		
		D	NPN，硅材料	G	高频小功率管		
		E	化合物材料	D	低频大功率管		
				A	高频大功率管		

例如：2AP9　普通 N 型锗二极管

2CW7A　N 型硅稳压二极管

3DG6B　NPN 型硅高频小功率三极管

3DDl5C　NPN 型硅低频大功率三极管

【任务实施】

已知图示三极管各极的电位，判断三极管的类型、材料以及它的工作状态。

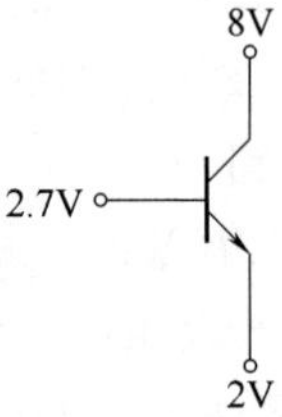

【考核评价】

教学内容	评价要点	评价标准	评价方式	考核方式	分数权重
三极管类型和工作状态的判断	三极管类型和管脚判断	根据三极管符号正确说出其类型和管脚名称	教师评价	作业及答辩	0.2
	三极管工作状态的判断	根据各管脚的电位大小判断三极管工作状态		作业及答辩	0.3
	电路符号绘制	能画出三极管符号		绘图	0.3
	作业态度	积极主动，认真	小组评价	口试	0.1
	团队意识	主动交流、配合默契		口试	0.1

【自测题】

1. 普通双极型晶体三极管是由（　　）。

A. 一个 PN 结组成　　B. 二个 PN 结组成

C. 三个 PN 结组成　　D. 四个 PN 结组成

2. 测得电路中工作在放大区的某晶体管三个极的电位分别为 0V、−0.7V 和−4.7V，则该管为（　　）。

A. NPN 型锗管　B. PNP 型锗管　C. NPN 型硅管　D. PNP 型硅管

3. 测得某放大电路中晶体管的三个管脚 1，2，3 的电位分别为 12V，12.7V 和 6V，则管脚 1，2，3 对应的三个极是（　　）。

A. EBC　B. ECB　C. CBE　D. BEC

4. 晶体三极管的主要特点是具有（　　）。

A. 单向导电性　B. 电流放大作用　C. 稳压作用　D. 整流作用

5. 如果改变晶体管基极电压的极性，使发射结由正偏导通改为反偏，则集电极电流（　　）。

A. 反向　B. 近似等于零　C. 不变　D. 增大

6. 晶体管的穿透电流 I_{CEO} 是表明（　　）。

A. 该管温度稳定性好坏的参数　　B. 该管允许通过最大电流的极限参数

C. 该管放大能力的参数　　D. 该管反向击穿的特性参数

7. 所谓晶体管输出特性曲线中的线性区域是指（　）。

A. 放大区　　B. 饱和区　　C. 截止区　　D. 反向击穿区

8. 如果接在电路中某晶体管的基极与发射极短路，则（　　）。

A. 管子深度饱和　　B. 管子截止

C. 管子工作在放大状态　　D. 无法确定

9. 三极管具有放大作用的外部条件是（　　）。

A. 发射结和集电结都正偏　　B. 发射结正偏、集电结反偏

C. 发射结和集电结都反偏　　D. 发射结反偏、集电结正偏

10. 开关三极管的正常工作状态是（　　）。

A. 截止　　B. 放大　　C. 饱和　　D. 截止或饱和

任务 1.9.2　三极管的测试

【知识目标】

掌握三极管分类及管脚名称。

【技能目标】

会用万用表检测三极管。

【任务描述】

利用万用表检测三极管类型及管脚名称。

【相关知识】

利用万用表判别三极管的管型、管脚极性，估测三极管的 I_{CEO}、β 值。测量小功率管时，一般选用 $R\times100$ 挡或 $R\times1\text{k}$ 挡；测量大功率管时可选用 $R\times10$ 挡。

(1) 管型和管脚极性的判别

对不知道型号和管脚极性的三极管，可利用万用表通过测试各极间的电阻来判别管型和管脚极性。具体测试方法如下：

1）基极判断：假设三个管脚中的任意一个管脚为基极，然后判断基极 b，把一表笔接在假设的基极上，另一表笔分别接另外两根管脚，若测得的阻值都很大或都很小，调换表笔重新测试。若原来测得的阻值都很大，调换表笔后测得的阻值都很小；或原来测得的阻值都很小，调换表笔后测得的阻值都很大，说明假设的基极是正确的。若测得阻值一大一小，说明假设错误，需重新假设进行测试。

2）管型判断：以测试阻值都很小一次为准，若黑表笔接的是 b 极，则该管是 NPN 型管，否则，该管为 PNP 型管。

3）集电极和发射极的判断：假设待测的两根管脚其中之一为集电极，用手把基极 b 与假设的集电极一起捏住（注意两管脚不能接触，即把人体电阻并接在 b 极和 c 极间）。若为 NPN 型管，把黑表笔接假设的 c 极，红表笔接假设的 e 极，如图 1-9-4 所示。若指针摆动较大，说明假设是正确的，反之是错误的。若为 PNP 型管，把红表笔接假设的 c 极，黑表笔接假设的 e 极，若指针摆动较大，说明假设正确，否则不正确。

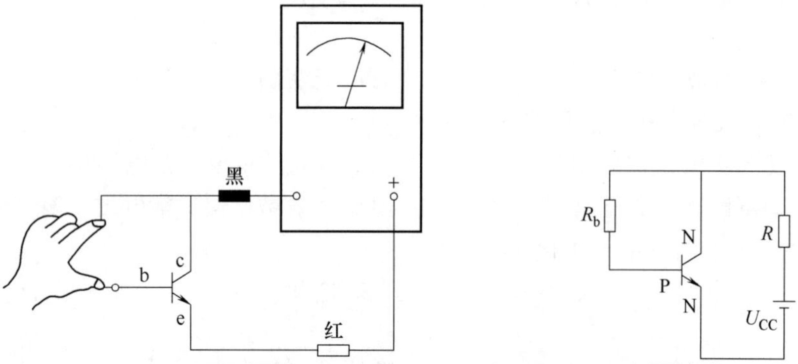

(a) 示意图　　(b) 等效电路

图 1-9-4　判别三极管 c，e 电极的测试电路

(2) 三极管的 I_{CEO} 和 β 值的估测

1）三极管的 I_{CEO} 估测：若为 NPN 型管把黑表笔接 c 极，红表笔接 e 极，若指针摆动较大，说明 I_{CEO} 大，反之小；若 PNP 型管，则与之相反，把红表笔接 c 极，黑表笔接 e 极。

2）β 值的估测：先按估测 I_{CEO} 的方法测试，记下万用表指针的位置；然后在 c 极与 b 极间连接一只 100kΩ 的电阻（也可用人体电阻代替），按判断集电极的方法进行测试。接入 100kΩ 的电阻后，若指针摆幅较大，说明这只管子的 β 值较大；指针变化不大，说明管子的放大能力很差，β 值较小。

(3) 三极管的使用注意事项

1）三极管工作时必须防止其电流、电压超出最大极限值。

2）选用三极管主要应注意下述参数：P_{CM}，I_{CM}，$U_{(BR)CEO}$，$U_{(BR)CBO}$，β，f_T 和 f_β。因有 $U_{(BR)CBO}>U_{(BR)CES}>U_{(BR)CER}>U_{(BR)CEO}$，因此，只要 $U_{(BR)CEO}$ 满足要求就可以了。一般高频工作时要求 $f_T=(5\sim10)\ f$（f 为工作频率）。开关电路则应考虑三极管的开关参数。

3）管子的基本参数相同可以代换，性能高的可代换性能低的。通常锗、硅管不能互换。

4）三极管安装时应避免靠近发热元件并保证管壳散热良好。大功率管应加散热片（磨光的紫铜板或铝板），散热装置应垂直安装，以利于空气自然对流。

【任务实施】

根据上述讲解对三极管进行检测，半导体三极管的识别与检测中需要的主要元器件设备如表 1-9-2 所示。

表 1-9-2　　主要元器件设备表

元件名称	型号/参数	数量
常用电工工具	标准电工包	40 套
万用表	MF500 型或 MF47 型	20 台
三极管		若干
半导体器件手册		5 套

【实操评价】

教学内容	评价要点	评价标准	评价方式	考核方式	分数权重/%
万用表使用	规范、文明			操作	20
三极管的认识	类型、极性、符号			面试	25
三极管的测试	好坏			操作	20
三极管的测试	极性			操作	20
半导体器件手册查询	查询的熟练程度			操作	5
实训报告	内容完整			笔试	10

【自测题】

1. 三极管的开关特性是（　　）。

A. 截止相当于开关的接通

B. 放大相当于开关的接通

C. 饱和相当于开关的接通

D. 截止相当于开关的断开，饱和相当于开关的接通

2. 下列关于三极管具有电流放大的内部条件错误的是（　　）。

A. 基区做得很薄，掺杂浓度很低　　B. 发射区掺杂浓度高

C. 集电区面积大，掺杂浓度低　　D. 发射区掺杂浓度低

3. 当三极管发射结和集电结都处于反偏时，它工作在（　　）。

A. 截止区　　B. 饱和区　　C. 放大区　　D. 击穿区

4. 当三极管发射结和集电结都处于正向偏置时，它工作在（　　）。

A. 截止区　　B. 饱和区　　C. 放大区　　D. 击穿区

5. 测得晶体管 $I_B=15\mu A$ 时，$I_C=2.5mA$，$I_B=20\mu A$ 时，$I_C=3mA$，则该管的交流放大系数为（　　）。

A. 15　　B. 150　　C. 100　　D. 1500

6. 某晶体管的发射极电流等于 2mA，集电极电流等于 1.8mA，则它的基极电流等于________mA（　　）。

A. 0.02　　B. 0.2　　C. 0.8　　D. 3.8

7. 如果工作在放大电路中的三极管电流如下图示，则此管为（　　）。

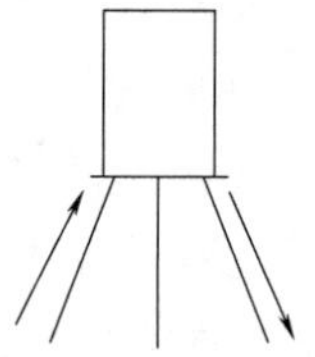

A. PNP 型　　B. NPN 型　　C. NPN 或 PNP 型　　D. 无法确定

任务 1.9.3　共射极单管放大电路制作

【知识目标】

知道基本放大电路组成及各组成部分作用；掌握基本放大电路静态工作点的计算。

【技能目标】

会识别和检测基本放大电路组成元件；会焊接制作基本放大电路。

【任务描述】

通过基本放大电路的制作，掌握基本放大电路工作原理，并会放大电路的焊接制作。

【相关知识】

所谓基本放大电路，是指一个放大元件的简单电路。基本放大电路有共射极、共基极和共集电极 3 种形式。本节将以应用最广的共射极电路为例，讨论电路的组成、静态工作点的设置、工作原理及静态工作点的计算方法。

由于放大电路中的电压和电流中既有直流分量又有交流分量，因而电压和电流的名称较多，为了区别，在无特殊声明时，规定用大写字母加大写下标 I_{BQ}、I_{CQ}、U_{CEQ}、U_{BEQ} 表示直流分量；用小写字母加小写下标 i_b、i_c、u_{ce} 表示交流分量或用 I_b、I_c、U_{ce} 表示正弦量的有效值；用小写字母加大写下标 i_B、i_C、u_{CE} 表示交直流的总电流或总电压的瞬时值。

(1) 放大电路的组成

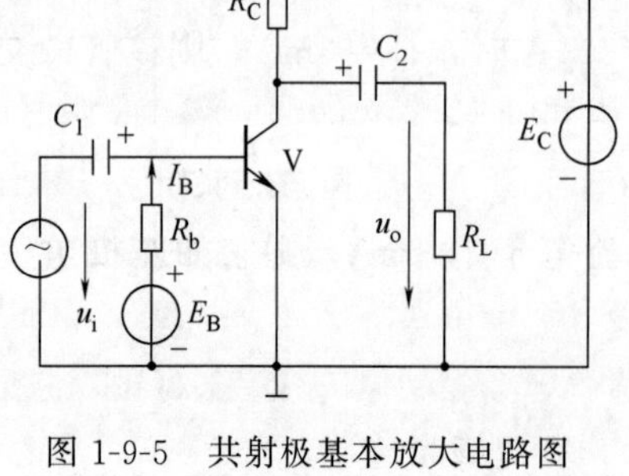

图 1-9-5　共射极基本放大电路图

如图 1-9-5 所示的共射极放大电路需要 E_B 和 E_C 两个直流电源，在使用时既不方便也不经济。实际上常采用如图 1-9-6 所示基极回路与集电极回路共用一个电源 E_C 的放大电路。二者没有本质的区别，只是将 R_b 适当加大，由原来接到 E_B 的正极一端改接到 E_C 的正极上。E_C 也习惯不画电源的符号，只标出其对公共端（用符号⊥表示，又称参考点或地）的电压值和极性，所以图 1-9-6 又称共射极放大电路的习惯画法。

(2) 放大电路各组成部分的作用

三极管 V 是 NPN 型，担负着电流放大作用，是整个电路的核心。

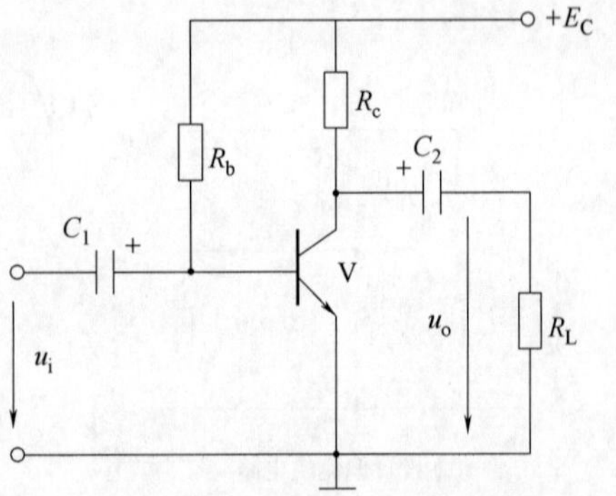

图 1-9-6　共射极放大电路的习惯画法

直流电源 E_C 保证发射结正偏，集电结反偏，它又是放大电路的能源。三极管把能量微弱的信号放大成较强的信号，必须给其提供一个能源 E_C。这样就可以由能量较小的输入信号通过三极管控制 E_C 所供给的能量，使之输出较大的能量，所以放大的本质是实现能量的控制。

电阻 R_b 是基极偏流电阻，当 E_C 一定时，R_b 的阻值决定了基极偏流 I_B 的大小，通过适当选择 R_b 的阻值，可使放大电路获得合适的静态工作点。

电阻 R_C 是集电极负载电阻，它的作用是把三极管的电流放大转换成电压放大。因为，输入回路加入交变信号，发射结电压 U_{BE} 只要有少量的变化，就会引起较大的 I_B 变化（见三极管输入特性），通过电流放大，又会引起更大的 I_c 变化，因此，I_c 在 R_C 上产生的电压变化将比输入信号大许多倍，即 R_C 把电流放大转换成了电压放大。

电容 C_1 和 C_2 称为耦合电容，其作用是隔直流而通交流。隔直流的目的是防止负载或信号源影响放大电路的静态工作点，而对于有用的交流信号其呈现很小的阻抗，保证信号能顺利地通过。

(3) 放大电路静态工作点的设置

输入信号为零时，称为放大电路处于静态。此时电路各处的电压、电流值分别用 I_{BQ}、U_{BEQ}、I_{CQ}、U_{CEQ} 来表示。由于这一组数值分别对应着三极管输入、输出特性曲线上的某一个点，如图 1-9-7（b）中的 Q 点，故称静态工作点。

1）设置静态工作点的必要性。由于三极管发射结的单向导电性，如果没有直流基极电流 I_{BQ}，即 $I_{BQ}=0$ 时，当输入信号 u_i 在正半周，瞬时值大于死区电压时，三极管才能产生基极电流。而且输入特性的开始部分非线性很严重，使得 i_B 不能按比例地随着输入电压而变化；而当 u_i 在负半周时，发射结处于反偏，三极管截止。显然，负载 R_L 上获得的电压 u_0 的波形与输入信号 u_i 的波形完全变了样，见图 1-9-7（b）。这种现象，称为放大电路的失真。

2）设置合适静态工作点的情况。由图 1-9-7（a）可见，在交流信号 u_i 未加入之前，由 E_C 通过 R_b 预先给三极管一个直流电压 U_{BEQ}，使三极管导通，产生一个 I_{BQ}、I_{CQ} 和 U_{CEQ}，即有一个静态工作点 Q，见图 1-9-7（b）。这样，当 u_i 为正半周时，三极管基极上的电压 $u_{BE}=U_{BEQ}+u_i$，三极管工作在放大状态；当 u_i 为负半周时，三极管基极上的电压 $u_{BE}=U_{BEQ}-u_i$，只要 $U_{BEQ}-u_i>0.5$V（硅管的死区电压），三极管发射结就处于正偏，工作在放大区。可见设置静态工作点 Q 后，u_i 在整个周期内，三极管始终处于放大状态，从而获得不失真的放大电压信号。图 1-9-7（b）画出了设置合适的静态工作点 Q 时 i_B、i_C 和 u_{CE} 的波形。

3）静态工作点的计算。静态工作点要根据直流通道求得。在图 1-9-7（a）中，因为 C_1、C_2 不通直流，所以把其所在支路断开，保留的电路便是直流通道，如图 1-9-8 所示。

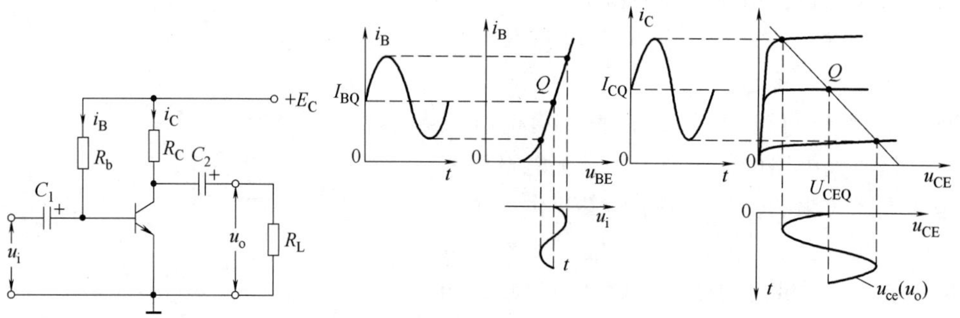

(a) 设置偏流的电路　　(b) i_B、i_C和u_{CE}的波形

图 1-9-7　放大电路设置合适静态工作点的情况

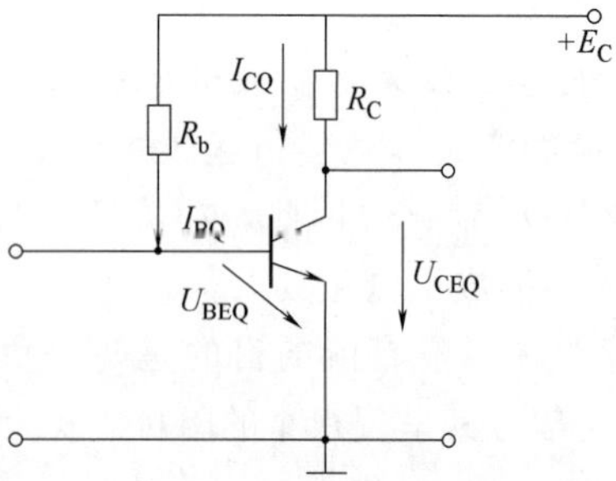

图 1-9-8　放大电路的直流通路

在图 1-9-5 中，若 E_C、R_b、R_C、β 已知，则可根据基尔霍夫电压定律（KVL）列出方程：

$$E_C = I_{BQ}R_b + U_{BEQ}$$

则：

$$I_{BQ} = \frac{E_C - U_{BEQ}}{R_b} \tag{1-9-1}$$

从输入特性曲线上可见，U_{BEQ} 的数值很小，一般硅管 $U_{BEQ} \approx 0.7V$，锗管 $U_{BEQ} \approx 0.2V$。

由式（1-9-1）可知，当 R_b 值选定之后，I_{BQ} 就固定了，因此，图 1-9-7（a）电路称为固定偏置式电路。

由 I_{BQ} 可求得 I_{CQ} 和 U_{CEQ} 为：

$$I_{CQ} = \beta I_{BQ} \tag{1-9-2}$$

$$U_{CEQ} = E_C - I_{CQ}R_C \tag{1-9-3}$$

【例 1-9-1】 在图 1-9-7（a）中，已知 $E_C = 12V$，$R_C = 4k\Omega$，三极管为 3DG6，$\beta = 80$，如果静态时要获得 $U_{CEQ} = 6V$，问 R_b 应选择多大？

解： 根据给定条件，计算步骤是：

由 $U_{CEQ} \rightarrow I_{CQ} \rightarrow I_{BQ} \rightarrow R_b$

因为

$$U_{CEQ} = E_C - I_{CQ}R_C$$

所以

$$I_{CQ} = \frac{E_C - U_{CEQ}}{R_C} = \frac{12-6}{4\times10^3} = 1.5(\text{mA})$$

$$I_{BQ} = \frac{I_{CQ}}{\beta} = \frac{1.5}{80} = 18.75(\mu\text{A})$$

由

$$E_C = I_{BQ}R_b + U_{BEQ}$$

得

$$R_b = \frac{E_C - U_{BEQ}}{I_{BQ}} = \frac{12-0.7}{18.75\times10^{-6}} \approx 603(k\Omega)$$

【例 1-9-2】 在图 1-9-9 中，已知 $E_C = 15V$，$R_b = 450k\Omega$，$R_e = 1k\Omega$，$R_C = 2k\Omega$，三极管为 3DG6B 型，$\beta = 100$，求静态工作点。

解： 根据基尔霍夫电压定律（KVL），由输入回路得：

$$\begin{aligned} E_C &= I_{BQ}R_b + I_{EQ}R_C + U_{BEQ} \\ &= I_{BQ}R_b + (1+\beta)I_{BQ}R_e + U_{BEQ} \end{aligned}$$

$$I_{BQ}=\frac{E_C-U_{BEQ}}{R_b+(1+\beta)R_e}=\frac{15-0.7}{450\times10^3+1\times10^3}\approx0.026\ (\text{mA})$$

$$I_{CQ}=\beta I_{BQ}=100\times0.026=2.6\ (\text{mA})$$

由输出回路得：

$$U_{CEQ}=E_C-I_{CQ}R_C-I_{CQ}R_e\approx E_C-I_{CQ}(R_C+R_e)$$
$$=15-2.6\times10^{-3}\times(1\times10^3+2\times10^3)=7.2\ (\text{V})$$

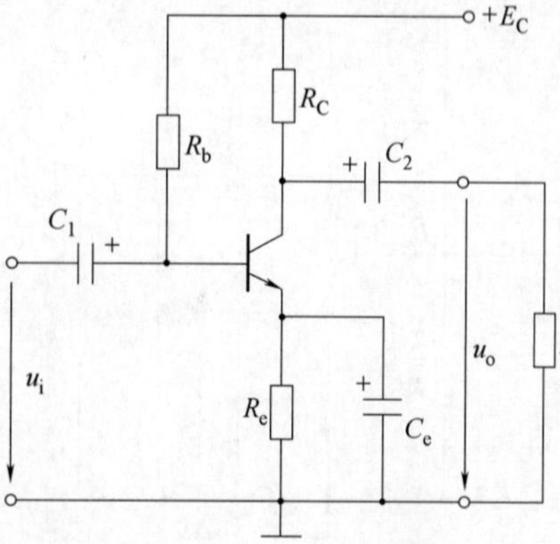

图 1-9-9　例 1-9-2 图

4）温度变化对静态工作点的影响。三极管是一种对温度十分敏感的元件。温度变化，管子的参数都将发生变化，但是通常需要考虑的是以下 3 个参数。首先，从输入特性看，温度升高时 U_{BEQ} 将减小。在固定偏置式电路中，由于 $I_{BQ}=\frac{E_C-U_{BEQ}}{R_b}$，因此 U_{BEQ} 减小，将导致 I_{BQ} 增大，I_{CQ} 增大。其次，温度升高时管子的 β 也将增大，表现在输出特性曲线之间的间距加大，如图 1-9-7（b）中虚线所示。最后，当温度升高时三极管的反相电流 I_{CBO} 将急剧增加，这是因为反相电流是由少数载流子形成的，因此受温度的影响比较大。

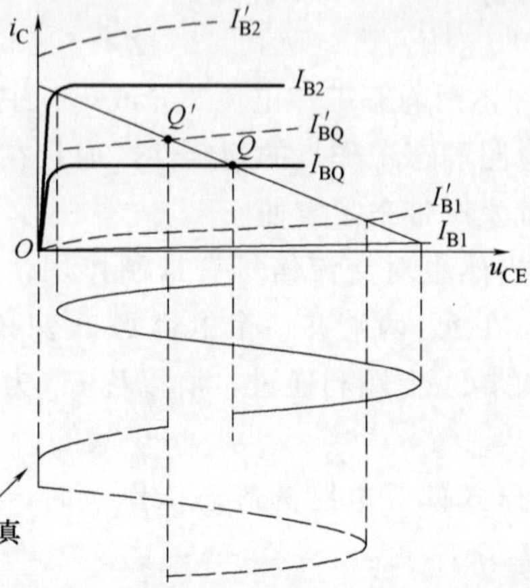

图 1-9-10　温度对 Q 点和输出波形的影响

实线—20℃时的特性曲线　虚线—50℃时的特性曲线

综上所述，温度升高对三极管参数的影响，最终将导致集电极电流 I_c 增大。图 1-9-10 中实线表示在 20℃时三极管的输出特性，虚线表示温度上升至 50℃时的特性。由图可见，温度升高使静态工作点由 Q 点移至 Q′点，接近饱和区，此时将使输出波形产生严重的饱和失真。

5）分压式电流反馈偏置电路。

① 稳定静态工作点的原理。前述固定偏置式电路，在外界温度变化时，其静态工作点是不稳定的。它只适用于温度变化不大的场合，然而，一年四季温差很大，必须找到一个稳定静态工作点的途径。如把放大器置于恒温装置中，可使静态工作点稳定，但经济代价太高，很少采用。通常从电路的结构上加以改进，达到稳定静态工作点的目的。最常用的稳定静态工作点的电路是如图 1-9-11 所示的分压式电流反馈偏置电路。它的指导思想是：先设法使基极对地的电位 U_B 固定，即不受温度的影响。然后在发射极回路串接一个电阻 R_e，用它两端的电压 U_E 来反映 I_{CQ} 的变化，并与 U_B 相比较，得到 I_{CQ} 变化后的 U_{BE} 值。如果 I_{CQ} 增加，则 U_{BE}（$=U_B-I_{EQ}R_e$）下降，使 I_{BQ} 下降，I_{CQ} 下降，其结果维持 I_{CQ} 基本不变。

工作过程可表示为：

温度上升→I_{CQ}↑→I_{BQ}↑→$I_{EQ}R_e$↑→U_{BE}↓（$=U_B-I_{EQ}R_e$）→I_{CQ}↓←I_{BQ}↓

为了使电路具有良好的稳定效果，元件的参数必须满足一定的条件。在图 1-9-11 中，如果满足：$I_1\gg I_{BQ}$ 时，则 U_B 基本上由 R_{b1} 与 R_{b2} 的分压决定，即：

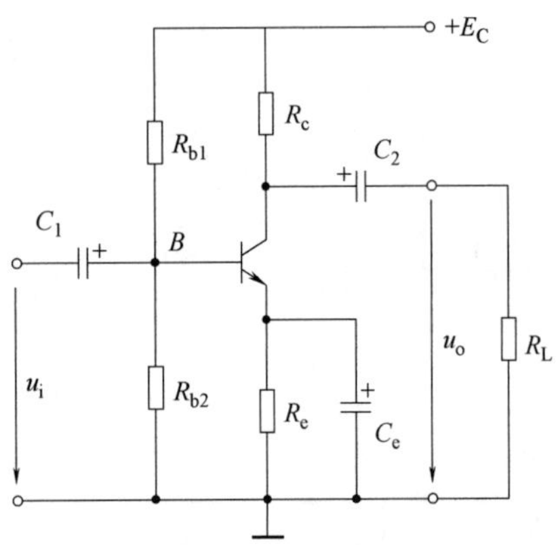

图 1-9-11　分压式电流反馈偏置电路

$$U_B \approx \frac{R_{b2}}{R_{b1}+R_{b2}} \cdot E_C \tag{1-9-4}$$

因为 R_{b1}、R_{b2} 不受温度的影响，故 U_B 基本上是恒定的。

当 $U_B \gg U_{BEQ}$ 时

$$I_{EQ} \approx \frac{U_B}{R_e} = \frac{R_{b2}}{R_{b1}+R_{b2}} \cdot \frac{E_C}{R_e} \tag{1-9-5}$$

可见 I_{EQ}（$\approx I_{CQ}$）与三极管易受温度影响的参数（β、I_{CBO}、U_{BE}）无关，因而静态工作点比较稳定。根据以上讨论，可归纳出分压式电流反馈偏置电路稳定静态工作点的条件为：

$$\left.\begin{matrix} I_1 \gg I_{BQ} \\ U_B \gg U_{BEQ} \end{matrix}\right\} \tag{1-9-6}$$

但是，I_1 与 U_B 并非越大越好。因为 I_1 太大，R_{b1}、R_{b2} 上功耗太大，不经济，且使放大器的输入电阻太小。另外，如果 U_B 太大，则射极电位抬得太高，在 E_C 一定的情况下，将使 U_{CEQ} 变得太小，使输出电压 U_0 的变化范围变小。因此，通常设计电路时选择：

$$\left.\begin{matrix} I_1 = (5\sim10)I_{BQ} \\ U_B = (5\sim10)U_{BEQ} \end{matrix}\right\} \tag{1-9-7}$$

如果设计电路时能满足式（1-9-7）两个条件，则静态工作电流 I_{EQ} 或 I_{CQ} 主要由外电路参数 R_{b1}、R_{b2} 和 R_e 决定，这样不仅提高了电路静态工作点的稳定性，而且在更换三极管时，不必重新调整静态工作点，给维修和成批生产带来了方便。

发射极电阻 R_e，既然能抑制 I_{CQ} 的变化，当然也对交流信号有抑制作用，这将使放大电路的电压放大倍数下降。为解决这个矛盾，在 R_e 两端并一个电容 C_e，只要 C_e 足够大，容抗将很小，这样交流信号就能在 R_e 旁边的 C_e 上顺利通过，所以称 C_e 为交流旁路电容。一般取 10～100μF。

② 静态工作点的计算方法。在分析计算分压式偏置电路的静态工作点时，先从计算 U_B 入手，而后分别求出 I_{EQ}、I_{BQ} 和 U_{CEQ}。由 $I_1 \gg I_B$ 可得：

$$U_B \approx \frac{R_{b2}}{R_{b1}+R_{b2}} \cdot E_C$$

$$I_{EQ} = \frac{U_B - U_{BEQ}}{R_e} \tag{1-9-8}$$

$$I_{BQ} = \frac{I_{EQ}}{1+\beta}$$

$$U_{CEQ} = E_C - I_{CQ}R_C - I_{EQ}R_e \approx E_C - I_{CQ}(R_C + R_e) \tag{1-9-9}$$

【例 1-9-3】 在图 1-9-11 中，已知 $E_C=15$V，$R_{b1}=15$kΩ，$R_{b2}=5.1$kΩ，$R_e=1$kΩ，$R_c=2$kΩ。(1) 如硅三极管的 $\beta=50$，求静态工作点的值；(2) 如换用 $\beta=100$ 的硅三极管，重新计算静态工作点的值。

解：

(1) $\beta=50$ 时

$$U_B \approx \frac{R_{b2}}{R_{b1}+R_{b2}} \cdot E_C = \frac{5.1\times10^3}{15\times10^3+5.1\times10^3}\times15 \approx 3.8\ (\mathrm{V})$$

$$I_{EQ}=\frac{U_B-U_{BEQ}}{R_e}=\frac{3.8-0.7}{1\times10^3}=3.1\ (mA)$$

$$I_{BQ}=\frac{I_{EQ}}{1+\beta}=\frac{3.1\times10^{-3}}{51}\approx0.061\ (mA)$$

$$I_{CQ}=\beta I_{BQ}=50\times0.061\times10^{-3}=3.05\ (mA)$$

$$U_{CEQ}=E_C-I_{CQ}R_C-I_{EQ}R_e=15-3.05\times10^{-3}\times2\times10^3-3.1\times10^{-3}\times1\times10^3=5.8\ (V)$$

（2）$\beta=100$ 时

$$I_{EQ}=3.1\ (mA)$$

$$I_{BQ}=\frac{I_{EQ}}{1+\beta}=\frac{3.1\times10^{-3}}{101}\approx0.0307\ (mA)$$

$$I_{CQ}=\beta I_{BQ}=0.0307\times10^{-3}\times100=3.07\ (mA)$$

$$U_{CEQ}=E_C-I_{CQ}R_C-I_{EQ}R_e=15-3.07\times10^{-3}\times2\times10^3-3.1\times10^{-3}\times1\times10^3=5.76\ (V)$$

可见，即使 β 从 50 变为 100，电路中 I_{CQ}、U_{CEQ} 基本不变。

【任务实施】

(1) 设备与器材

单管共射极放大电路分立元件，电烙铁，焊锡和助焊剂，低频信号发生器，示波器，万用表，电钻，胶布和三氯化铁。主要元器件如表 1-9-3 所示。

表 1-9-3　单管放大器电路元件详单

序号	项目名称	型号规格	单位	数量
1	电阻 R_{B1}	3K	只	1
2	电阻 R_{B2}	10K	只	1
3	电阻 R_C	5.1K	只	1
4	电阻 R_L	2.4K	只	1
5	电阻 R_E	430	只	1
6	可调电阻 R_W	50K	只	1
7	电容 C_1、C_2	10UF	只	2
8	电容 C_E	47UF	只	1
9	三极管	9014	只	1

(2) 焊接与测试

首先根据图 1-9-12 的电路原理图设计印制电路板，并按要求在覆铜板上焊接元器件。如图 1-9-13 所示为共射极放大电路的印制电路板图。

① 线路绘制：按原理图在覆铜板上画出装配图，然后按装配图进行装配。按照从上到下，从左到右顺序进行接线。注意元件排列整齐、美观。用透明胶带全部覆盖在印制电路板上的线条图留下，将其余部分去除，也可用圆规的鸭嘴笔蘸 1∶2 的油漆，将例子制电路线条描下等漆干后放于 $FeCl_3$ 溶液中腐蚀。

② 腐蚀：将适量的 $FeCl_3$ 和水配制成 1∶3 的溶液，将线条图做好的印制电路板放于 $FeCl_3$ 的溶液中腐蚀，待 30min 后取出印制电路板，用清水冲洗干净，晾干。

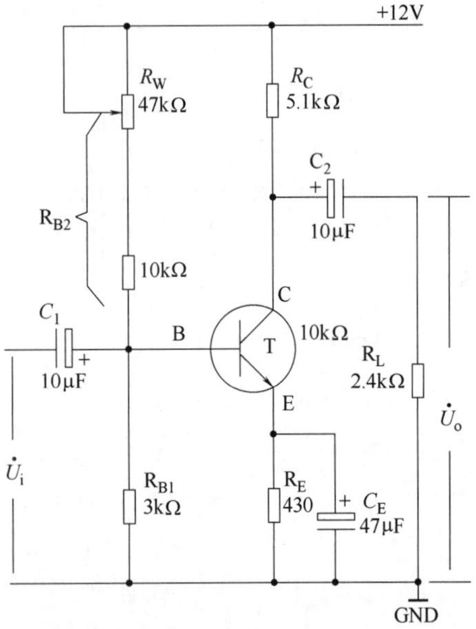

图 1-9-12 基本放大电路图

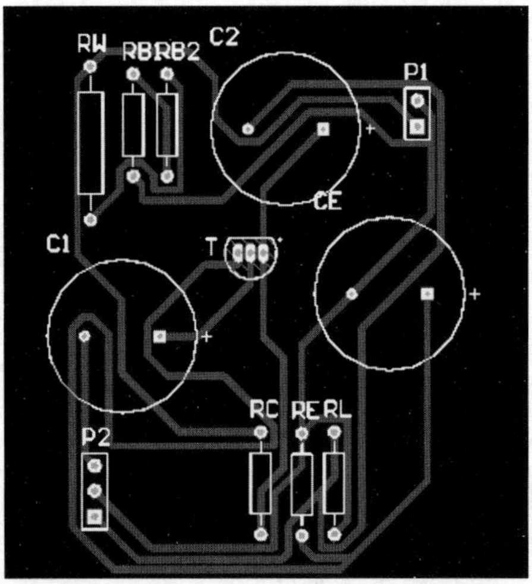

图 1-9-13 基本放大电路印制板图

③ 打孔：选用 0.8～1.0mm 的钻头，将元件安装处打孔。

④ 元件安装：按设计的印制电路板图安装相关元件。注意，在安装前，查看各电器元件质量情况，详细观察各电器元件外部结构，了解其使用方法，并进行安装。

⑤ 元件焊接：此电路采用插焊焊接方式。在按图组装电路并进行焊接时，注意以下几点：

a. 要求电路元件分布合理，线条粗细均匀，间距适中。

b. 焊接要求：焊接前将印制电路板刷上松香酒精溶液，以利于助焊，焊点不宜过大，焊接时间不宜过长，否则铜箔会脱落。

⑥ 对照电路图检查电路是否有掉线、错线，接线是否牢固。

【实操评价】

教学内容	评价要点	评价标准	评价方式	考核方式	分数权重
基本放大电路制作与检测	元件检测	正确、规范	教师评价	答辩	0.1
	制作过程	正确、规范		操作	0.2
	制作结束检测	分析计算正确		操作	0.5
	态度	积极主动，认真	小组评价	口试	0.1
	团队意识	主动交流、配合默契		口试	0.1

任务 1.9.4 共射极单管放大电路调试

【知识目标】

了解基本放大电路工作原理。

【技能目标】

会检测与调试共射极单管放大电路。

【任务描述】

本任务要求学生能对已制作完成的共射极单管放大电路进行数据测量，并进行简单计算分析。

【相关知识】

放大电路的分析方法

放大电路的分析方法常用的有两种：图解法和微变等效电路法。图解法比较直观明了，但是必须借助于晶体管的特性曲线才能求解，而晶体管特性曲线又需查找晶体管手册，比较麻烦。本节仅介绍微变等效电路法。前已分析，三极管的输入、输出特性曲线是非线性的，但是，如果变化的信号是一个微小的变量（即微变），这样，在静态工作点附近的一个比较小的变化范围内，可以近似地认为是线性的。由此得到一系列的微变等效参数，从而得到三极管的微变等效电路，于是就可以利用电路原理中学过的有关线性电路的各种定理来求解三极管电路。

1）三极管的简化等效电路。三极管共射极接法时的输入、输出特性如图 1-9-14 所示。从输入特性上看，在 Q 点附近特性曲线基本上是一段直线，即 Δi_B 与 Δu_{BE} 成正比，因此可以用一个等效电阻 r_{be} 来代表输入电压与输入电流的关系，即 $r_{be}=\Delta u_{BE}/\Delta i_B$。$r_{be}$ 称为三极管的输入电阻。对于低频小功率管，r_{be} 可用下式求得：

$$r_{be}=300+(1+\beta)\frac{26\text{mV}}{I_{EQ}\text{mA}} \tag{1-9-10}$$

再从图中输出特性曲线看，假定在 Q 点附近特性曲线基本上是水平的，则 Δi_C 与 u_{CE} 无关，而只取决于 Δi_B，即 i_C 好像是一个受 i_B 控制的电流源，所以从三极管输出端 c、e 两点看进去，可用一个大小为 $\beta\Delta i_B$ 的恒流源代替。这样就可得到图 1-9-15 中的微变等效电路。由于忽略了 u_{CE} 对 i_C 的影响，也忽略了 u_{CE} 对输入特性的影响，所以称它为简化的微变等效电路。

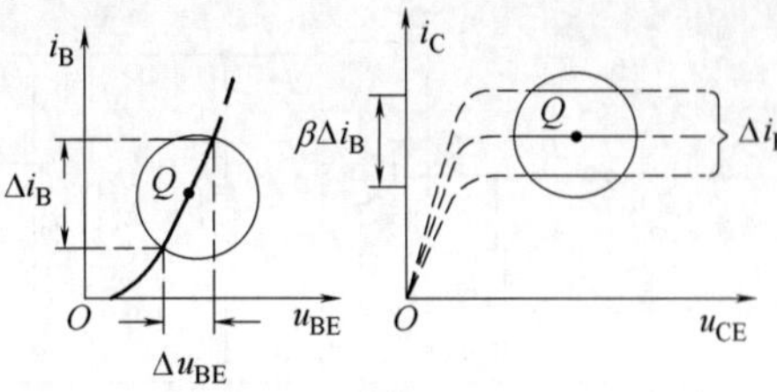

图 1-9-14　三极管等效参数的求法

2）交流参数的定义和求法。在求交流参数时，必须找出它的交流通道。在图 1-9-16（a）中，C_1、C_2 容量很大，对于交流信号可视为短路；对于直流电源，由于其内阻很小，交流信号在其内阻上的压降可以忽略，因此，也把它视为短路，这样便得到图 1-9-16（b）所示的交流通道。如三极管用微变等效电路代替，就得到图 1-9-16（c）所示放大电路的微变等效电路。

① 电压放大倍数 A_u。

为了衡量放大电路的放大能力，规定输出电压与输入电压变化量之比为电压放大倍

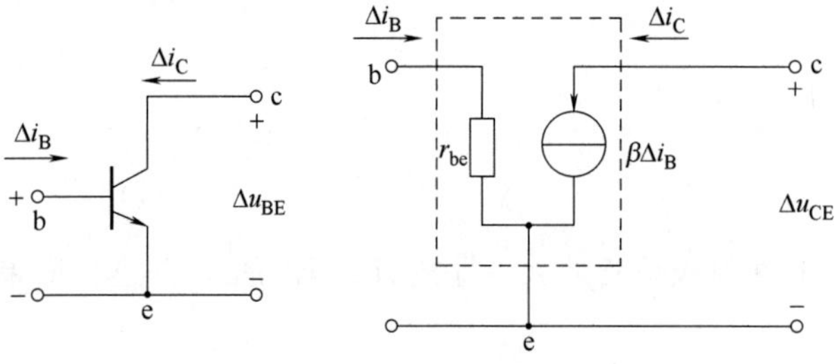

图 1-9-15 简化的三极管微变等效电路

数，用 A_u 表示。即：

$$A_u=\frac{U_o}{U_i} \tag{1-9-11}$$

其中 U_o 和 U_i 分别是输出电压和输入电压的正弦有效值。

现在假设图 1-9-16（a）加上一个正弦输入信号，图中 U_i、U_o、I_b 和 I_C 等分别代表有关量的有效值。根据等效电路的输入回路可得：

$$U_i=I_b r_{be}$$

由输出回路可知：

$$I_C=\beta I_b$$

且

$$U_o=-I_C R_L'$$

其中

$$R_L'=R_C/\!/R_L$$

则

$$U_o=-\beta I_b R_L'$$

所以

$$A_u=\frac{U_o}{U_i}=-\frac{\beta R_L'}{r_{be}} \tag{1-9-12}$$

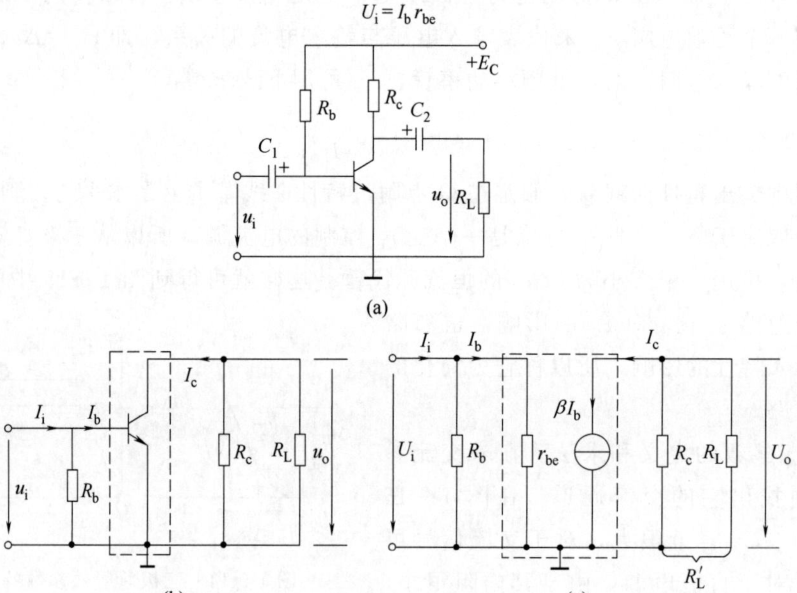

图 1-9-16 共射极放大电路及其微变等效电路

式中负号说明输出电压与输入电压反相 180°，此式为共射极放大电路的电压放大倍数。

② 输入电阻 r_i。所谓输入电阻 r_i 就是从放大器输入端看进去的等效电阻。这个电阻

值的大小等于输入电压 U_i 与输入电流 I_i 之比，即：

$$r_i = \frac{U_i}{I_i} \tag{1-9-13}$$

由图 1-9-16（c）看出：

$$r_i = \frac{U_i}{I_i} = R_b // r_{be} \tag{1-9-14}$$

对于 r_i 大小的要求，要具体分析。r_i 大，则放大电路向信号源（或前级放大电路）吸取的电流就小，减轻了信号源的负担；同时信号源内阻 R_S 上的压降小，使放大电路所得电压 U_i 接近信号电压 U_S。因此，作为测量电压仪表用的放大电路其 r_i 要大，测量电流仪表用的放大电路其 r_i 要小（因 r_i 要串入被测电路，r_i 越小，对被测电流影响就越小）。故此，输入电阻是放大电路重要的性能参数。

③ 输出电阻 r_o。对于负载 R_L 来讲，放大电路是一个信号源。因此从放大电路的输出端看进去，放大电路就相当于一个具有内阻 r_o 和电动势 E_o 的等效电路。这个内阻 r_o 就是放大电路的输出电阻。它的求法是：将输入信号电压源短路（即令 $U_i = 0$，但信号源内阻保留），在输出端将 R_L 取去，加一个交流信号 U_o，求出由它所产生的电流 I_o，此时输出电阻为：

$$r_o = \frac{U_o}{I_o}\bigg|_{\substack{R_L=\infty \\ U_i=0}} \tag{1-9-15}$$

例如，对于图 1-9-16（c）等效电路，当 $U_i = 0$ 时，$I_b = 0$，此时电流源 βI_b 相当于开路，又因 R_L 取去，所以从输出端看进去只有 $r_o = R_e$ 存在，即：

$$r_o = R_e \tag{1-9-16}$$

【例 1-9-4】 画出图 1-9-17（a）电路的微变等效电路。已知 $E_C = 15V$，$R_{b1} = 27k\Omega$，$R_{b2} = 12k\Omega$，$R_C = R_L = 4k\Omega$，$R_e = 2k\Omega$，三极管为 3DG6B，$\beta = 50$，试求 A_u、r_i、r_o。

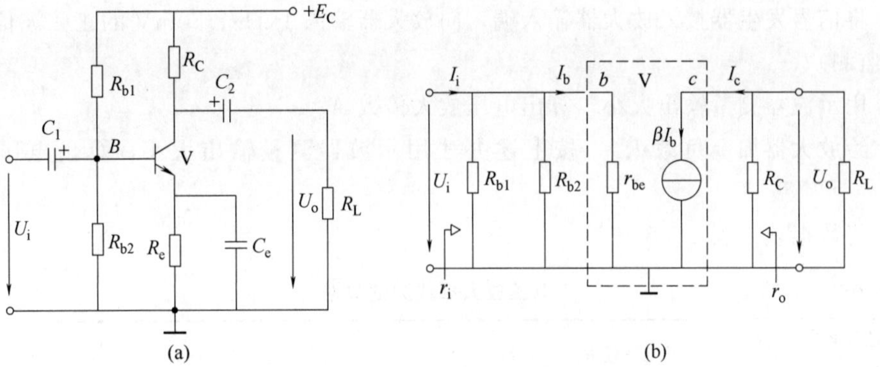

图 1-9-17　［例 1-9-4］电路和微变等效电路

解： 微变等效电路如图 1-9-17（b）所示。

$$I_{EQ} = \frac{\dfrac{R_{b2}E_C}{R_{b1}+R_{b2}} - U_{BEQ}}{R_e}$$

$$=\frac{\frac{12\times10^{3}}{27\times10^{3}+12\times10^{3}}\times15-0.7}{2\times10^{3}}\approx2\ \text{mA}$$

$$r_{be}=300+(1+\beta)\frac{26}{I_{EQ}}=300+(1+50)\frac{26}{2}=963\ \Omega$$

因为 $$U_o=-\beta I_b(R_C/\!/R_L),\ U_i=I_b r_{be}$$

所以 $$A_u=\frac{U_o}{U_i}=-\frac{\beta(R_C/\!/R_L)}{r_{be}}=-\frac{50(4/\!/4)}{0.963\times10^{3}}\approx-104$$

根据图 1-9-17（b），由式（1-9-14）得输入电阻：

$$r_i=\frac{U_i}{I_i}=R_{b1}/\!/R_{b2}/\!/r_{be}=27/\!/12/\!/0.963=0.863\ \text{k}\Omega$$

根据图 1-9-17（b），由式（1-9-16）得输出电阻：

$$r_o=\frac{U_o}{I_o}\bigg|_{\substack{R_L=\infty\\U_i=0}}=R_C=4\ \text{k}\Omega$$

【任务实施】

（1）测试静态工作点

在 $U_i=0$ 时，调节 R_W，使 $I_C=1.0\text{mA}$，用万用表测量 U_B、U_E、U_C、R_{B2} 的值，填入表 1-9-4。

表 1-9-4　静态工作点测试数据（$I_C=1.0\text{mA}$）

测量值				计算值		
U_B/V	U_E/V	U_C/V	R_{B2}/kΩ	U_{BE}/V	U_{CE}/V	I_C/mA

（2）测试放大倍数

1）将信号发生器接入放大器输入端，向放大器输入 1kHz、50mV 的正弦波信号（用示波器监测）。

2）用示波器测量输出大小，算出电压放大倍数 A_u。

3）给放大器加上负载 R_L，按上述办法用示波器测量输出大小，算出电压放大倍数 A_u。

4）将数据填入表 1-9-5。

表 1-9-5　电压放大倍数测试数据

输入信号频率/kHz	是否加负载 R_L		U_i/mV	U_0/mV	$A_u=\frac{U_i}{U_0}$
1	未接				
	已接	3kΩ			
		5.1kΩ			

（3）调节输入信号，用示波器分别观察饱和失真、截止失真

【考核评价】

教学内容	评价要点	评价标准	评价方式	考核方式	分数权重
单管放大电路调试	电路分析	正确分析原理	教师评价	答辩	0.2
	安装布线	正确、规范、合理布线		操作	0.2
	焊接	正确、规范、合理焊接		操作	0.2
	运行调试	操作安全，运行步骤正确		操作	0.2
	作业态度	积极主动，认真	小组评价	口试	0.1
	团队意识	主动交流、配合默契		口试	0.1

【自测题】

1. 画出三极管输出特性曲线图，并在图中标出三种工作状态。
2. 简述三极管在电路中的作用，三极管的类型。
3. 如何利用万用表判别三极管的管型及管脚。
4. 若测得放大电路中有两个三极管，分别测得三极管 A 各电极对参考点的电位分别为 $U_1=2.5$V，$U_2=6$V，$U_3=1.8$V，三极管 B 各电极对参考点的电位分别为 $U_1=-6$V，$U_2=-3$V，$U_3=-2.7$V，判断 A、B 管是 NPN 还是 PNP，并确定三个电极。

第2部分 提 高 篇

项目 2.1 直流电路分析

任务 2.1.1 基尔霍夫定律的应用

【知识目标】

理解基尔霍夫定律内容。

【技能目标】

能用实验的方法验证基尔霍夫定律。

【任务描述】

理解基尔霍夫定律的内容，能根据基尔霍夫定律列出电路方程；能进行试验电路的制作与测试，能根据测试数据验证基尔霍夫定律。

【相关知识】

(1) 有关的几个概念

1) 支路。电路中至少有一个电路元件且通过同一电流的分支。

2) 节点。三个或三个以上的支路的交汇点。

3) 回路。电路中的任意闭合路径。

4) 网孔。不含有其他支路的单回路。

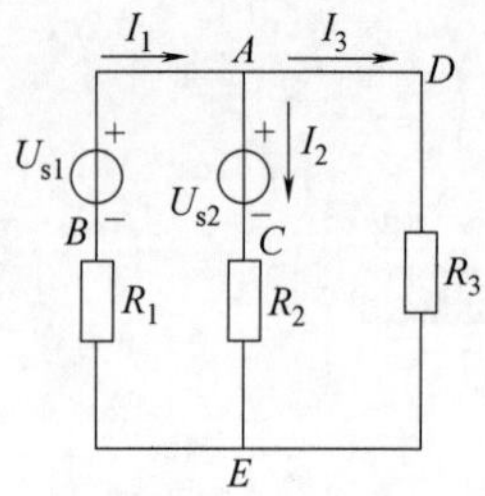

图 2-1-1 复杂电路

【例 2-1-1】 对照图 2-1-1，根据概念说出节点数、支路数、回路数和网孔数。

答： 对照电路图 2-1-1，可知图中的节点数为 2，支路数为 3，回路数为 3，网孔数为 2。

(2) 基尔霍夫定律

1) 基尔霍夫第一定律（KCL）。基尔霍夫第一定律也称为节点电流定律。

定律含义：在任意时刻，任一节点上流进节点的电流之和 $\sum I_i$ 等于流出节点的电流之和 $\sum I_o$，即：

$$\sum I_i = \sum I_o \tag{2-1-1}$$

基尔霍夫第一定律体现了电流的连续性。

【例 2-1-2】 图 2-1-2 电路中，$I_1=5\text{A}$，$I_2=3\text{A}$，$I_4=2\text{A}$，求 $I_5=?$

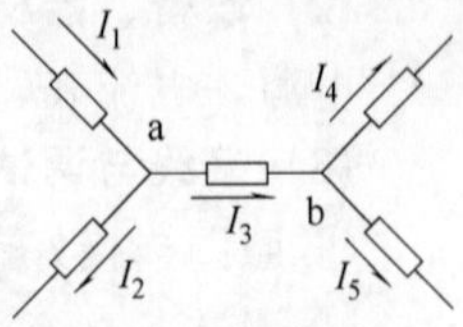

图 2-1-2　节点电流定律应用举例

分析：根据 KCL 定律，对于节点 a，$I_1=I_2+I_3$，故 $I_3=2\text{A}$。对于节点 b，$I_3=I_4+I_5$，故 $I_5=0\text{A}$。

2）基尔霍夫第二定律（KVL）。基尔霍夫第二定律也叫回路电压定律。

定律含义：在任意时刻，任意回路电压的代数和等于零，即：

$$\sum U=0 \tag{2-1-2}$$

如果规定电位升取为正，则电位降就取为负，反之亦可。

基尔霍夫第二定律体现了电压与路径无关这一性质。

【例 2-1-3】 列出图 2-1-3 电路中回路的方程。

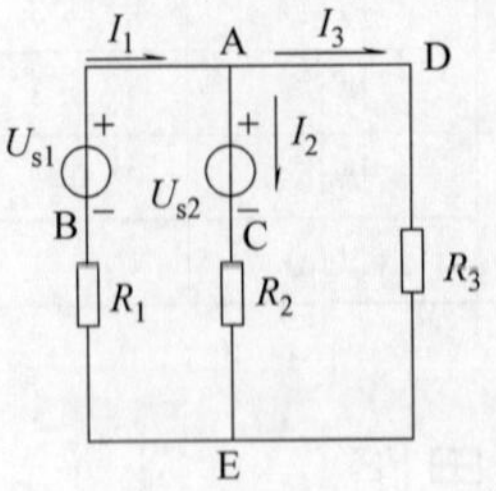

图 2-1-3　回路电压定律应用举例

解：回路方程为：

$$U_{s1}-U_{s2}-I_2R_2-I_1R_1=0$$
$$U_{s2}-I_3R_3+I_2R_2=0$$
$$U_{s1}-I_3R_3-I_1R_1=0$$

若将电阻压降写在等式的一边，电动势写在等式的另一边，则

$$\sum IR=\sum E \tag{2-1-3}$$

这是 KVL 的另一种表达式，即回路中电动势（电位升）的代数和等于电阻上电压降（电位降）的代数和。

在应用此表达方式时，应遵循以下几点规定：

① 首先要在图中标明各支路电压、电流的参考方向，然后规定一个计算的绕行方向。

② 将电阻压降写在等式的一边，当支路电流的参考方向与绕向一致时，电阻压降取为正，反之取为负。

③ 将电动势写在等式的另一边，当电势的参考方向与绕向一致时取为正，反之为负。

【任务实施】

(1) 基尔霍夫定律的验证

电路如图 2-1-4 所示。

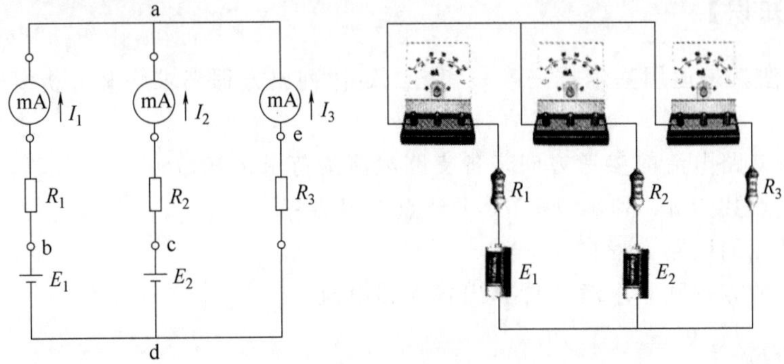

(a) 电路图　(b) 实物图

图 2-1-4　基尔霍夫定律实验

(2) 设备、器材准备

电源，电流表，电压表，电阻，导线若干。

(3) 接线与调试

① 照图连接好电路；

② 测试各直流里面的电流；

③ 验证是否符合基尔霍夫第一定律；

④ 测试各电阻和电源的压降，验证是否符合基尔霍夫第二定律。

【实操评价】

教学内容	评价要点	评价标准	评价方式	考核方式	分数权重
基尔霍夫定律的应用	定理理解	理解定理的含义	教师评价	答辩	0.2
	定理应用	能正确简答习题		习题	0.3
	电路连接	正确、规范、合理接线		操作	0.3
	仪表使用	正确、规范	小组评价	操作	0.1
	团队意识	主动交流、配合默契		口试	0.1

任务 2.1.2 用支路电流法分析复杂电路

【知识目标】

理解支路电流法求解复杂电路的步骤。

【技能目标】

能利用基尔霍夫定律求解复杂电路。

【任务描述】

理解基尔霍夫定律的内容，用支路电流法计算有两个网孔电路的支路电流，能计算电路的等效电阻；能进行试验电路的制作与调试，解决实际中较复杂电路的计算问题。

【相关知识】

支路电流法就是运用基尔霍夫第一和第二定律列出方程来求解和分析复杂电路。具体解题步骤如下：

① 选取各支路电流的参考方向，各支路电流为待求未知数；

② 如果节点数为 n，列出（n-1）个节点电流方程；

③ 列出补充的回路方程；

④ 将列出的方程联立求解，计算出各支路电流。

【任务实施】

【例 2-1-4】 如图 2-1-5 所示，已知各个电阻和电动势的值，试计算电路中各支路电流。

解：由题义可知：该电路共有 4 个节点，6 条支路，要求出 6 个未知电流，分别为 I_1、I_2、I_3、I_4、I_5、I_6，图中标出了电流的参考方向。

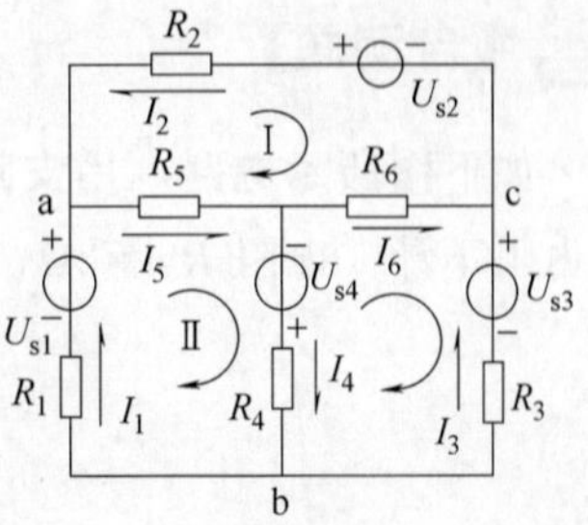

图 2-1-5　支路电流法应用举例

由于有 4 个节点，最多只能列出 3 个电流方程，分别选取 a、b、c 三接点，方程如下：

$$I_5=I_2+I_1 \tag{1}$$

$$I_4=I_1+I_3 \tag{2}$$

$$I_2=I_6+I_3 \tag{3}$$

要求出 6 个未知数，还需补充 3 个回路方程，故选取任意 3 个回路，如图的Ⅰ、Ⅱ、Ⅲ。列出回路方程如下：

$$I_2R_2-U_{s2}+I_6R_6+I_5R_5=0 \tag{4}$$

$$U_{s4}-I_4R_4-I_1R_1+U_{s1}-I_5R_5=0 \tag{5}$$

$$-U_{s3}+I_3R_3+I_4R_4-U_{s4}-I_6R_6=0 \tag{6}$$

以上 6 个方程代入数据，联立求解，可得到 I_1、I_2、I_3、I_4、I_5、I_6 的数据。

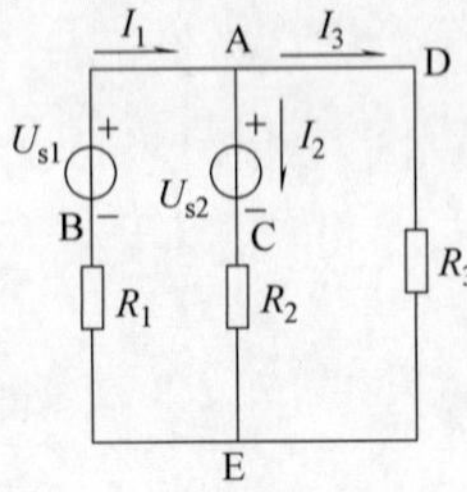

图 2-1-6　支路电流法举例

【例 2-1-5】　如图 2-1-6 所示，已知 $U_{s1}=15\text{V}$，$U_{s2}=30\text{V}$，$R_1=3\Omega$，$R_2=6\Omega$，$R_3=3\Omega$，试计算电路中各支路电流。

解：由题意可知：该电路共有 2 个节点，3 条支路，要求出 3 个未知电流，分别为 I_1、I_2、I_3，标出电流的参考方向，如图中所示：

由于有 2 个节点，最多只能列出 1 个电流方程如下：

$$I_1=I_2+I_3 \tag{1}$$

要求出 3 个未知数，还需补充 2 个回路方程，故选取任意 2 个回路，列出回路方程如下：

$$U_{s1}-I_3R_3-I_1R_1=0 \tag{2}$$

$$U_{s2}-I_3R_3+I_2R_2=0 \tag{3}$$

以上 3 个方程代入数据，联立求解，可得：

$$I_1=1\text{A}$$

$$I_2=-3\text{A}$$

$$I_3=4\text{A}$$

【考核评价】

教学内容	评价要点	评价标准	评价方式	考核方式	分数权重
用支路电流法分析复杂电路	定理理解	理解定理的含义	教师评价	答辩	0.2
	定理应用	能正确简答习题		习题	0.3
	电路连接	正确、规范、合理接线		操作	0.3
	仪表使用	正确、规范	小组评价	操作	0.1
	团队意识	主动交流、配合默契		口试	0.1

【自测题】

如下图所示电路，用支路电流法求各支路电流。已知：已知$U_{s1}=18V$，$U_{s2}=6V$，电源内阻不计。电阻$R_1=2\Omega$，$R_2=2\Omega$，$R_3=2\Omega$。

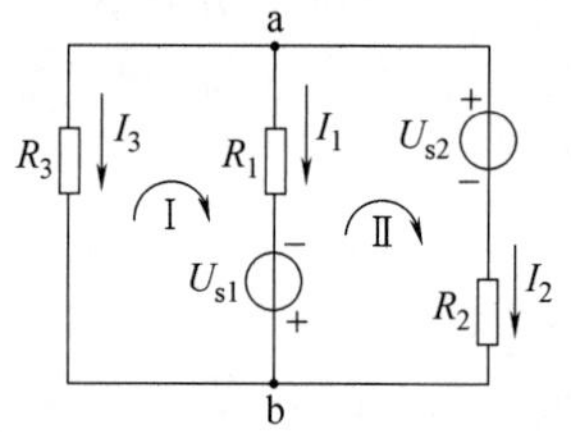

任务 2.1.3 用节点电压法分析复杂电路

【知识目标】

理解节点电压法求解复杂电路的思路。

【技能目标】

能用节点电压法求解复杂电路。

【任务描述】

理解节点电压法的内涵，用电压法求解复杂电路中的某一支路的电流。

【相关知识】

节点电压法以节点电压为未知数，列出 KCL 方程，求解出节点电压和电流。节点电压法一般用于节点少、支路多的电路。

解题步骤：

1）选择一个节点作为参考节点，其他各节点的电压为节点电压；

2）求出各个节点电压；

3）求出支路电流。

【任务实施】

【例 2-1-6】 已知图 2-1-6 中，$U_{s1}=15V$，$U_{s2}=30V$，$R_1=3\Omega$，$R_2=6\Omega$，$R_3=3\Omega$，试计算电路中各支路电流。

解： 设节点 B 为参考点，A 节点的电压为U_a，可得：

$$-I_1R_1+U_{s1}=U_a$$

$$I_2R_2+U_{s2}=U_a$$

$$I_3R_3=U_a$$

则：$I_1=(U_{s1}-U_a)/R_1$

$I_2=(U_a-U_{s2})/R_2$

$I_3=U_a/R_3$

又：
$$I_1=I_2+I_3$$

故：
$$(U_{s1}-U_a)/R_1=(U_a-U_{s2})/R_2+U_a/R_3$$
$$U_a=(R_2R_3U_{s1}+U_{s2}R_1R_3)/(R_1R_3+R_1R_2+R_2R_3)$$

代入数据可得：
$$U_a=12(\text{V})$$

由此可计算出：
$$I_1=(15-12)/3=1(\text{A})$$
$$I_2=(12-30)/6=-3(\text{A})$$
$$I_3=12/3=4(\text{A})$$

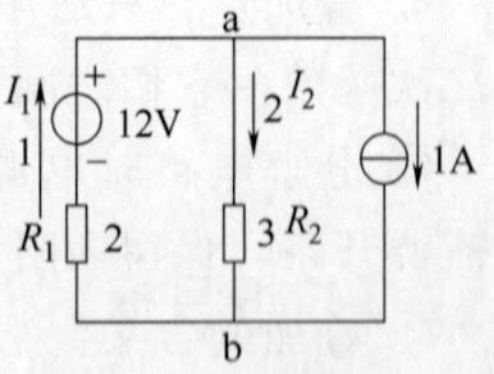

图 2-1-7 节点电压法解题举例

【例 2-1-7】 用节点电压法求图 2-1-7 中各支路的电流。

解：设节点 b 为参考点，a 节点的电压为 U_a，可得：

$$-I_1R_1+12=U_a \quad I_1=(12-U_a)/2=6-U_a/2$$
$$I_2R_2=U_a \quad I_2=U_a/3$$

故：
$$6-U_a/2=U_a/3+1$$
$$U_a/2+U_a/3=5 \qquad U_a=6\ (\text{V})$$

代入计算得：
$$I_1=3(\text{A})$$
$$I_2=2(\text{A})$$

【考核评价】

教学内容	评价要点	评价标准	评价方式	考核方式	分数权重
用节点电压法分析复杂电路	定理理解	理解定理的含义	教师评价	答辩	0.2
	定理应用	能正确简答习题		习题	0.3
	电路连接	正确、规范、合理接线		操作	0.3
	仪表使用	正确、规范	小组评价	操作	0.1
	团队意识	主动交流、配合默契		口试	0.1

任务 2.1.4 叠加原理的应用

【知识目标】

理解叠加原理求解复杂电路的思路。

【技能目标】

能用叠加原理求解复杂电路。

【任务描述】

理解叠加原理的内涵，用叠加原理求解复杂电路中的支路电流。

【相关知识】

(1) 叠加定理

1）叠加定理的内容。当线性电路中有多个电源共同作用时，任一支路的电流（或电压）等于各个电源单独作用时在该支路产生的电流（或电压）的代数和。

2）应用叠加定理时应注意的几个问题。

① 适用范围：只适用于线性电路。

② 叠加量：只适用于电路中的电压和电流，功率不能叠加。因为功率是电流和电压的二次函数，它们之间不存在线性关系。

③ 分解电路时电源的处理：分电路中，不作用的电源“零”处理，即电压源短路，电流源开路，保留内阻不变。

④ 叠加的含义：某一待求支路的电压、电流叠加合成时，应注意各个电源对该支路作用时的分量的正方向，当电路分量的正方向与原支路电压、电流的正方向相同时取正，反之取负。

⑤ 叠加定理用于含有受控源的电路：叠加定理中，所谓电源的单独作用只是对独立电源而言。所有的受控源都不可能单独存在，当某个独立电源单独作用时，只将其他的独立电源视为零值，而所有的受控源则必须全部保留在各自的支路中。

(2) 叠加定理应用

用叠加定理解题和分析电路的基本步骤如下：

1）分解电路：将多个独立源共同作用的电路分解成每一个（或几个）独立源作用的分电路，每一个分电路中，不作用的电源“零”处理，并将待求的电压、电流的正方向在原、分电路中标出；

2）单独求解每一分电路：分电路往往是比较简单的电路，有时可由电阻的连接及基本定律直接进行求解；

3）叠加：原电路中待求的电压、电流等于分电路中对应求出的量的代数和。

【任务实施】

【例 2-1-8】 如图 2-1-8 所示，应用叠加定理求通过各支路的电流及 U_a。已知：$U_{s1}=3V$，$I_s=1A$，$R_1=R_2=1\Omega$。

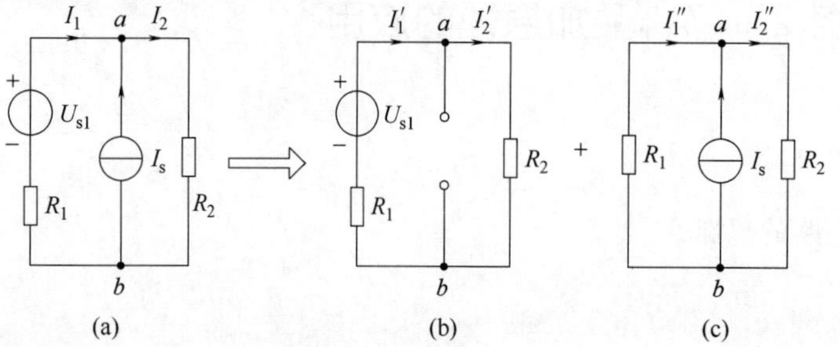

图 2-1-8 ［例 2-1-8］图

解：

(1) 将图 (a) 分解为图 (b) 和图 (c) 两个分电路，各支路电流参考方向如图中示。

（2）求分电路作用结果。

图（b）作用结果

$$I_1' = I_2' = \frac{U_{s1}}{R_1 + R_2} = \frac{3}{2} = 1.5(\text{A})$$

$$U_{ab}' = I_2' R_2 = 1.5 \times 1 = 1.5(\text{V})$$

图（c）作用结果

$$I_1'' = \frac{R_2}{R_1 + R_2} \cdot I_s = -\frac{1}{1+1} \times 1 = -0.5(\text{A})$$

$$I_2'' = \frac{R_1}{R_1 + R_2} \cdot I_s = \frac{1}{1+1} \times 1 = 0.5(\text{A})$$

$$U_{ab}'' = I_2'' \cdot R_2 = 0.5 \times 1 = 0.5(\text{V})$$

（3）叠加

$$I_1 = I_1' + I_1'' = (1.5 - 0.5) = 1(\text{A})$$

$$I_2 = I_2' + I_2'' = (1.5 + 0.5) = 2(\text{A})$$

$$U_{ab} = U_{ab}' + U_{ab}'' = (1.5 + 0.5) = 2(\text{V})$$

【考核评价】

教学内容	评价要点	评价标准	评价方式	考核方式	分数权重
叠加原理的应用	定理理解	理解定理的含义	教师评价	答辩	0.2
	定理应用	能正确简答习题		习题	0.3
	电路连接	正确、规范、合理接线		操作	0.3
	仪表使用	正确、规范	小组评价	操作	0.1
	团队意识	主动交流、配合默契		口试	0.1

任务 2.1.5　戴维南定理的应用

【知识目标】

理解戴维南定理的内容和解题思路。

【技能目标】

能用戴维南定理求解复杂电路；能验证戴维南定理。

【任务描述】

理解戴维南定理的内涵，用戴维南定理进行求解复杂电路中的某一支路的电流；完成戴维南定理验证和调试。

【相关知识】

实际中，有时只需要计算复杂电路中某一支路的电流，如果用前述方法计算，必然要计算出一些不必要的支路电流来，计算就显得麻烦。本任务是让学生理解戴维南定理的内涵，用戴维南定理进行求解复杂电路中的某一支路的电流；完成戴维南定理验证和调试，并介绍节点电压法求解电路电流。

如果只需要计算复杂电路中某一条支路的电压或电流时，就可以将这条支路划出，而把其余部分看作一个有源二端网络。所谓有源二端网络，就是具有两个出线端的电路，其中含有电源。该有源二端网络对所要计算的这条支路而言，相当于一个电源。

既然一个有源二端网络就相当于一个电源，而一个电源又可以用两种电源模型去表示。因此，可以将一个有源二端网络等效为一个电压源；由此就得出了戴维南定理。

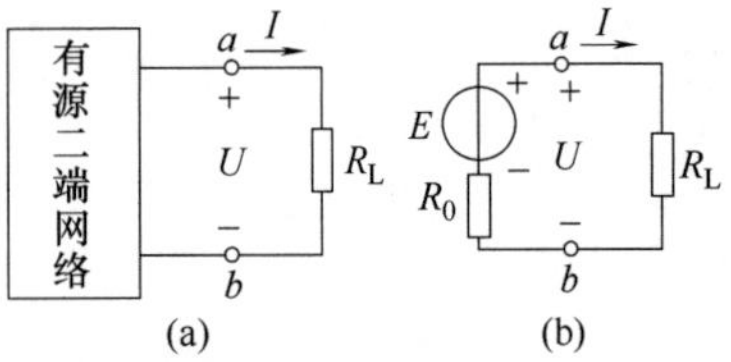

图 2-1-9　等效电源

任何一个有源二端线性网络，如图 2-1-9（a）所示，都可以用一个电动势为 E 的理想电压源和内阻 R_0 串联的电源来等效代替，如图 2-1-9（b）所示，等效电源的电动势 E 就是有源二端网络的开路电压 U_0，即将负载断开后 a、b 两端之间的电压。等效电源的内阻 R_0 等于有源二端网络中所有电源均除去（将各个理想电压源短路，即其电动势为零，将各个理想电流源开路，即其电流为零）后所得到的无源网络 a、b 两端之间的等效电阻。这就是戴维南定理。

图 2-1-9（b）的等效电路是一个最简单的电路，其中电流可由下式计算。

$$I=\frac{E}{R_0+R_L} \tag{2-1-4}$$

等效电源的电动势和内阻可经过实验或计算得出。

【例 2-1-9】 用戴维南定理计算图 2-1-10（a）中的支路电流 I_3。

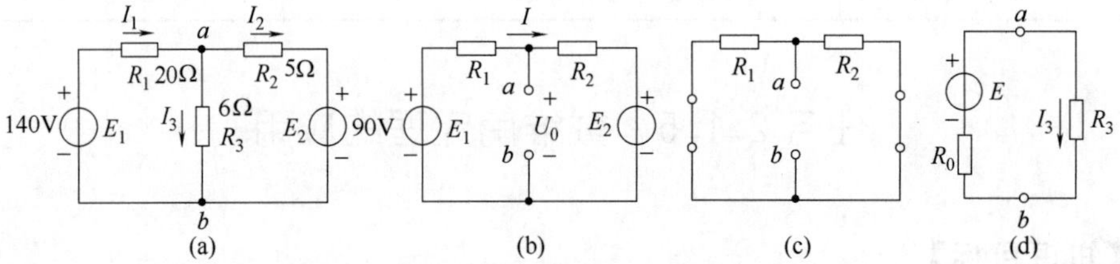

图 2-1-10　［例 2-1-9］图

解：（1）等效电源的电动势 E 可由图 2-1-10（b）求得

$$I=\frac{E_1-E_2}{R_1+R_2}=\frac{140-90}{20+5}=2(\text{A})$$

于是　　$E=U_0=E_1-R_1I=140-20\times2=100\ (\text{V})$

或　　$E=U_0=E_2+R_2I=90+5\times2=100\ (\text{V})$

（2）等效电源的内阻 R_0 可由图 2-1-10（c）求得

因此　　$R_0=\frac{R_1R_2}{R_1+R_2}=\frac{20\times5}{20+5}=4(\Omega)$

（3）对 a 和 b 两端讲，R_1 和 R_2 是并联的，由图 2-1-10（a）可等效于图 2-1-10（d）。

所以　　$I_3=\frac{E}{R_0+R_3}=\frac{100}{4+6}=10\ (\text{A})$

【例 2-1-10】 电路如图 2-1-11（a）所示，$R=2.5\text{k}\Omega$，试用戴维南定理求电阻 R 中的电流 I。

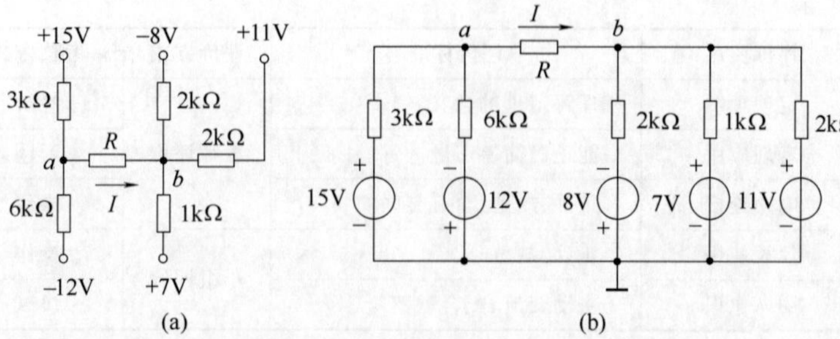

图 2-1-11　［例 2-1-10］图

解：图 2-1-11（a）的电路可等效为图 2-1-11（b）的电路。

将 a、b 间开路，求等效电源的电动势 E，即开路电压 U_{ab0}。应用节点电压法求 a、b 间开路时 a 和 b 两点的电位，即

$$V_a=\frac{\dfrac{15}{3\times10^3}-\dfrac{12}{6\times10^3}}{\dfrac{1}{3\times10^3}+\dfrac{1}{6\times10^3}}=6(\text{V})$$

$$V_b=\frac{-\dfrac{8}{2\times10^3}+\dfrac{7}{1\times10^3}+\dfrac{11}{2\times10^3}}{\dfrac{1}{2\times10^3}+\dfrac{1}{1\times10^3}+\dfrac{1}{2\times10^3}}=4.25(\text{V})$$

$$E=U_{ab0}=V_a-V_b=6-4.25=1.75(\text{V})$$

将 a、b 间开路，求等效电源的内阻 R_0

$$R_0=3\text{k}\Omega//6\text{k}\Omega+2\text{k}\Omega//1\text{k}\Omega//2\text{k}\Omega=2.5(\text{k}\Omega)$$

求电阻 R 中的电流 I

$$I=\frac{E}{R+R_0}=\frac{1.75}{(2.5+2.5)\times10^3}=0.35\times10^{-3}=0.35(\text{mA})$$

诺顿定理是将一个有源二端网络等效为电流源的定理。对于此定理，本书不作详细介绍。如果需要将一个有源二端网络等效为一个电流源，可先应用戴维南定理将其等效为电压源，然后应用电源的等效变换方法，将电压源变换为电流源即可。

【任务实施】

(1) 戴维南定理的验证

图 2-1-12 的有源二端网络，用实验的方法进行验证。

(2) 设备、器材准备

电压表，电流表，可调直流电源（2 个），电阻，导线若干。

(3) 接线与调试

① 照图连接电路；

② 对二端网络进行测试；

③ 对等效后的电压源进行测试；

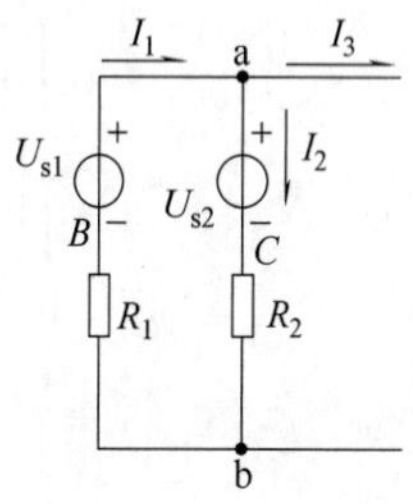

图 2-1-12　有源二端网络

④ 对照戴维南定理，写出验证结果。

【实操评价】

教学内容	评价要点	评价标准	评价方式	考核方式	分数权重
戴维南定理的应用	定理理解	理解定理的含义	教师评价	答辩	0.2
	定理应用	能正确简答习题		习题	0.3
	电路连接	正确、规范、合理接线		操作	0.3
	仪表使用	正确、规范	小组评价	操作	0.1
	团队意识	主动交流、配合默契		口试	0.1

【自测题】

1. 如图 2-1-13 所示电路，用支路电流法求各支路电流。已知：$U_{s1}=5\text{V}$，$U_{s2}=10\text{V}$，电源内阻不计。电阻 $R_1=5\Omega$，$R_2=10\Omega$，$R_3=5\Omega$。

2. 如图 2-1-14 所示电路，用支路电流法求各支路电流。已知：$U_s=18\text{V}$，$I_s=6\text{A}$，电源内阻不计。电阻 $R_1=3\Omega$，$R_2=6\Omega$，$R_3=9\Omega$。

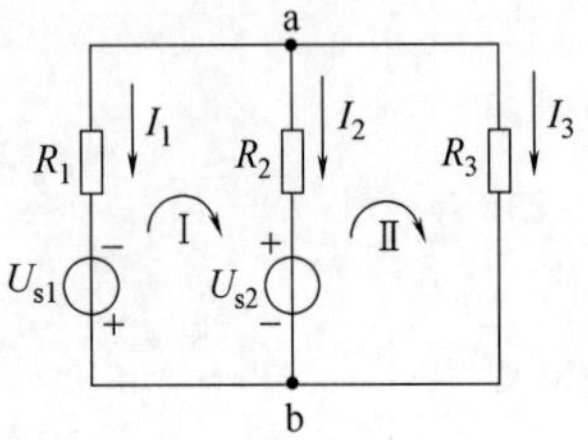

图 2-1-13　题 1 图

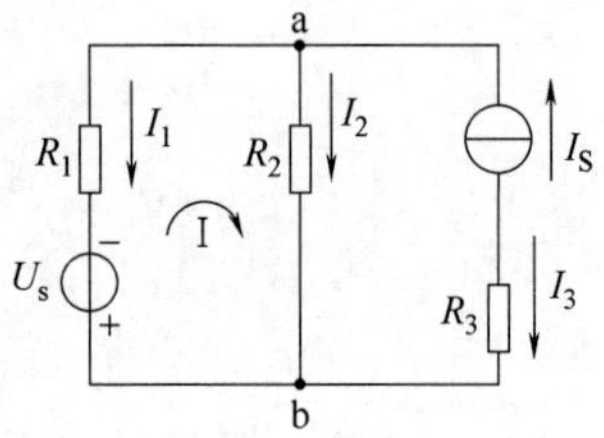

图 2-1-14　题 2 图

3. 如图 2-1-15 所示，$U_s=24\text{V}$，$I_s=2\text{A}$，$R_1=6\Omega$，$R_2=6\Omega$，$R_3=3\Omega$，$R_L=3\Omega$，求 R_L 上的电流 I。

4. 如图 2-1-16 所示，$U_{s1}=16\text{V}$，$U_{s2}=10\text{V}$，$I_s=2\text{A}$，$R_1=4\Omega$，$R_2=4\Omega$，$R_3=3\Omega$，$R_4=4\Omega$，$R_L=1\Omega$，求 R_L 的电流 I。

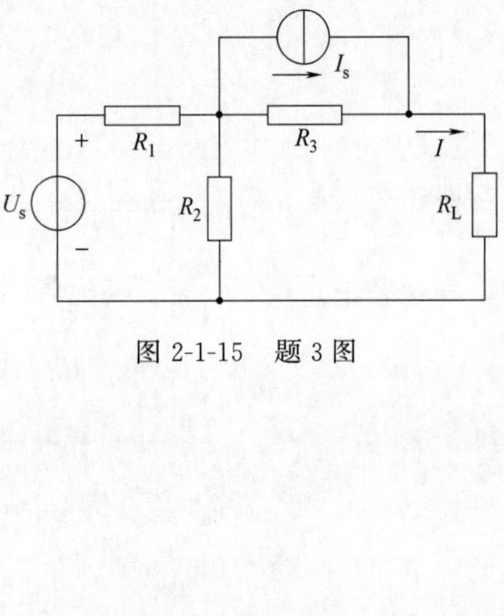

图 2-1-15　题 3 图

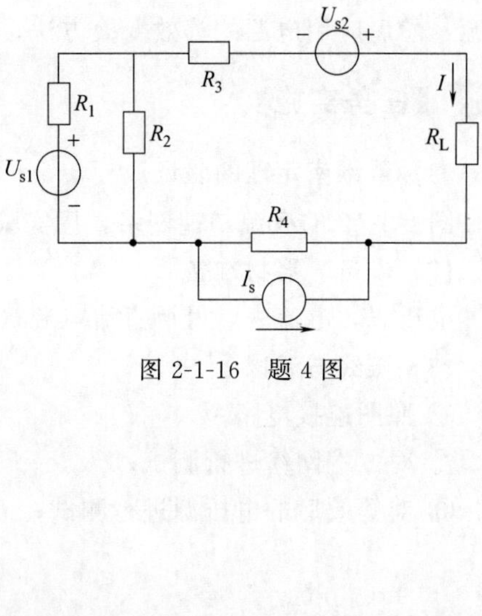

图 2-1-16　题 4 图

项目 2.2　R、L、C 串联电路分析

任务 2.2.1　复阻抗与复导纳

【知识目标】

了解复阻抗和复导纳概念及相互关系；知道复阻抗三角形中各参数之间关系。

【技能目标】

会分析计算电路阻抗。

【任务描述】

能根据阻抗模和阻抗角分析计算电阻和电抗；能根据电阻和电抗分析计算阻抗模和阻抗角。

【相关知识】

(1) 复阻抗

前面我们讨论了三种单一参数交流电路中电流与电压的相量关系式，若去掉电压的下标，则可写成：

$$R=\frac{\dot{U}_{R}}{\dot{I}}=\frac{\dot{U}}{\dot{I}}$$

$$j\omega L=\frac{\dot{U}_{L}}{\dot{I}}=\frac{\dot{U}}{\dot{I}}$$

$$-j\frac{1}{\omega C}=\frac{\dot{U}_{C}}{\dot{I}}=\frac{\dot{U}}{\dot{I}}$$

以上各式中等号左边的量都具有阻碍交流电流通过的作用，它们的单位都是 Ω。为了统一表示上述关系，我们引入一个复阻抗的概念，其定义如下：一段电路电压与电流在关联参考方向下，电压相量与电流相量之比称为该段电路的复阻抗，用 Z 表示，即：

$$Z=\frac{\dot{U}}{\dot{I}}$$

根据这个定义可知，对于不同的电路，复阻抗 Z 不同。例如，电阻元件的复阻抗 $Z=R$，电容元件的复阻抗 $Z=-j\frac{1}{\omega C}$，电感元件的复阻抗 $Z=j\omega L$。

需要说明的是，复阻抗是复数，但因复阻抗不是相量（它不是时间的函数，没有对应

的正弦量），故用不加点的大写字母 Z 表示。

从定义式知，复阻抗是一个复数，因此它可表示成下列形式：

$$Z=\frac{\dot{U}}{\dot{I}}=\frac{U}{I}\angle\psi_u-\psi_i=|Z|\angle\varphi \tag{2-2-1}$$

式中 $|Z|=U/I$ 称为阻抗模，单位是 Ω。φ 称为阻抗角，它是电压与电流之间的相位差。

复阻抗用代数形式表示时，可写成

$$Z=\frac{\dot{U}}{\dot{I}}=R+jX \tag{2-2-2}$$

阻抗的实部称为电阻，阻抗的虚部称为电抗，电抗 X 值可正可负。

由于

$$\dot{U}=Z\dot{I}=(R+jX)\dot{I}=R\dot{I}+jX\dot{I}=\dot{U}_R+\dot{U}_X$$

$$|Z|=\sqrt{R^2+(X_L-X_C)^2}$$

$$\varphi=\arctan\frac{X_L-X_C}{R}$$

由 $|Z|$、R、X 所组成的三角形称为阻抗三角形，如图 2-2-1 所示。

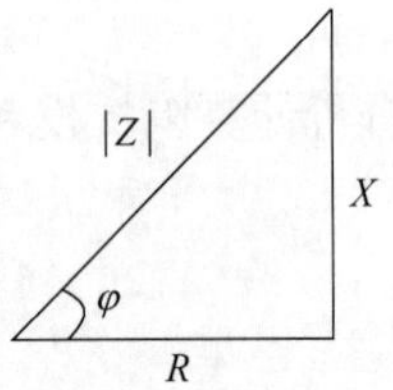

图 2-2-1 阻抗三角形

(2) 复导纳

在进行交流电路分析时，会遇到复阻抗相并联的电路。引入复导纳的概念，将会使并联电路的计算大为简化。

一段电路电压与电流在关联参考方向下，电流相量与电压相量之比称为该段电路的复导纳，用 Y 表示，即

$$Y=\frac{\dot{I}}{\dot{U}}=\frac{I}{U}\angle\psi_i-\psi_u=|Y|\angle\varphi' \tag{2-2-3}$$

式中 $|Y|=I/U$ 称为复导纳的模，单位为西门子（S）；$\psi=\psi_u-\psi_i$ 称为导纳角，它是电流和电压的相位差。

复导纳的代数形式为

$$Y=\frac{\dot{I}}{\dot{U}}=G+jB \tag{2-2-4}$$

其中 G 为复导纳的实部称为电导，B 为复导纳的虚部称为电纳。与复阻抗一样，对于不同的电路，复导纳是不同的。如电阻元件的复导纳为 G，电感元件的复导纳为 $1/j\omega L$，电容元件的复导纳为 $j\omega C$。复导纳也是复数，因此，它也有下列关系

$$|Y|=\sqrt{G^2+R^2}$$

$$\varphi'=\arctan\frac{B}{G}$$

(3) 复阻抗与复导纳的等效变换

由无源二端网络的复阻抗和复导纳的定义可知，对同一电路而言，Z 与 Y 互为倒数，即：$ZY=1$ 或 $(R+jX)(G+jB)=1$

1) 将复阻抗等效为复导纳。

已知 $Z=R+jX$，则

$$Y=G+jB=\frac{1}{Z}=\frac{1}{R+jX}=\frac{R-jX}{R^2+X^2}=\frac{R}{R^2+X^2}-\frac{jX}{R^2+X^2}$$

故：

$$G=\frac{R}{R^2+X^2}$$

$$B=-\frac{X}{R^2+X^2}$$

2）将复导纳等效为复阻抗。

已知：$Y=G+jB$，则：

$$Z=R+jX=\frac{1}{Y}=\frac{1}{G+jB}=\frac{G-jB}{G^2+B^2}=\frac{G}{G^2+B^2}-\frac{jB}{G^2+B^2}$$

$$R=\frac{G}{G^2+B^2}$$

$$X=-\frac{B}{G^2+B^2}$$

通过上述分析过程可知，在一般情况下，$G\neq 1/R$，$B\neq 1/X$，且在变换过程中，B 和 X 总是异号的。

【任务实施】

根据阻抗三角形边角关系，分析计算四个量的关系。

	已知		计算		
数据 1	阻抗模 $\|Z\|$		阻抗 R		
	阻抗角 φ		电抗 X		
数据 2	阻抗模 $\|Z\|$		阻抗 R		
	阻抗角 φ		电抗 X		
数据 3	阻抗 R		阻抗模 $\|Z\|$		
	电抗 X		阻抗角 φ		
数据 4	阻抗 R		阻抗模 $\|Z\|$		
	电抗 X		阻抗角 φ		

【考核评价】

教学内容	评价要点	评价标准	评价方式	考核方式	分数权重
复阻抗与复导纳	会分析阻抗三角形	合理	教师评价	答辩	0.2
	能正确分析计算	正确、规范、合理		答辩	0.3
	分析方法与计算结果正确	方法和结果正确		答辩	0.3
	作业态度	积极主动，认真	小组评价	口试	0.1
	团队意识	主动交流、配合默契		口试	0.1

【自测题】

已知加在电路上的端电压 V 为 $u=311\sin(\omega t+60°)$，通过电路中的电流为 $\dot{I}=10-30°\text{A}$，求 $|Z|$、阻抗角 φ 和导纳角 φ'。

任务 2.2.2 RLC 串联电路分析与计算

【知识目标】

能计算串联电路中的阻抗、阻抗角，能分析电流和电压的相位关系，能判定电路的性质。

【技能目标】

能分析电路原理，正确接线；能安全规范运行，能进行参数测量和分析。

【任务描述】

通过对多参数元件组成电路的装调运行，熟悉 R、L、C 正弦交流电路的分析和计算方法。

【相关知识】

(1) 电压与电流的关系

如图 2-2-2 所示为 R、L、C 组成的串联电路模型。

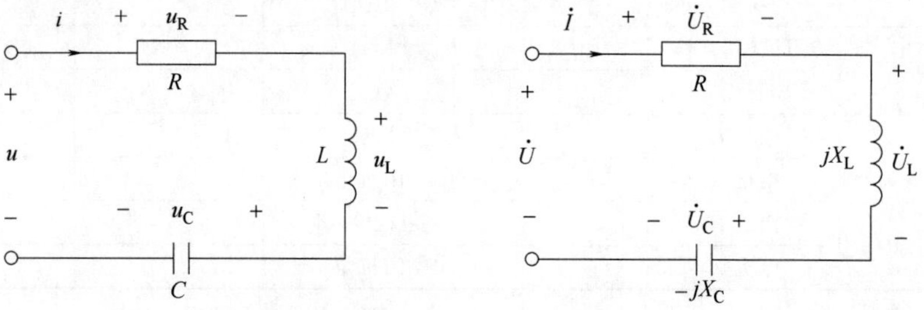

图 2-2-2 RLC 串联电路

串联电路的特点是流过各元件的电流为同一电流，串联电路总电压等于各部分电压之和。设：

$$\dot{I}=I\angle 0°$$

则：

$$\dot{U}_R=R\dot{I}_R \quad \dot{U}_L=jX_L\dot{I}_L \quad \dot{U}_C=-jX_C\dot{I}_C$$

由 KVL 得：

$$\begin{aligned}\dot{U}&=\dot{U}_R+\dot{U}_L+\dot{U}_C=R\dot{I}_R+jX_L\dot{I}_L-jX_C\dot{I}_C\\&=R\dot{I}+j(X_L-X_C)\dot{I}\\&=(R+jX)\dot{I}\\&=Z\dot{I}\end{aligned} \tag{2-2-5}$$

上式说明通过阻抗 Z 的电流与外加电压成正比，与复阻抗成反比。式中 $Z=R+jX$，

$X=X_L-X_C$，且：

$$|Z|=\sqrt{R^2+(X_L-X_C)^2} \tag{2-2-6}$$

$$\varphi=\arctan\frac{X_L-X_C}{R} \tag{2-2-7}$$

上述电压与电流的关系还可以通过相量图来表示，如图 2-2-3 所示。

(2) RLC 串联电路的性质

根据阻抗角可以判断电路有以下三种不同的性质：

1）当 $X_L>X_C$ 时，$\varphi>0$，电路中电流滞后于电压 φ 角，这时电路呈电感性质，相量关系如图 2-2-3（a）所示。

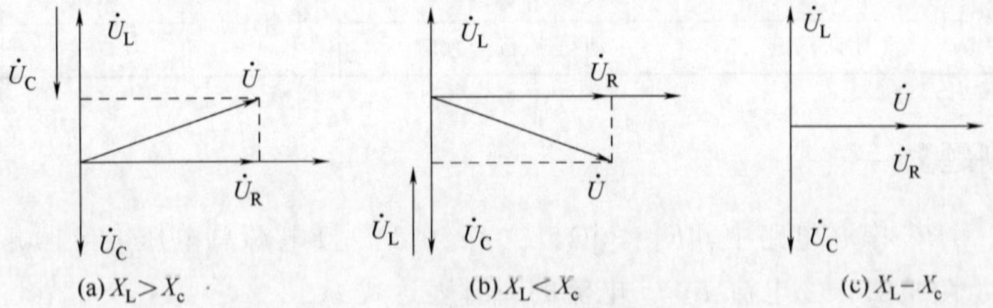

图 2-2-3　RLC 串联电路的性质

2）当 $X_L<X_c$ 时，$\varphi<0$，电路中电压滞后于电流 φ 角，这时电路呈电容性质，相量关系如图 2-2-3（b）所示。

3）当 $X_L=X_c$ 时，$\varphi=0$，电路中电流与电压同相，电路呈电阻性质，为串联谐振状态，相量关系如图 2-2-3（c）所示。

【任务实施】

电路分析：在 RLC 串联电路中，已知电路端电压 $U=220\text{V}$，电源频率为 50Hz，电阻 30Ω，电感 $L=445\text{mH}$，电容 $C=32\mu\text{F}$。求：（1）电路中的电流有效值；（2）端电压和电流之间的相位差；（3）电阻、电感和电容两端的电压。

解：（1）先计算感抗、容抗和阻抗

$$X_L=2\pi fL=2\times3.14\times50\times0.445\approx140(\Omega)$$

$$X_C=\frac{1}{2\pi fC}=\frac{1}{2\times3.14\times50\times32\times10^{-6}}\approx100(\Omega)$$

$$|Z|=\sqrt{R^2+(X_L-X_C)^2}=\sqrt{30^2+(140-100)^2}=50(\Omega)$$

所以：

$$I=\frac{U}{|Z|}=\frac{220}{50}=4.4(\text{A})$$

（2）端电压和电流之间的相位差是

$$\varphi=\arctan\left(\frac{X_L-X_C}{R}\right)=\arctan\left(\frac{140-100}{30}\right)\approx53.1^\circ$$

因为 $X_L>X_C$，所以 $\varphi>0$，电路呈电感性。

（3）电阻、电感和电容两端的电压分别是

$$U_R=RI=30\times4.4=132(\text{V})$$

$$U_L = X_L I = 140 \times 4.4 = 616(\text{V})$$
$$U_C = X_C I = 100 \times 4.4 = 440(\text{V})$$

【考核评价】

教学内容	评价要点	评价标准	评价方式	考核方式	分数权重
RLC 串联电路	会分析阻抗三角形	合理	教师评价	答辩	0.2
	能正确分析计算 *RLC* 串联电路中参数	正确、规范、合理		答辩	0.3
	会判断电路性质	判断合理		答辩	0.3
	作业态度	积极主动，认真	小组评价	口试	0.1
	团队意识	主动交流、配合默契		口试	0.1

【自测题】

1. 已知一 *RC* 串联电路中，$R=30\Omega$，$C=250\text{uF}$，接电源总电压 $u=100\sin(100t+30°)$ V，求①阻抗 Z；②电流 I；③电流的瞬时表达式 i。

2. 已知一 *LC* 串联电路中，$L=0.3\text{H}$，$C=250\text{uF}$，接电源总电压 $u=100\sin(100t+60)$ V，求①阻抗 Z；②电流 I；③电流的瞬时表达式 i。

3. 已知一 *RLC* 串联电路，$R=3\Omega$，$L=0.01\text{H}$，$C=2000\text{uF}$，接电源总电压 $u=100\sin(100t+30)$ V，求①阻抗 Z；②电流 I；③电流的瞬时表达式 i。

任务 2.2.3 交流电路中的功率及功率因素

【知识目标】

知道交流电路中的几种功率；知道提高功率因数的方法。

【技能目标】

能提高感性负载功率因数。

【任务描述】

通过学习，知道电路中几种功率的关系及提高功率因素的方法。

【相关知识】

(1) 交流电路的功率

1）瞬时功率。

设任意一个无源二端网络的电压、电流参考方向一致。在正弦交流电路中，u、i 分别为：

$$u=\sqrt{2}U\sin(\omega t+\varphi)$$

$$i=\sqrt{2}I\sin\omega t$$

式中 φ 是电压超前于电流的相位角。此处设网络是感性负载，所以电流滞后于电压，其瞬时功率为：

$$\begin{aligned}p&=ui=\sqrt{2}U\sin(\omega t+\varphi)\times\sqrt{2}I\sin\omega t\\&=UI\cos\varphi-UI\cos(2\omega t+\varphi)\end{aligned}$$

2）有功功率和功率因数。

有功功率（即平均功率）的定义为瞬时功率在一个周期内的平均值，用 P 表示，即：

$$\begin{aligned}P&=\frac{1}{T}\int_0^T p\,\mathrm{d}t\\&=\frac{1}{T}\int_0^T[UI\cos\varphi-UI\cos(2\omega t+\varphi)]\mathrm{d}t\\&=UI\cos\varphi\end{aligned}\tag{2-2-8}$$

式中表明，有功功率不仅与电压和电流的有效值有关，而且与它们之间的相位差 φ 的余弦有关。我们把 $\cos\varphi$ 称为网络的功率因数，φ 称为功率因数角。功率因数的大小，由电路的参数、结构及电源频率决定。

不难证明，电感元件、电容元件的有功功率均为零，电阻元件的有功功率为 $P=UI$。可见，只有耗能元件才有有功功率，而储能元件有功功率为零。对有功功率而言，无论阻抗角 φ 是正还是负，有功功率 P 总是大于零的，因而电路的总有功功率应等于各支路或各电阻元件有功功率的和。

3）无功功率。

通过单一参数交流电路的分析可知，当电流与电压相位相同时，电路为纯电阻电路，只消耗有功功率，没有无功功率，这时电路中的电流是用来传递有功功率的；当电流与电压相位差为 90°时，电路为纯电容或纯电感电路，不消耗有功功率，只有无功功率，这时电路中的电流是用来传递无功功率的。

瞬时功率的表达式还可以写成另一种表达形式为

$$p=UI\cos\varphi(1-\cos2\omega t)+UI\sin\varphi\sin2\omega t$$

式中，第一项在一个周期内的平均值为有功功率；第二项是以最大值为 $UI\sin\varphi$，频率为 2ω，按正弦规律变化的量，它在一个周期内的平均值为零，它反映了网络与外部能量交换的情况，将该项的最大值定义为网络的无功功率，即：

$$Q=UI\sin\varphi$$

无功功率则有电容性和电感性之分。在电容性电路中，由于阻抗角为负值，故 $Q<0$，表明二端网络和电源之间的能量交换过程中，起主要作用的是电容；在电感性电路中，由于阻抗角为正值，所以 $Q>0$，表明二端网络和电源之间的能量交换过程中，起主要作用的是电感。当电路中同时有电容和电感存在时，电路的总无功功率应为两者无功功率的代数和，即：

$$Q=Q_L+Q_C\tag{2-2-9}$$

式中，Q_L 为正值，Q_C 为负值。Q 为代数量，可正可负。

4）视在功率。

二端网络两端电压有效值和电流有效值的乘积称为视在功率，用 S 表示，即

$$S=UI\tag{2-2-10}$$

为了与有功功率和无功功率相区别，把视在功率的单位用伏安（VA）或千伏安（kVA）表示。视在功率表明电源设备允许提供的最大有功功率，也称为电源的容量。一般交流电源设备的铭牌上都标出它的输出电压和输出电流的额定值。这就是说，电源的视在功率是给定的。

(2) 功率因数

在电力系统中，发电厂在发出有功功率的同时也输出无功功率。二者在总功率中各占多少不是取决于发电机，而是由负载的功率因数决定的。负载功率因数的大小是由负载的性质决定的。例如白炽灯、电炉等电阻性负载的功率因数 $\cos\varphi=1$，而日常生活中大量使用的异步电动机、日光灯、供电系统的负载大都属于电感性负载，因此功率因数 $\cos\varphi<1$，功率因数太低，会对供电系统产生不良影响。

(3) 提高功率因数的意义

1）降低了供电设备的利用率。

容量 S 一定的供电设备能够输出的有功功率为 $P=S\cos\varphi$。$\cos\varphi$ 越低，P 越小，电源设备越得不到充分的利用。

2）增加了供电设备和输电线路的功率损耗。

负载从电源取用的电流为 $I=P/U\cos\varphi$，在 P、U 一定的情况下，$\cos\varphi$ 越低，电流 I 就越大，电流流过输电导线，在输电线路上引起的功率损耗越大，就意味着输电线路传输电能的效率越低。

综上所述，为了提高发电、供电设备的利用率，减少输电线路上的能量损耗，应提高电路的功率因数。

(4) 提高功率因数的方法

提高功率因数的方法很多，由于生产实际中大多数负载都是感性的，所以往往采用在负载两端并联合适的电容器补偿的方法来提高电路的功率因数。

用并联电容器（或容性设备）来提高电路的功率因数，一般只是将功率因数补偿到 0.9 左右，而不是要求更高，因为当功率因数补偿到接近 1 时，所需的设备投资很大，反而就不经济了。

【任务实施】

一台功率为 1.1kW 的感应电动机，接在 220V、50Hz 的电路中，电动机需要的电流为 10A，求：(1) 电动机的功率因数；(2) 若在电动机两端并联一个 79.5μF 的电容器，电路的功率因数为多少？

解：(1) 功率因数：

$$\cos\varphi=\frac{P}{UI}=\frac{1.1\times1000}{220\times10}=0.5$$

(2) 并联电容后，电动机中的电流不变，如图 2-2-4（a）所示，这时干路中的电流为：

$$\dot{I}=\dot{I}_1+\dot{I}_C$$

由图 2-2-4（b）相量图得：

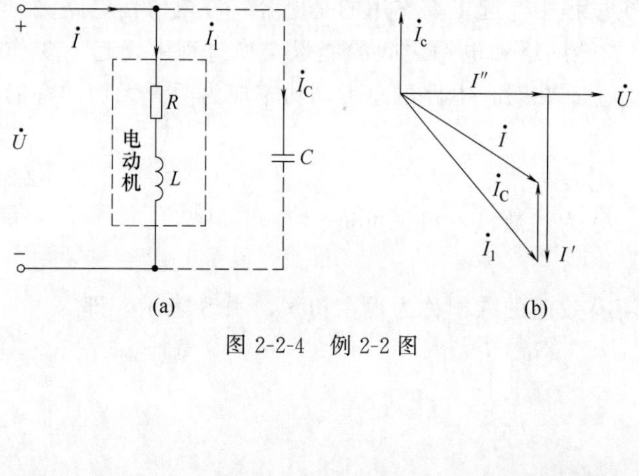

图 2-2-4　例 2-2 图

$$I_C=\frac{U}{X_C}=\omega CU=314\times79.5\times10^{-6}=5.5(\text{A})$$

$$I'=I\sin60°=10\sin60°=8.66(\text{A})$$

$$I''=I\cos60°=10\cos60°=5(\text{A})$$

$$\varphi'=\text{arctg}\frac{I'-I_C}{I''}=\text{arctg}\frac{8.66-5.5}{5}=32.3°$$

$$\cos\varphi'=\cos32.3°=0.844$$

【考核评价】

教学内容	评价要点	评价标准	评价方式	考核方式	分数权重
功率因素	功能因素提出	合理	教师评价	答辩	0.2
	提高功率因素的意义	正确、规范、合理		答辩	0.3
	提高功率因素的方法	判断合理，并能正确运用谐振		答辩	0.3
	作业态度	积极主动，认真	小组评价	口试	0.1
	团队意识	主动交流、配合默契		口试	0.1

【自测题】

简述提高功率因素的意义及方法。

任务 2.2.4　RLC 电路谐振

【知识目标】

知道谐振的概念及发生条件；知道谐振电路特征及谐振频率。

【技能目标】

会分析谐振现象。

【任务描述】

根据谐振特点，会分析和应用谐振现象。

【相关知识】

在一般情况下，电路中的电流和电压间都有一个相位差，也就是电流与电压相位不同。这一节我们分析交流电路的一种特殊现象，即谐振现象。我们把在既有电容又有电感的电路中，当满足一定条件时，电路总电压与总电流的相位相同，整个电路呈电阻性的现象称为谐振。

谐振一方面在工业生产中有着广泛的应用，例如，用于高频淬火、高频加热以及收音机、电视机中；另一方面，谐振时会在电路的某些元件中产生较大的电压或电流，致使元件受损，在这种情况下又要注意避免工作在谐振状态。

由于谐振电路的基本模型有串联和并联两种。因此，谐振也分为串联谐振和并联谐振两种。

(1) 串联谐振

在 R、L、C 串联电路中，其等效复阻抗为：

$$Z=R+j(X_L-jX_C)$$

阻抗角（即电压与电流的相位差）为：

$$\varphi=\arctan\frac{X_L-X_C}{R}$$

1）谐振条件。

根据谐振的定义，$\varphi=0$ 时，电路产生谐振，因而产生串联谐振的条件是：

$$X_L-X_C=0\text{或 }X_L=X_C$$

即：

$$\omega L=\frac{1}{\omega C}$$

可见，改变 ω、L 或 C 可以使电路发生谐振或消除谐振。

当电路参数一定时，改变电源的频率可使电路发生谐振，此时的角频率称为谐振角频率，用 ω_0 表示，即：

$$\omega_0=\frac{1}{\sqrt{LC}}$$

相应的谐振频率为：

$$f_0=\frac{1}{2\pi\sqrt{LC}} \tag{2-2-11}$$

显然，当电路参数 L 和 C 为一定值时，电路产生的谐振频率就为一定值，与电阻 R 无关。所以，它反映了电路的一种固有性质，因此又称 f_0 为谐振电路的固有频率，ω_0 为谐振电路的固有角频率。

2）串联谐振时电路的特征。

谐振时，因为 $X_L-X_C=0$，阻抗 $Z=R$ 最小，且呈电阻性；谐振时，在一定的电源电压作用下，电路中的电流达到最大值；谐振时电感与电容两端的电压大小相等，相位相反，电阻上的电压等于电源电压；总无功功率等于零。

串联谐振时，由于 $X_L=X_C$，电感元件的瞬时功率和电容元件的瞬时功率数值相等，符号相反，所以电路总的无功功率为零，即电感的无功功率和电容的无功功率互相交换，互相补偿，这时电源不向电路提供无功功率，因此，电路只向电源吸取有功功率，并通过电阻转换成热能消耗掉。

(2) 并联谐振

1）谐振条件。

产生并联谐振的条件是复导纳的虚部为零，即：

$$\omega C=\frac{1}{\omega L}$$

即：

$$\omega_0=\frac{1}{\sqrt{LC}} \tag{2-2-12}$$

2）并联谐振时电路的特征。

谐振时，电路的总阻抗 Z 最大，且为电阻性；当电源电压一定时，谐振时电路的总电流最小，且与端电压同相位；谐振时，电感支路和电容支路的电流远大于端口总电流，且大小近似相等、相位相反，均为总电流的 Q 倍。

Q 一般远大于 1，并联谐振时由于 L 和 C 支路的电流远大于总电流，因而并联谐振又称电流谐振。

在无线电工程和工业电子技术中，常用并联谐振时阻抗高的特点来选择信号或消除干扰。

【任务实施】

某收音机的输入回路可简化为一个线圈和可变电容器相串联的电路。线圈参数为 $R=15\Omega$，$L=0.23\text{mH}$，可变电容器的变化范围为 42～360pF，求此电路的谐振频率范围。某接收信号电压为 10pV，频率为 1000kHz，求此时电路中的电流、电容电压及品质因数 Q_p。

解：根据谐振条件有

$$f_{01}=\frac{1}{2\pi\sqrt{0.23\times10^{-3}\times42\times10^{-12}}}\approx1620(\text{kHz})$$

$$f_{02}=\frac{1}{2\pi\sqrt{0.23\times10^{-3}\times360\times10^{-12}}}\approx553(\text{kHz})$$

即调频范围为 553～1620kHz。当接收信号为 1000kHz 时，电容的值应为：

$$C=\frac{1}{\omega_0^2L}=\frac{1}{(2\pi\times10^6)^2\times0.23\times10^{-3}}\approx110(\text{pF})$$

则电路中的电流为：

$$I_0=\frac{U}{R}=\frac{10\times10^{-6}}{15}\approx0.67(\mu\text{A})$$

电容电压为：

$$U_C=I_0X_C=0.67\times10^{-6}\times\frac{1}{2\pi\times10^6\times110\times10^{-12}}\approx0.97(\text{mV})$$

电路的品质因数为：

$$Q_P=\frac{U_C}{U}=\frac{0.97\times10^{-3}}{10\times10^{-6}}=97$$

【考核评价】

教学内容	评价要点	评价标准	评价方式	考核方式	分数权重
串联谐振	分析功能要求	正确、合理	教师评价	答辩	0.2
	根据已知要求进行分析计算	正确、规范、合理		答辩	0.3
	判断结果	判断合理，并能正确运用谐振		答辩	0.3
	作业态度	积极主动，认真	小组评价	口试	0.1
	团队意识	主动交流、配合默契		口试	0.1

【自测题】

1. 简述谐振的概念及产生条件。
2. 串联谐振的特点有哪些？

项目 2.3　低压配电电路的安装

任务 2.3.1　三相负载的星形与三角形连接

【知识目标】

理解三相对称负载和三相不对称负载的概念；掌握三相不对称负载中线的作用；掌握三相功率的计算方法；掌握三相电路的分析和计算方法。

【技能目标】

能学会三相电动机的星形和三角形接线；培养独立工作的能力和安全文明生产的习惯。

【任务描述】

熟悉三相负载星形连接时相电压、线电压的关系；能正确地把三相异步电动机连接成星形和三角形。

【相关知识】

(1) 三相正弦交流电的产生

电力系统中的三相交流电源是由三相交流发电机产生的。三相电路中最基本的组成部分是对称三相电源，图 2-3-1 为三相交流发电机的原理图，主要由定子和转子组成。定子内侧的槽中嵌有三个独立的绕组，结构、形状、参数均相同，三个绕组的空间位置是对称的。每个绕组的首端分别用 a、b、c 表示，末端依次用 x、y、z 表示。定子绕组示意图如图 2-3-2 所示。要求各绕组的首端之间或末端之间都彼此依次相隔 120°。

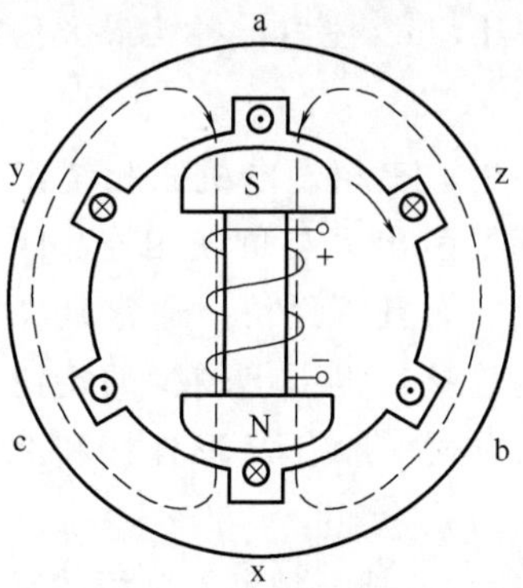

图 2-3-1　三相交流发电机原理图

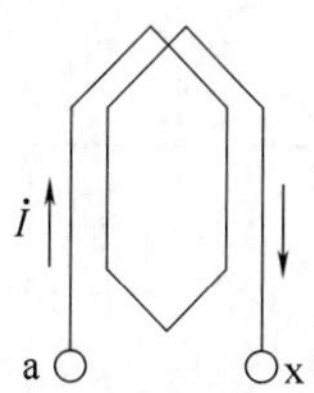

图 2-3-2　定子绕组示意图

转子是磁极，转子铁芯上绕有线圈，叫励磁绕组，用直流励磁。选择合适的极面形状和励磁绕组的分布情况，可使定子和转子间气隙中的磁感应强度按正弦规律分布。最大值在转子磁极的N和S处。

定子是不动的，转子在原动机带动下，以角速度 ω 按顺时针方向旋转，定子中的每相绕组依次切割磁力线，在各相绕组的首、末端钮间都产生正弦的感应电压，这些正弦感应电压由绕组中的感应电动势形成，并且它们的频率相同、幅值相同、相位彼此相差120°，相当于三个独立对称分布的正弦电压源，其数学表达式为：

$$\left.\begin{aligned} u_a &= U_m \sin\omega t = \sqrt{2}U_p \sin\omega t \\ u_b &= U_m \sin(\omega t - 120°) = \sqrt{2}U_p \sin(\omega t - 120°) \\ u_c &= U_m \sin(\omega t + 120°) = \sqrt{2}U_p \sin(\omega t + 120°) \end{aligned}\right\} \tag{2-3-1}$$

式中 U_m 为每相电压的幅值，U_p 为有效值。相应的相量为

$$\left.\begin{aligned} \dot{U}_a &= U_p\angle 0° \\ \dot{U}_b &= U_p\angle -120° \\ \dot{U}_c &- U_p\angle 120° \end{aligned}\right\} \tag{2-3-2}$$

其波形图和相量图分别如图2-3-3和图2-3-4所示。频率相同，幅值相同，彼此相位相差120°的一组电压称为对称三相电压。三相交流发电机产生的电压源都是对称三相电压。对称三相电压的一个重要特点是它们的瞬时值或相量之和等于零，即

$$\left.\begin{aligned} u_a(t) + u_b(t) + u_c(t) = 0 \\ \dot{U}_a + \dot{U}_b + \dot{U}_c = 0 \end{aligned}\right\} \tag{2-3-3}$$

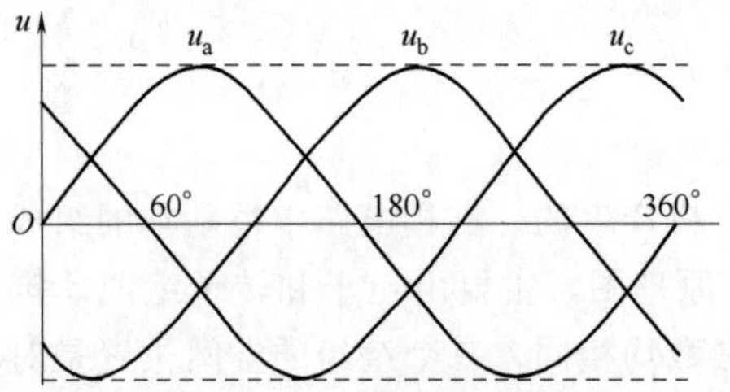

图 2-3-3 三相对称交流电压波形

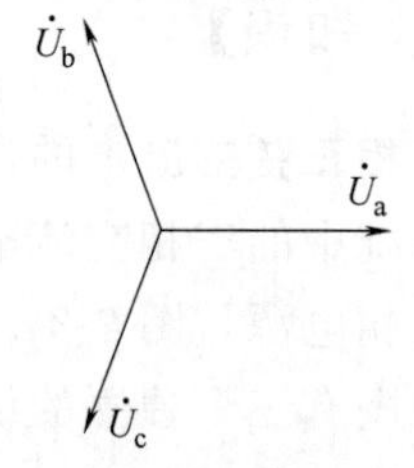

图 2-3-4 三相对称交流电压相量

这三个电压到达最大值的先后次序称为相序。由式（2-3-1）可以看出三相电压到达最大值的先后次序是 $U_a \to U_b \to U_c$，因此它们的相序是a，b，c。注意，各相最大值的出现是反复循环的，这里我们以a相为参考。

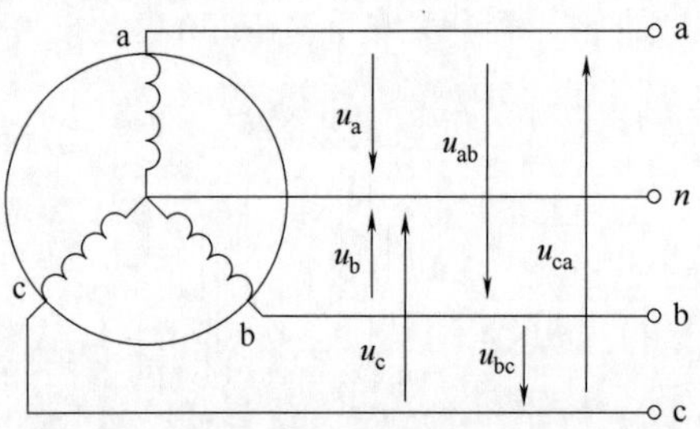

图 2-3-5 三相对称电源的星形接法

在实际应用中，三相发电机三相绕组的六个端钮并不是都要引出去与负载相连。因为这样不但结构复杂，而且不经济。通常是先在内部作某种方式的连接，再引出较少的端钮与负载相连，其连接方式一般有Y形连接和△形连接两种。

如图2-3-5所示，把三相定子绕组的末端连在一起，这一连接点称为中点或零点，对外形

成 a、b、c、n 四个端钮，这样的连接方式称为 Y 形连接，亦称星形连接。从中点引出的导线称为中线，俗称零线。从首端 a、b、c 引出的三根导线称为相线或端线，俗称火线。

在图 2-3-5 中，每相绕组的电压，亦即火线与零线间的电压，称为相电压，用 u_a、u_b、u_c 表示，其有效值用 U_a、U_b、U_c 表示，因大小相同，也可一般地用 U_p 表示。任意两首端间的电压，亦即两火线间的电压，称为线电压，用 u_{ab}、u_{bc}、u_{ca} 表示，其有效值用 U_{ab}、U_{bc}、U_{ca} 表示或一般地用 U_l 表示。各相电压的正方向，选定为由首端指向末端，线电压的正方向，例如 U_{ab}，是自 a 端指向 b 端，其余类推。

(2) 三相电源的连接

三相电源有星形（亦称 Y 形）接法和三角形（亦称△形）接法两种。

1）三相电源的星形连接。将三相发电机三相绕组的末端 U_2、V_2、W_2（相尾）连接在一点，始端 U_1、V_1、W_1（相头）分别与负载相连，这种连接方法叫作星形（Y 形）连接，如图 2-3-6 所示。

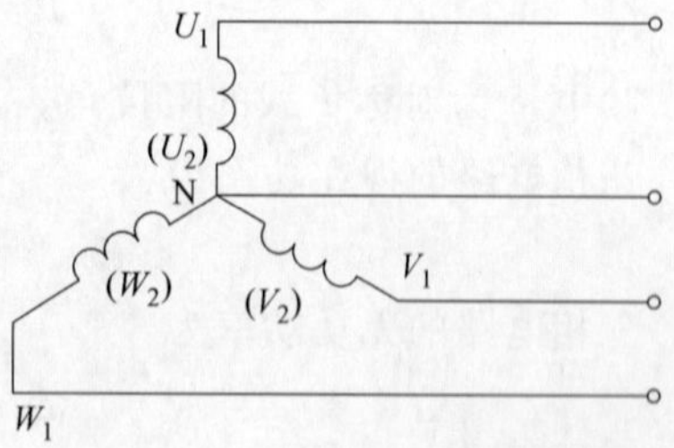

图 2-3-6　三相绕组的星形接法

根据上述火线、零线、相电压、线电压的定义，从三相电源三个相头 U_1、V_1、W_1 引出的三根导线就是火线，任意两个火线之间的电压就是线电压。Y 形公共联结点 N 叫作中点，从中点引出的导线是中线或零线。由三根相线和一根中线组成的输电方式叫作三相四线制（通常在低压配电中采用）。

每相绕组始端与末端之间的电压（即相线与中线之间的电压）为相电压，它们的瞬时值用 u_1、u_2、u_3 来表示，显然这三个相电压也是对称的。相电压大小（有效值）均为：

$$U_1 = U_2 = U_3 = U_P$$

任意两相始端之间的电压（即火线与火线之间的电压）是线电压，它们的瞬时值用 u_{12}、u_{23}、u_{31} 来表示。Y 形接法的相量图，如图 2-3-7 所示。

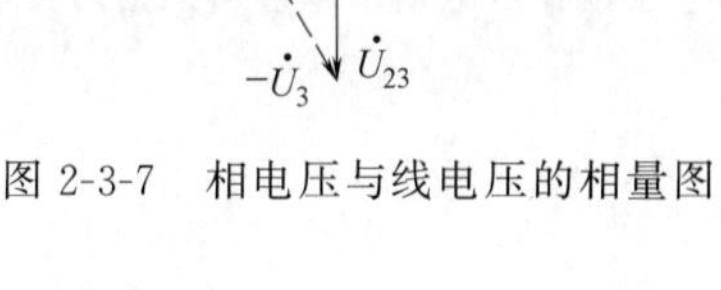

图 2-3-7　相电压与线电压的相量图

显然三个线电压也是对称的。大小（有效值）均为：

$$U_{12} = U_{23} = U_{31} = U_L = \sqrt{3}U_P$$

线电压比相应的相电压超前 30°，如线电压 u_{12} 比相电压 u_1 超前 30°，线电压 u_{23} 比相电压 u_2 超前 30°，线电压 u_{31} 比相电压 u_3 超前 30°。

2）三相电源的三角形连接。将三相发电机的第二绕组始端 V_1 与第一绕组的末端 U_2 相连、第三绕组始端 W_1 与第二绕组的末端 V_2 相连、第一绕组始端 U_1 与第三绕组的末端 W_2 相连，并从三个始端 U_1、V_1、W_1 引出三根导线分别与负载相连，这种连接方法叫作三角形（△形）连接，如图 2-3-8 所示。

显然这时线电压等于相电压，即：$U_L = U_P$。这种没有中线、只有三根相线的输电方式叫作三相三线制。

特别需要注意的是，在工业用电系统中如果只引出三根导线（三相三线制），那么就都是火线（没有中线），这时所说的三相电压大小均指线电压 U_L；而民用电源则需要引出

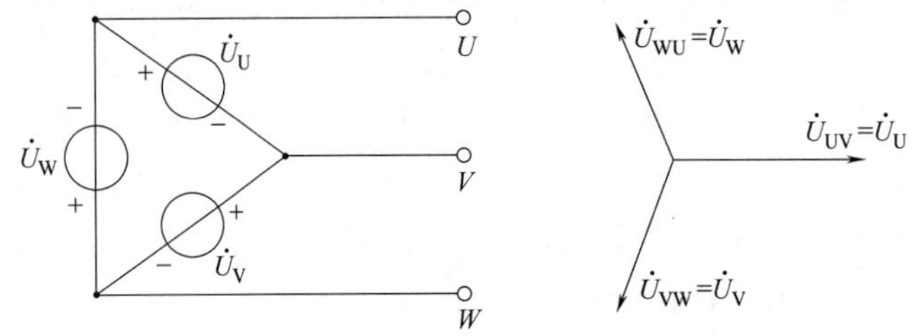

图 2-3-8 三相电源的三角形连接及电压相量图

中线，所说的电压大小均指相电压 U_P。

(3) 三相负载的功率

三相负载的有功功率等于各相功率之和，即：$P=P_1+P_2+P_3$。

在对称三相电路中，无论负载是星形连接还是三角形连接，由于各相负载相同、各相电压大小相等、各相电流也相等，所以三相功率为：

$$P=3U_P I_P\cos\varphi=\sqrt{3}U_L I_L\cos\varphi \tag{2-3-4}$$

其中 φ 为对称负载的阻抗角，也是负载相电压与相电流之间的相位差。

三相电路的视在功率为：

$$S=3U_P I_P=\sqrt{3}U_L I_L \tag{2-3-5}$$

三相电路的无功功率为：

$$Q=3U_P I_P\sin\varphi=\sqrt{3}U_L I_L\sin\varphi \tag{2-3-6}$$

三相电路的功率因数为：

$$\lambda=\frac{P}{S}=\cos\varphi \tag{2-3-7}$$

【任务实施】

(1) 完成三相异步电动机的星形和三角形接线任务

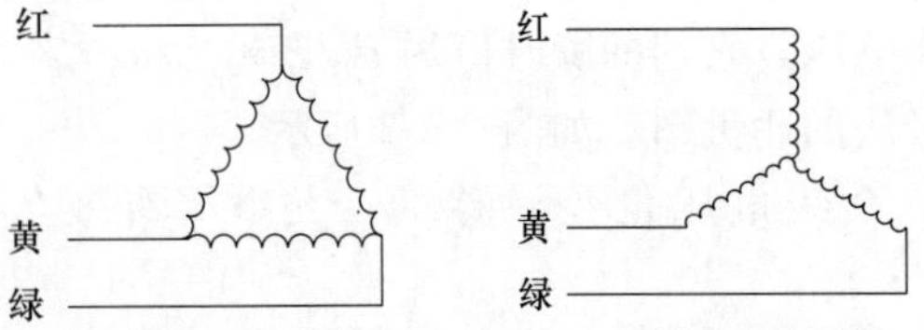

(a) 三角形(△形)连接 (b) 星形(Y形)连接

图 2-3-9 Y 形连接和三角形连接

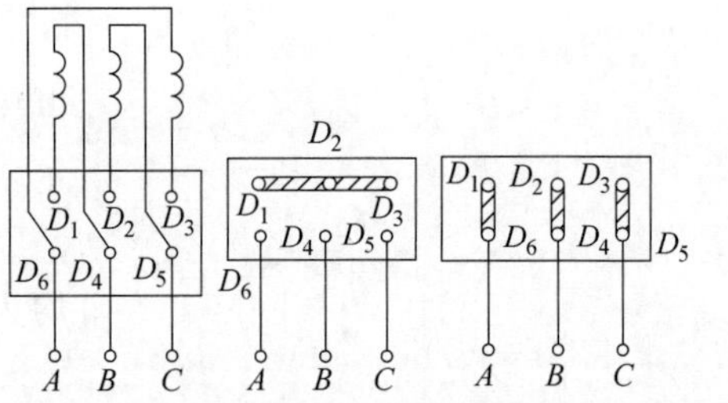

图 2-3-10 三相异步电动机星形与三角形接法

(2) 通电观察，对比电动机的运行情况

【实操评价】

教学内容	评价要点	评价标准	评价方式	考核方式	分数权重
三相负载的星形与三角形连接	星形连接	正确、规范、合理接线	教师评价	答辩	0.2
	三角形连接	正确、规范、合理接线		操作	0.3
	运行调试	操作安全，运行步骤正确		操作	0.3
	作业态度	积极主动，认真	小组评价	口试	0.1
	团队意识	主动交流、配合默契		口试	0.1

【自测题】

1. 对称的三相电路中，三相负载星形连接时，相电压与线电压、相电流与线电流之间的关系？

2. 对称的三相电路中，三相负载三角形连接时，相电压与线电压、相电流与线电流之间的关系？

3. 三相不对称负载作星形连接时，中线是否可以不接？中线有何作用？

任务 2.3.2　三相电能表的安装

【知识目标】

了解三相电能表的结构；了解三相电能表的工作原理。

【技能目标】

能正确地完成三相电能表的安装接线；培养独立工作的能力和安全文明生产的习惯。

【任务描述】

熟悉电度表的结构，能正确地安装三相电能表。通电测试并观察三相电能表的运行情况。

【相关知识】

(1) 感应式电能表的工作原理

当把电能表接入被测电路时，电流线圈和电压线圈中就有交变电流流过，这两个交变电流分别在它们的铁芯中产生交变的磁通；交变磁通穿过铝盘，在铝盘中感应出涡流；涡流又在磁场中受到力的作用，从而使铝盘得到转矩（主动力矩）而转动。负载消耗的功率越大，通过电流线圈的电流越大，铝盘中感应出的涡流也越大，使铝盘转动的力矩就越大，即转矩的大小跟负载消耗的功率成正比。功率越大，转矩也越大，铝盘转动也就越快。铝盘转动时，又受到永久磁铁产生的制动力矩的作用，制动力矩与主动力矩方向相反；制动力矩的大小与铝盘的转速成正比，铝盘转动得越快，制动力矩也越大。当主动力矩与制动力矩达到暂时平衡时，铝盘将匀速转动，负载所消耗的电能与铝盘的转数成正比。铝盘转动时，带动计数器，把所消耗的电能指示出来，这就是感应式电能表工作的简单过程。

(2) 数字式电能表的工作原理

数字式（电子式）电能表是在数字功率表的基础上发展起来的，它采用乘法器实现对功率的测量，其工作原理如图 2-3-11 所示。

被测高电压 u、大电流 i 经电压转换器和电流转换器转换后送至乘法器 M，乘法器 M 完成电压和电流瞬时值相乘，输出一个与一段时间内的平均功率成正比的直流电压 U_0，再利用电压/频率转换器，U_0 被转换成相应的脉冲频率 f_0，即得到 f_0 正比于平均功率，

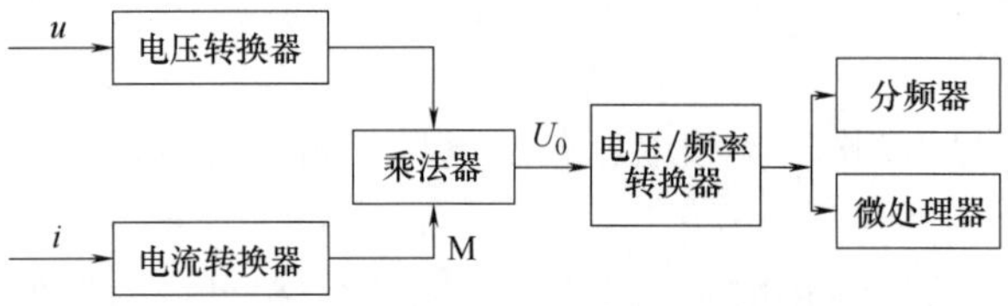

图 2-3-11　全电子式电能表的工作原理

将该频率分频，并通过一段时间内计数器的计数，显示出相应的电能。

由电子式电能表的测量原理得出电子计量模块从结构功能上的三个部分：

1）电压、电流输入回路。负责将被测功率的电压和电流分别通过分压器和互感器变换为适合于电子式电能表乘法器所需要的小电压送至乘法器。

2）乘法器。乘法器是用来完成两个电量（如电压、电流）相乘运算的器件。

由全电子式电能表工作原理可以看出，乘法器是全电子式电能表的核心，它的准确度直接影响着电能表的准确度。

根据所采用乘法器的不同，可以将全电子式电能表做进一步划分。

乘法器主要有模拟乘法器和数字乘法器两大类。模拟乘法器又有晶体管阵列平方乘法器、热偶乘法器、对数-反对数型乘法器、可变跨导型乘法器、双斜积分乘法器、霍尔效应乘法器、时分割乘法器等多种。

数字乘法器则是以微处理器为核心，采用 A/D 转换器将电压和电流进行数字化相乘。

3）变换器也称电压-频率转换电路。因乘法器输出的是一个模拟量（直流电压），用电压表（数字式表）测量这个电压，用功率单位（W 或 kW）表示的测量结果就是功率值。

测量电能则需将这个电压转换成相应的脉冲数，在一段时间内所累计的脉冲数才是要测的电能量。

（3）电能表的分类

1）按结构及工作原理分：感应式电能表、电子式电能表。电子式电能表进一步又可分为全电子式电能表和机电脉冲式电能表。

2）按准确度等级分：普通级：0.2S，0.2，0.5S，0.5，1.0，2.0，3.0 级，用于测量电能。精密级：0.01，0.05 级，主要作为校验普通级电能表的校验基准。

3）按用途分：有功电能表、无功电能表、最大需量表、复费率电能表、多功能电能表。

4）根据接入电源的性质可分为：交流电能表和直流电能表。

5）按照表计的安装接线方式可分为：直接接入式和间接接入式（经互感器接入）；其中由于测量电路的不同，通常又分为单相电能表、三相三线电能表和三相四线电能表。

6）按平均寿命的长短，单相感应式电能表又分为：普通型和长寿命技术电能表。

（4）三相电能表（图 2-3-12）

三相电能表的结构主要可以分为三相三线电能表、三相四线电能表。

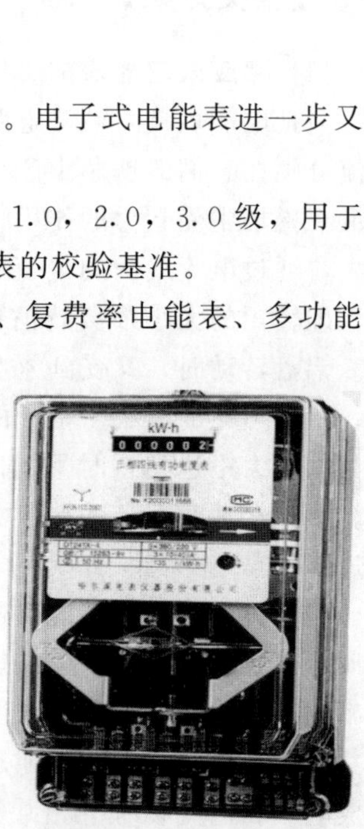

图 2-3-12　三相电能表

1）三相三线电能表。三相三线电能表有两组电磁元件，根据电磁元件安装不同分为双转盘和单转盘两种。两元件双转盘式三相三线电能表其结构主要是两组电磁元件分别作用在同轴的每一个转盘上，该结构电能表电磁干扰小，三相三线电能表通常是采用这种结构。两元件单转盘式三相三线电能表其结构主要是两组电磁元件共同作用在一个转盘上面，该方式重量较双转盘轻，摩擦力矩小，可以提高三相电能表的灵敏度和使用寿命，但同时因为两组电磁元件同时作用在一个转盘上，增加了磁通和涡流而且调整起来很不方便，所以该方式很少采用。

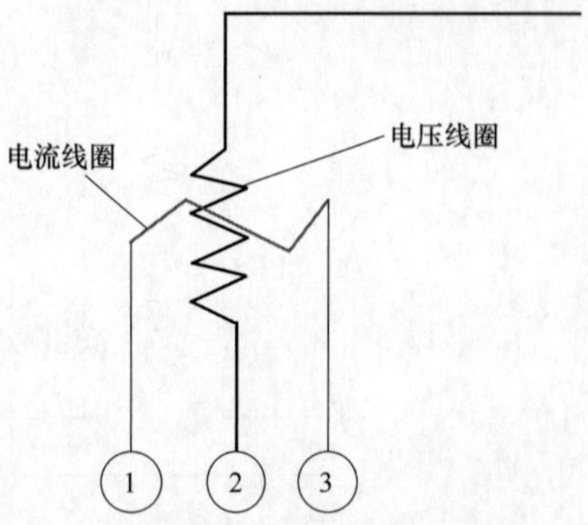

图 2-3-13　电能表的电流线圈与电压线圈

2）三相四线电能表。三相四线电能表有三组电磁元件，一个转动结构，根据电磁元件安装不同分为双转盘式和三转盘式。三元件双转盘式三相四线电能表其结构主要是三组电磁元件中的一组电磁元件单独作用一个转盘，其他两组电磁元件共同作用在一个转盘上，两转盘式同轴作用，该方式下电磁元件保持一致的工作气隙可减少相对误差，是目前感应式三相电能表主要采用的结构。三元件三转盘式三相四线电能表其结构主要是每组电磁元件都分别单独作用于每一个转盘，三个转盘同轴，这种方式可以减少各相之间电磁干扰和潜动力矩，但由于外形尺寸大、浪费材料较多，转动元件重量增加会增加轴承摩擦力矩，影响电能表使用寿命，所以该方式很少采用。

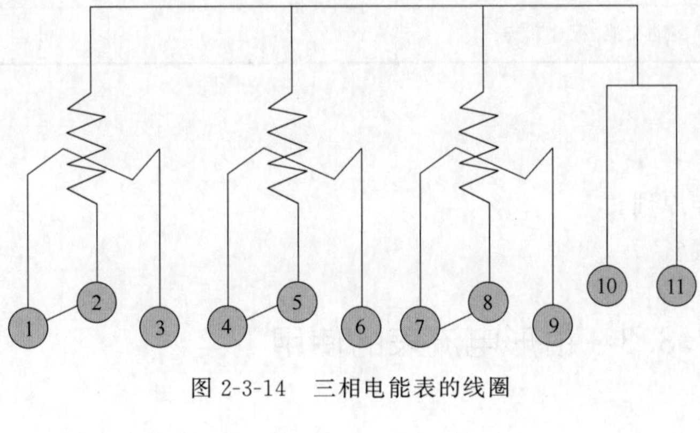

图 2-3-14　三相电能表的线圈

3）三相电能表工作原理。三相电能表的工作原理与单相电度表完全相同，如图 2-3-13、图 2-3-14 所示，只是在结构上采用多组驱动部件和固定在转轴上的多个铝盘的方式，以实现对三相电能的测量。主要工作原理是电磁元件为分离结构，电压机芯采用整冲制的封闭型样片机芯，转动系统经过静平衡校准，其轴承是带有防震弹簧的双宝石结构，阻尼元件采用铝钴 34 磁钢，并用热磁合金片做温度补偿。三相电能表通过电压、电流元件合成产生移进磁场，然后在其作用力下转动圆盘，通过圆盘转速正比可负载电流大小来实现电能计量功能。

【任务实施】

(1) 器材准备

三相电度表，导线，电工工具等。

(2) 三相电度表的安装接线（图 2-3-15）

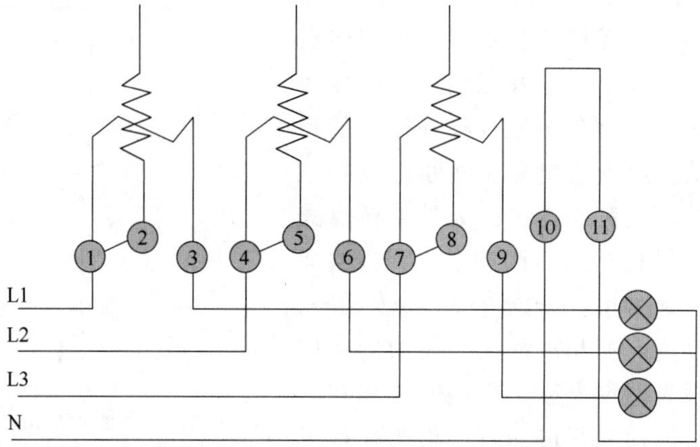

图 2-3-15　三相有功电能表接线图

【实操评价】

教学内容	评价要点	评价标准	评价方式	考核方式	分数权重
三相电能表的安装	安装前准备	准备工作充分	教师评价	答辩	0.2
	能正确接线	正确、规范、合理接线		操作	0.3
	运行调试	操作安全，运行步骤正确		操作	0.3
	作业态度	积极主动，认真	小组评价	口试	0.1
	团队意识	主动交流、配合默契		口试	0.1

【自测题】

1. 简述感应式电能表的工作原理。
2. 三相电度表如何安装接线？

任务 2.3.3　钳形电流表的使用

【知识目标】

熟悉钳形电流表结构组成与分类；掌握钳形电流表使用时的注意事项。

【技能目标】

能正确使用钳形电流表；培养独立工作的能力和安全文明生产的习惯。

【任务描述】

熟悉钳形电流表的使用方法；正确使用钳形电流表测量电流。

【相关知识】

我们在日常的电气工作中，常常需要测量用电设备、电力导线的负荷电流值。通常在测量电流时，需将被测电路断开，将电流表或电流互感器的原边串接到电路中进行测量。为了在不断开电路的情况下测量电流，就需要使用钳形电流表。钳形电流表俗称钳表、卡表，它的最大特点是无须断开被测电路，就能够实现对被测导体中电流的测量。所以，特别适合于不便于断开线路或不允许停电的测量场合。同时该表结构简单、携带方便，因此，在电气工作中得到广泛应用。但要在工作中做到正确使用钳形电流表，还应注意一些事项。

(1) 钳形电流表概述

钳形电流表按结构和工作原理的不同，分为整流系和电磁系两类；根据测量结果显示形式的不同又可分为指针式和数字式两类。整流系钳形电流表只能用于交流电流的测量，而电磁系钳形电流表可以实现交、直流两用测量。电磁系钳形电流表主要由电流互感器、整流电路、磁电系电流表、量程转换开关及测量电路组成。电流互感器的铁芯为钳形结构，它分为固定部分和活动部分，且置于电流互感器的前端，其中的活动部分与扳手联动；当握紧扳手时，电流互感器的铁芯便可以张开，这样被测电流的导线不必切断就可以穿过铁芯的缺口，然后放松手使铁芯闭合，这时通过电流的导线相当于电流互感器的一次线圈，则二次线圈中便将出现感应电流，和二次线圈相连的电流表指针就发生偏转，从而指示被测电流的数值。量程转换开关及切换电路可实现钳形电流表的多量程电流测量。钳形电流表的结构如图 2-3-16 所示。

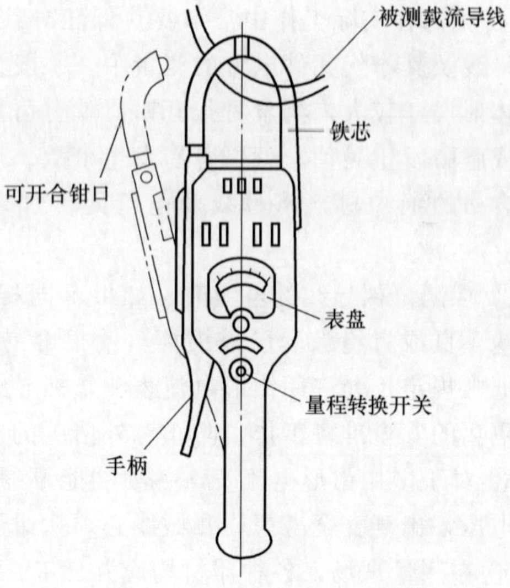

图 2-3-16　钳形电流表的结构

(2) 钳形电流表的选用

1）钳形电流表的选型。

① 首先应当明确被测量电流是交流还是直流。整流系钳形电流表只适于测量波形失真较低、频率变化不大的工频电流，否则，将产生较大的测量误差。对于电磁系钳形电流表来说，由于其测量机构可动部分的偏转性质与电流的极性无关，因此，它既可用于测量交流电流，也可用于测量直流电流，但准确度通常都比较低。钳形电流表的准确度主要有 2.5 级、3 级、5 级等几种，应当根据测量技术要求和实际情况选用。

② 对于数字式钳形电流表而言，其测量结果的读数直观而方便，并且测量功能也扩充了许多，如扩展到能测量电阻、二极管、电压、有功功率、无功功率、功率因数、频率等参数。然而，数字式钳形电流表并不是十全十美的，当测量场合的电磁干扰比较严重

时，显示出的测量结果可能发生离散性跳变，从而难以确认实际电流值；若使用指针式钳形电流表，由于磁电系机械表头本身所具有的阻尼作用，使得其本身对较强电磁场干扰的反应比较迟钝，充其量也就是表针产生小幅度的摆动，其显示值范围比较直观，相对而言读数不太困难。

2）钳形电流表使用前的检查。

重点检查钳口上的绝缘材料（橡胶或塑料）有无脱落、破裂等现象，包括表头玻璃在内的整个外壳的完好与否，这些都直接关系着测量安全并涉及仪表的性能问题；还要检查零点是否正确，若表针不在零点时可通过调节机构调准；对于多用型钳形电流表，还应检查测试线和表棒有无损坏，要求导电良好、绝缘完好；对于数字式钳形电流表，还需检查表内电池的电量是否充足，不足时必须更新。

(3) 钳形电流表测量操作中的技术要点

1）安全性要求。

① 我们在实际工作中常常要对低压导线或设备进行电流值的测量。在对配电装置中低压母线及其电气元件电流的测量中，一般低压母线排布的线间距离不够大，有的钳形电流表体形尺寸较大，测量时张开钳口就有可能引起相间短路或接地，倘若测量人员的姿势不稳或胳膊发生晃动，就更容易发生事故。所以，必须根据现场实际条件，在测量之前，采用合格的绝缘材料将母线及电气元件加以相间隔离，同时应注意不得触及其他带电部分。

② 在测量裸导线的电流时，如果不同相导线之间及导线与地之间的距离较小，若钳口绝缘不良或者绝缘套已经损坏，就很容易造成相与相之间、相与地之间短路事故。因此，通常规定不允许用钳形电流表测量裸导线的电流，如果必须测量，应当做好裸导线的绝缘隔离的安全准备工作，防止意外情况的发生。

③ 对于多用钳形电流表，各项功能不得同时使用，比如在测量电流时，就不能同时测量电压，出于安全考虑，测试线必须从钳形电流表上拔下来。

④ 在测量现场，各种器材均应井然有序，测量人员身体的各部分与带电体之间必须保持足够大的距离，至少不得小于安全距离（低压系统安全距离为 0.1～0.3m）。读数时，往往会不由自主地低头或探腰，这时要特别注意肢体，尤其是头部与带电部分之间的安全距离。

2）准确性要求。

① 测量电流时，钳形电流表挡位高低的选择应适当，最好使表针落到刻度尺的 1/3 以上的刻度上，因为表针的偏转角太小，刻度值不易分辨，影响测量的准确度。

② 被测导线要尽量放置在钳口内的中心位置上，如被测量导线过于偏斜，被测电流在钳口铁芯所产生的磁感应强度将会发生较大幅度的变化，直接影响测量的准确度，一般由于被测量导线在钳口内位置不当而造成的测量误差可达 2%～5%。

③ 为使读数准确，应使铁芯钳口两个面紧密闭合。如听到钳口发出的电磁噪声或握钳形电流表的手有轻微振动的感觉，说明钳口端面结合不严密，此时应重新张、合一次钳口；如果杂声依然存在，应检查钳口端面有无污垢或锈迹，若有应将其清除干净，直至钳口结合良好为止。

④ 对于数字式钳形电流表，尽管在使用前曾检查过电池的电量，但在测量过程中，

也应当随时关注电池的电量情况，若发现电池电压不足（如出现低电压提示符号），必须在更换电池后再继续测量；如果测量现场存在电磁干扰，就必然会干扰测量的正常进行，故应设法排除干扰。能否正确地读取测量数据，也直接关系到测量的准确性。

⑤ 对于指针式钳表的表头，首先应认准所选择的挡位，其次认准所使用的是哪条刻度尺。观察表针所指的刻度值时，眼睛要正对表针和刻度以避免斜视，减小视差。数字式表头的显示虽然比较直观，但液晶屏的有效视角是很有限的，眼睛过于偏斜时很容易读错数字，还应当注意小数点及其所在的位置，这一点千万不能被忽视。

⑥ 测量场所的温度异常或剧烈变化都将影响测量的准确度。因为温度的变化会使表计的误差增大，从而降低其准确度。钳形电流表受温度影响的原因主要是：由于温度变化改变了构成仪表关键结构件材料性能的结果。如环境温度变化后常使仪表产生反作用力矩的游丝的弹性发生变化，从而使仪表值随之产生变化，还可以使形成磁场的永久磁场的磁性发生变化，使仪表的作用力矩的大小发生变化。此外，由于环境温度的变化，构成仪表的线路的电阻，以及各种电子元件、半导体器件的参数均会产生变化，最终结果都将影响到测量的准确度。

⑦ 测量过程中不能同时钳住两根或多根导线。测量小于 5A 以下的电流时，为了得到较准确的读数，若条件允许，可把导线多绕几圈放进钳口进行测量，但实际电流值应为读数除以放进钳口内的导线圈数。

3）保管放置要求。

① 每次测量完毕后一定要把调节开关放在最大电流量程的位置，以防下次使用时，由于未经选择量程而造成仪表损坏。

② 要有专人保管，不用时应存放在环境干燥、温度适宜、通风良好、无强烈振动、无腐蚀性和有害成分的室内货架或柜子内加以妥善保管。

【任务实施】

(1) 器材准备

钳形电流表，动力电源等。

(2) 用钳形电流表测线路中的电流

1）用钳形电流表测试三相电动机的启动电流，如图 2-3-17 所示。

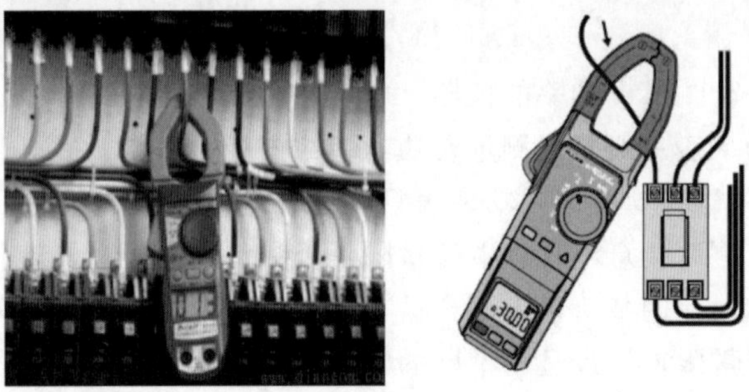

图 2-3-17　测试线路中的电流

2）测试配电电路中的电流。

【实操评价】

教学内容	评价要点	评价标准	评价方式	考核方式	分数权重
钳型电流表的使用	安装前准备	准备工作充分	教师评价	答辩	0.2
	能正确使用	正确、规范		操作	0.3
	读数	读数准确		操作	0.3
	作业态度	积极主动，认真	小组评价	口试	0.1
	团队意识	主动交流、配合默契		口试	0.1

【自测题】

1. 简述钳形电流表的工作原理。
2. 使用钳形电流表的注意事项有哪些？

任务 2.3.4　低压配电电路的安装

【知识目标】

熟悉互感器、熔断器、隔离开关的作用、工作原理及符号；掌握三相低压配电电路的工作原理及分析方法。

【技能目标】

会合理选用隔离开关、电流表、电压表、互感器；会通电测试和检修低压配电电路。

【任务描述】

熟悉低压配电电路图，合理选择电器元件；根据电气原理图进行安装布线，通电检测、调试与检修。

【相关知识】

(1) 功率表

也叫瓦特表，一种测量电功率的仪器。电功率包括有功功率、无功功率和视在功率。未作特殊说明时，功率表一般是指测量有功功率的仪表。

1）功率表量限的选择。单量限功率表只有一种量限，在选用时，不但要考虑测量功率的量限是否足够，更要注意电压、电流量限是否和负载电压、电流相适应。若功率量限满足要求，而电压、电流的某一量限不合适，则此表也不能用。多量限功率表一般有两个电流量限、两个电压量限，通过选用不同的电流、电压量限，可获得不同的功率量限，但选择量限时也必须遵照单量限功率表的选择原则，图 2-3-18 为功率表样品图。

例如 D19-W 型功率表，额定值为 5A/10A 和 150V/300V，它的功率量限就有 3 种：5×150=750W；10×150=1500W 或 5×300=1500W；10×300=3000W。若测量电流为

4.5A、电压为 220V 的阻性负载的功率时，若选用额定电压 150V、电流为 10A 的量程，虽然功率量限为 1500W，能满足功率的测量要求，但负载电压 220V 已超过了功率表所承受的电压 150V，所以要选用额定电流为 5A、额定电压为 300V 的量程测其功率。

图 2-3-18　功率表

2）功率表的正确接线。

① 接线方法。单量程功率表有 4 个接线端钮，其中两个是电流接线端，另两个是电压接线端。为了正确接线，在电流接线和电压接线的一端标有“*”号（此端为发电机端）。

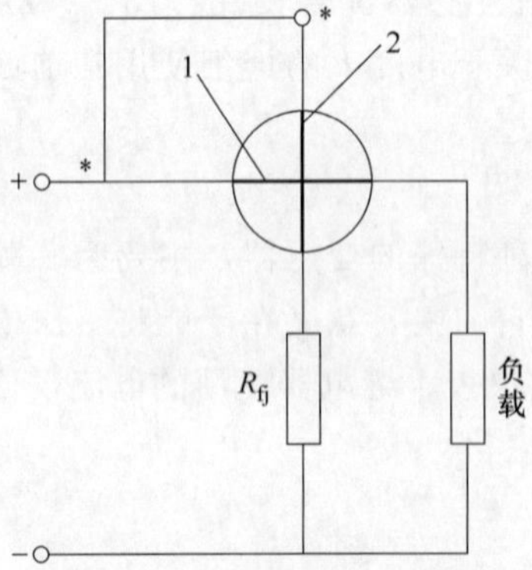

图 2-3-19　直流电路的功率测量

1—电流线圈　2—电压线圈

a. 直流电路的功率测量接线方法如图 2-3-19 所示。

说明：接线时，必须使电流同时从电流、电压的发电机端（带 * 号端）流进，电路功率可直接读出。

b. 交流电路的功率测量接线方法如图 2-3-20 所示。

说明：电流线圈（原圈）串联接入，线圈的发电机端（带 * 号端）必须接电源的一端，另一端接负载；电压线圈（动圈）并联接入，线圈的发电机端可以接功率表电流端钮的任一端，而另一个电压接线端必须接到负载的另一端。

当功率表电压线圈前接时，适用于负载电阻远大于功率表电流线圈电阻的情况；而功率表电压线圈后接，则适用于负载电阻远小于功率表电压线圈电阻的情况。负载所消耗的功率可通过功率表直接读出。

② 用一个单相功率表测三相对称负载的功率。若所测负载为三相对称负载，可用一单相表来测，此时三相功率为该功率表读数的 3 倍。

③ 用三相功率表测三相负载的功率。三相功率表一般用于测量三相三线制或负载对称的三相四线制电路的功率。接线方法如图 2-3-21 所示。

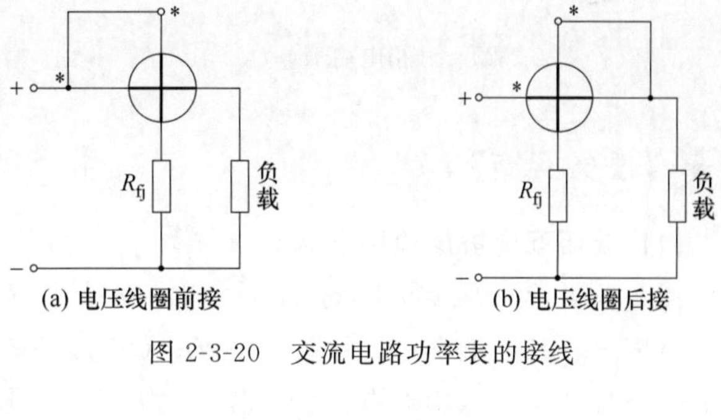

图 2-3-20　交流电路功率表的接线

3）功率表的读数。功率表的表盘不同于其他表盘，功率表的标尺不标瓦数，而只标分格数。在测量功率时，不能直接从标尺上读出瓦特数。读数时，首先看选用的电流量限和电压量限，然后去查对每一分格代表的瓦特数，再根据功率表的偏转格数，乘上功率表相应的分格常数，就等于被测功率的数值，即

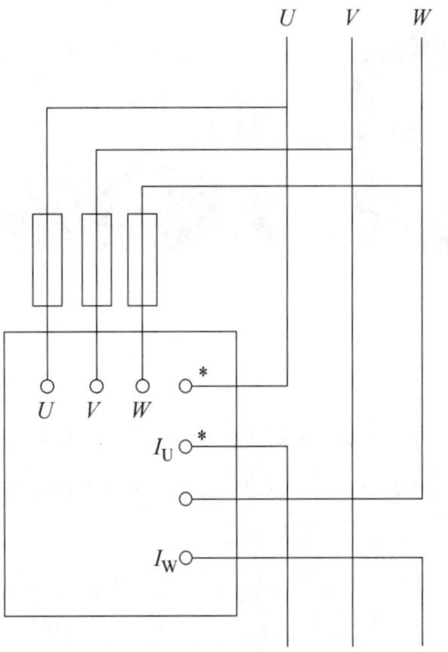

图 2-3-21 三相功率表接线法

$$P = C\alpha$$

式中 P——被测功率的瓦数；

C——功率表分格常数（W/格），一般附有表格；

α——指针偏转的格数。

(2) 电度表

又称为电能表，电度表担任着对电力用户消耗的电力进行计量的任务，它的种类繁多，一般按结构可分为单相电度表、三相三线制电度表、三相四线制电度表。凡是用电量（任何一相的计算负载电流）超过120A的，必须与电流互感器配合使用。图 2-3-22 为常见的三相电度表。关于电度表的详细使用在前面已做叙述，在此不作讲述。

(3) 电流互感器

电流互感器是一种特殊的变压器，主要为了配合仪表和继电器使用。它的主要意义在于能将一次电路中的大电流通过不同的变流比，变换为二次电路中可以供仪表、继电器使用的电流，便于对一次电流进行测量和控制。图 2-3-23 为电流互感器产品。

图 2-3-22 三相电度表

图 2-3-23 电流互感器

【任务实施】

(1) 低压配电屏原理图

图 2-3-24 是低压配电屏的原理图，电路采用三相四线制，FU_1 保护主电路，如果出现短路情况，马上就会进行保护性切断；QF 接通三相电路，三相电度表开始对电机消耗的电能进行计量，三相电机开始工作，通过 FU_2 进行短路保护；电压表和频率表能够测出线电压和频率。

(2) 设备、器材准备

主要元器件见表 2-3-1。

(3) 接线与调试

1）接线安装。

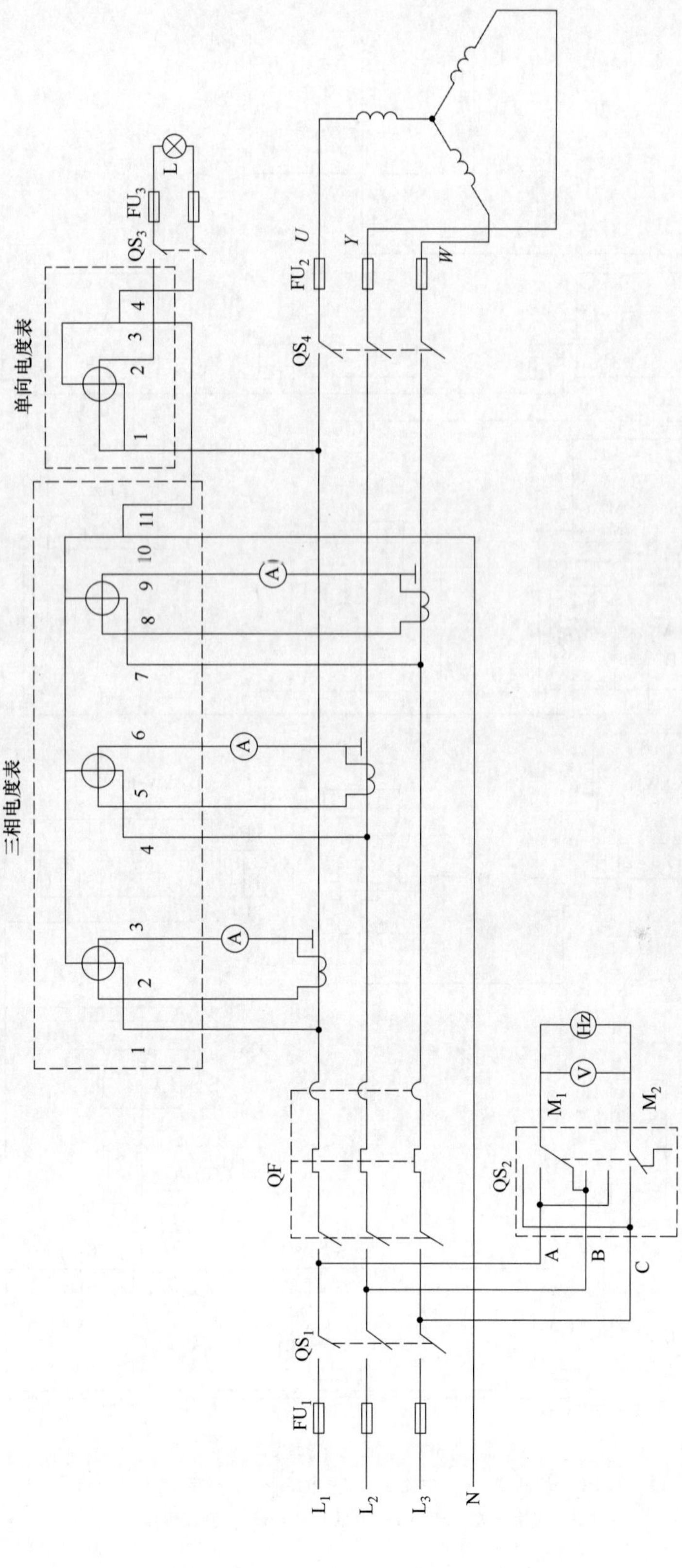

图 2-3-24　低压配电屏电路原理图

① 将元件根据安装图固定在配电箱上，参考图 2-3-25。

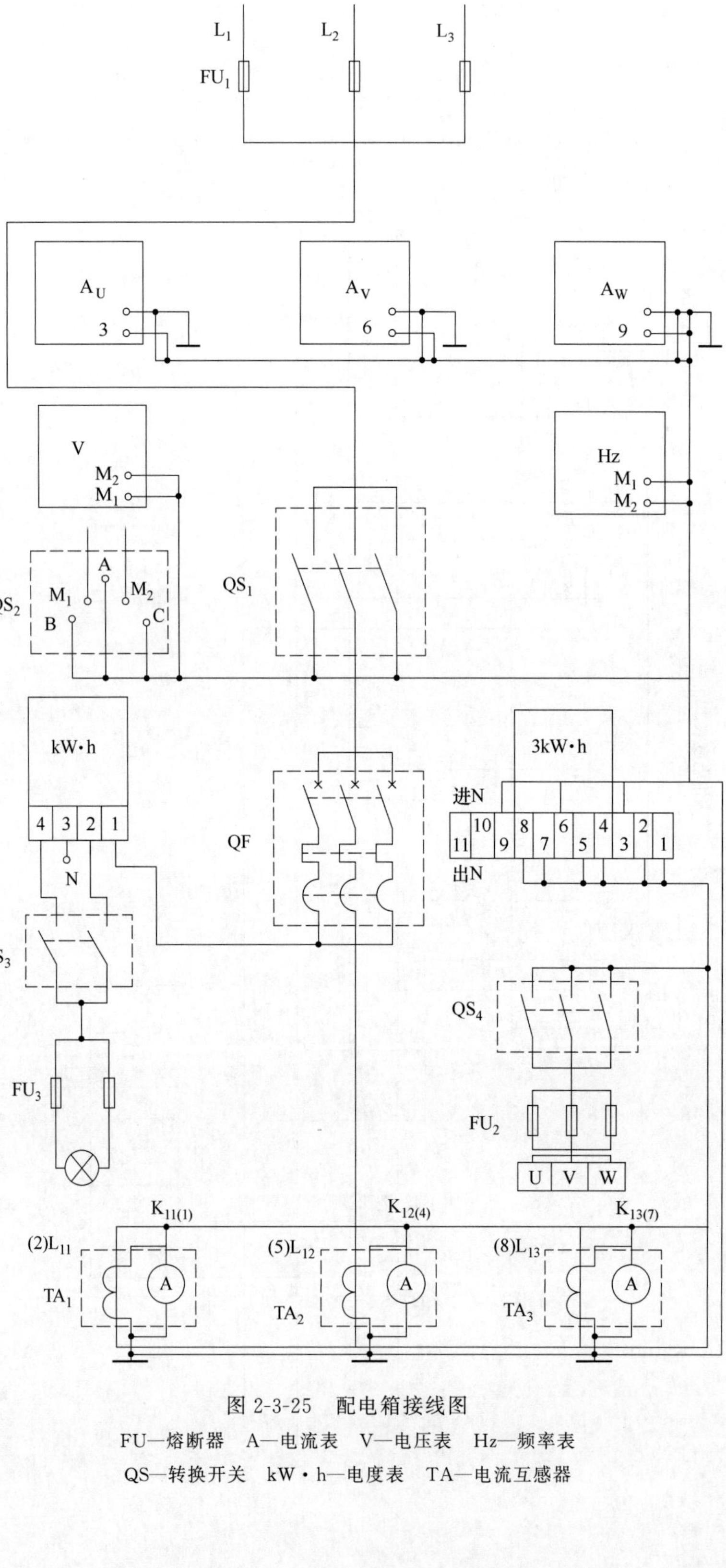

图 2-3-25 配电箱接线图

FU—熔断器 A—电流表 V—电压表 Hz—频率表

QS—转换开关 kW·h—电度表 TA—电流互感器

表 2-3-1　　　　**仪器设备**

元件名称	型号/参数	数量
常用电工工具	标准电工包	40 套
万用表	MF500 型或 MF47 型	20 台
低压配电屏套件		8 套

安装注意：

a. 隔离开关、低压断路器的位置是否正确，不要倒置安装。

b. 仪器安装位置是否合理，不要太拥挤，也不能隔得太远，要保持合理的距离。

② 选择适当的导线。

母线：选择 7 芯铝绞线作为母线。

仪表线路：选择线径为 $1.5mm^2$ 的铝芯线作为仪表线路。

③ 照图施工。按照给定的原理图将配电屏连接起来，安装时要注意以下几点：

a. 注意隔离开关、螺旋式熔断器的动、静触点接线，一般电流进端应接在静触点上，电流出端应接在动触点上。

b. 电流互感器在工作时其二次侧不得开路，因此，电流互感器在安装时千万不要在二次侧串联熔断器和开关，而且二次接线一定要牢靠且接触良好。

c. 为了防止一次侧高压窜入二次侧危及人身和设备安全，电流互感器二次侧有一端必须接地。

d. 电流互感器在连接时要注意端子极性，按规定，电流互感器一次绕组端子标以 L_1，L_2，二次绕组端子标以 K_1，K_2。L_1 与 K_1 互为同名端。如果在某一瞬间电流从 L_1 流向 L_2，二次侧电流则由 K_2 流向 K_1。如果仪表反接，可能会引起不必要的事故。

e. 单相电度表在安装时，注意其电压线圈应该并联在测量电路上，而电流线圈应该串联在被测电路中，不要接反，否则会烧坏仪表。

f. 三相四线制电度表在安装时，一定要仔细。注意接线盒上的端子编号，要逐一检查后按照图纸接牢。

g. 线路走向应横平竖直，不要发生交叉。仪表线路力求清晰美观，母线尽量不要分开走线，做到一目了然。

2）通电试车。安装完毕后仔细对照图纸再复查一次，就可以通电运行了。

连接好三相异步电动机、白炽灯泡，依次合上隔离开关 QS_1、空气断路器 QF、刀开关 QS_2、QS_3，检查白炽灯是否正常发光，电动机转动是否正常，如果有异常情况应立即断电，断电时应先断开自动空气开关 QF，然后再断开 QS_3 及 QS_2。

【实操评价】

教学内容	评价要点	评价标准	评价方式	考核方式	分数权重
三相低压配电屏的安装调试	电路分析	正确分析原理	教师评价	答辩	0.2
	安装连接	正确、规范、合理接线		操作	0.3
	运行调试	操作安全，运行步骤正确		操作	0.3
	作业态度	积极主动，认真	小组评价	口试	0.1
	团队意识	主动交流、配合默契		口试	0.1

【自测题】

1. 刀开关在接线时为什么要将电源线接在上端负载接在下端？
2. 单向电度表和三相电度表的接线比较。
3. 熔断器在电路中的作用是什么？

项目 2.4　集成运放电路的应用

任务 2.4.1　集成运放的线性应用

【知识目标】

掌握同相、反相比例和反相求和运放的电路结构和工作原理；掌握同相、反相比例和反相求和运放的计算。

【技能目标】

能进行同相比例运算电路计算；能进行反相比例运算电路计算。

【任务描述】

本任务是进行同相比例运算电路、反相比例运算电路电压放大倍数计算。

【相关知识】

集成运算放大器能完成模拟量的多种数学运算，如，比例运算、加减运算、微分与积分运算等。

(1) 集成运算放大电路基础知识

1）集成电路概述。随着电子技术的高速发展，继电子管、晶体管两代电子产品之后，于 20 世纪 60 年代，人们研制出第三代电子产品——集成电路，使电子技术的发展出现了新的飞跃。集成电路是将电子元件和导线集中制作在很小的一块硅材料基片上（厚度约 0.5mm），制作出所需要的二极管、三极管、电阻和电容元件，并按一定顺序连接起来，构成完整的功能电路。由于集成电路中各元件的连接线路短，元件密度大，外部引线及焊点少，这就大大提高了电路工作的可靠性，使电子设备不仅体积缩小了，质量减轻了，而且组装和调试工作简化，产品成本大幅度降低，得到广泛的应用。常用集成电路外形如图 2-4-1 所示。

2）集成电路特点。电阻占用硅片面积比晶体管大许多，阻值越大，占用硅片面积就越大。为此，常常造一个三极管构成恒流源电路作为大电阻来使用，也可以通过引脚外接大电阻。

集成电路内电路中的二极管通常是造一个三极管，利用三极管的一个 PN 结作为二极管。

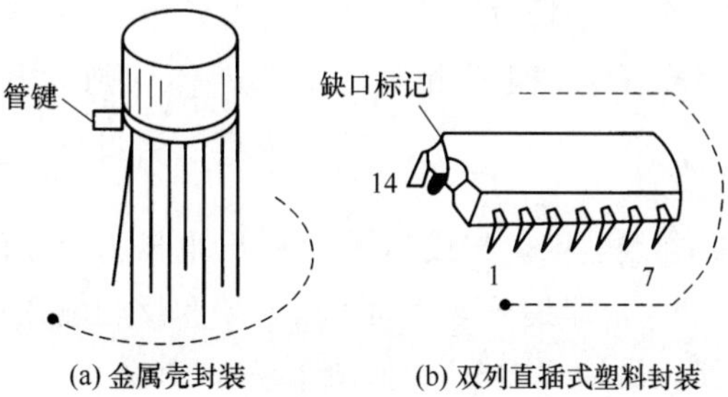

(a) 金属壳封装　(b) 双列直插式塑料封装

图 2-4-1　常用集成电路外形

集成电路硅芯片上制造一只三极管极其容易，而且所占的面积也不大，但是在硅芯片制造大电容、电感十分不方便也不经济，所以集成电路内各级电路之间全部采用直接耦合形式，如需要大电容器、电感线圈时，需通过引脚外接。

3）集成运算放大电路的组成。运算放大电路简称运放。集成运放是一种具有很高放大倍数并带有深度电压负反馈的直流放大电路，它具有运算和放大的功能，电路由输入级、输出级、中间级和偏置电路四部分组成，其框图如图 2-4-2 所示。

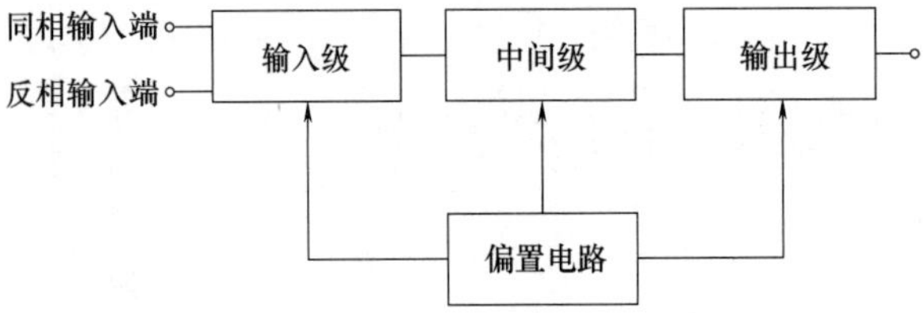

图 2-4-2 集成运放组成框

输入级：由具有恒流源的差动放大电路组成，具有较高的共模抑制比。

中间级：由多级放大电路组成，具有较高的增益。

偏置电路：为集成运放各级放大电路建立合适而稳定的静态工作点并提供恒流源。

输出级：一般由射极跟随器或互补对称电路构成，要求输出足够大的电压和电流，且输出电阻小，带负载能力强。

4）集成运算放大电路符号。集成运放图形符号如图 2-4-3 所示。图形中标有“－”号的 N 端为反相输入端，表示输出信号和输入信号相位相反，即当同相端接地，反相端输入一个正信号时，输出端输出信号为负；同理，图形中标有“＋”号的 P 端为同相输入端，表示输入信号和输出信号相位相同，即当反相端接地，同相端加一个正信号时，输出端输出信号也为正。应当指出“＋”“－”只是接线端名称，与所接信号电压的极性无关。也就是说，N 端或 P 端既可以输入负信号，也可以输入正信号。

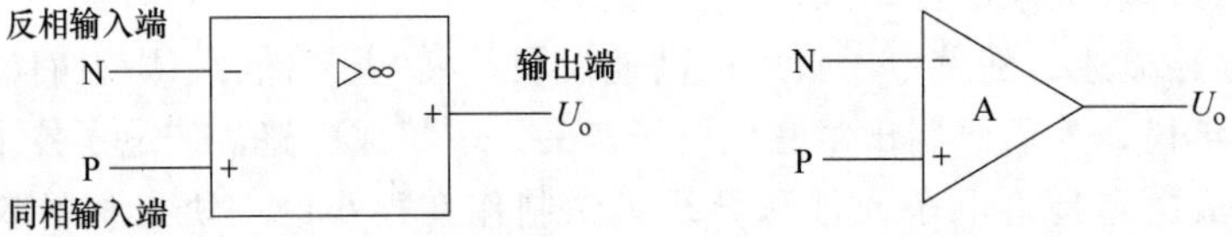

图 2-4-3 集成运放的图形符号

5）集成运放的理想特性及特点。

① 理想特性。开环差模电压放大倍数 $A_U \to \infty$，开环差模输入电阻 $r_i \to \infty$，开环差模输出电阻 $r_o \to 0$，共模抑制比 $K_{CMR} \to \infty$，开环带宽 $f_{bw} 0 \to \infty$。

② 两个特点。

a. 输入端电位相等，即 $V_P = V_N$。放大电路的电压放大倍数为

$$A_U = \frac{U_o}{U_{PN}} = \frac{U_o}{V_P - V_N}$$

在线性区，集成运放的输出电压 U_o 为有限值，根据运放的理想特性 $A_U \to \infty$，有 $V_P = V_N$，即集成运放同相输入端和反相输入端电位相等，相当于短路，此现象称为虚假短路，简称“虚短”，如图 2-4-4 所示。

b. 输入电流等于零，即 $I'_{i+} = I'_{i-} \approx 0$。

在图 2-4-5 中，运算放大电路的净输入电流 I'_{i}为

$$I'_{\mathrm{i}}=\frac{V_{\mathrm{P}}-V_{\mathrm{N}}}{r_{\mathrm{i}}}$$

根据运放的理想特性 $r_{\mathrm{i}}\to\infty$，有 $I'_{\mathrm{i+}}=I'_{\mathrm{i-}}\approx 0$，即集成运放两个输入端的净输入电流约为零，好像电路断开一样，但又不是实际断路，此现象称为虚假断路，简称“虚断”，如图 2-4-5 所示。

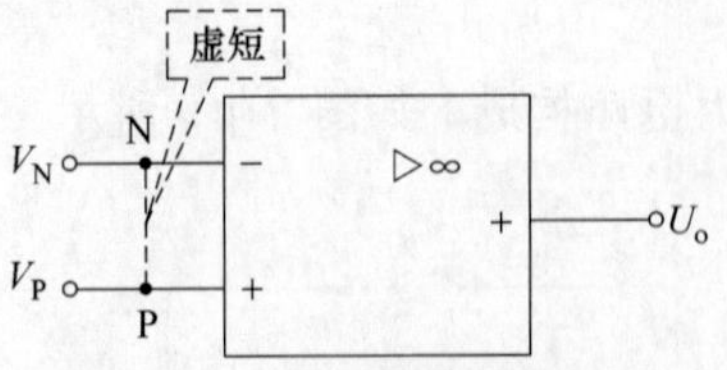

图 2-4-4　集成运放的虚假短路

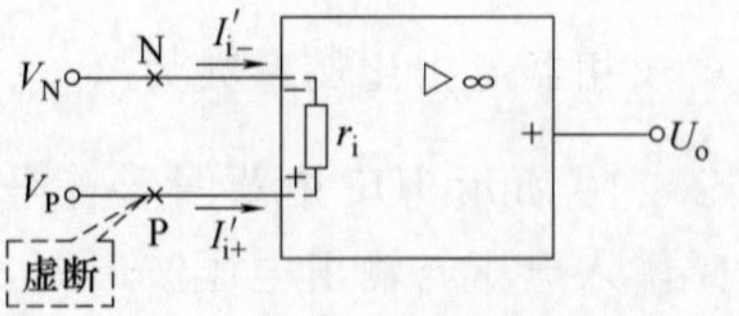

图 2-4-5　集成运放的虚假断路

(2) 集成运放的基本电路

1）反相比例运算放大电路。

a. 电路组成。如图 2-4-6 所示为反相比例运算放大电路，输入信号 R_1（将输入电压 U_{i} 转换成电流信号 I_1）加入反相输入端；R_{f} 为反馈电阻，把输出信号电压 U_{o} 反馈到反相端，构成深度电压并联负反馈，平衡电阻 R_2 阻值必须满足 $R_2=R_1/\!/R_{\mathrm{f}}$。根据“虚短”（$V_{\mathrm{P}}=V_{\mathrm{N}}$），且 P 点接地，则 $V_{\mathrm{P}}=V_{\mathrm{N}}=0$，N 点电位与地相等，故 N 点称为“虚地”，见图 2-4-7。

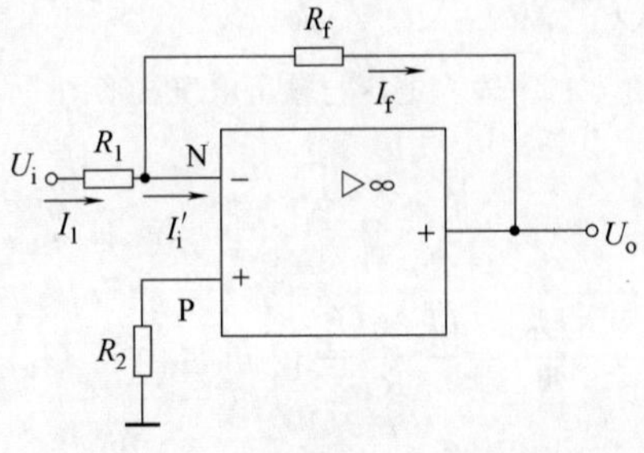

图 2-4-6　反相比例运算放大电路

图 2-4-7　“虚地”示意图

b. 输出电压与输入电压之间的关系。

在信号输入支路上有

$$I_1=\frac{U_{\mathrm{i}}-U_{\mathrm{N}}}{R_1}$$

在反馈支路上有

$$I_{\mathrm{f}}=\frac{U_{\mathrm{N}}-U_{\mathrm{o}}}{R_{\mathrm{f}}}=-\frac{U_{\mathrm{o}}}{R_{\mathrm{f}}}$$

根据“虚断”（$I'_{\mathrm{o}}\approx 0$），有 $I_1=I_{\mathrm{f}}$，整理后，可得输出电压与输入电压之间的关系

$$U_{\mathrm{o}}=\frac{R_{\mathrm{f}}}{R_1}U_{\mathrm{i}} \tag{2-4-1}$$

上式表示电路的输出电压与输入电压成正比例且相位相反，如图 2-4-8 所示。

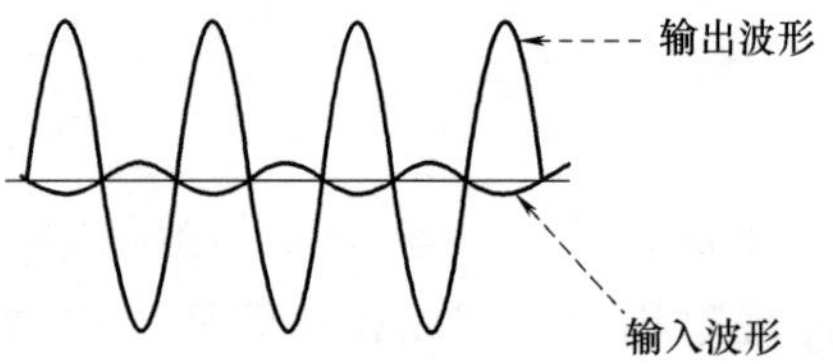

图 2-4-8 输入电压与输出电压波形图

c. 电路的闭环电压放大倍数。

$$A_{U_f}=\frac{U_o}{U_i}=-\frac{R_f}{R_1} \tag{2-4-2}$$

上式表示，反相比例运算放大电路的闭环电压放大倍数主要取决于外接反馈电阻 R_f 和输入电阻 R_1，因此选用精密优质的 R_f 和 R_1，可保证 A_{U_f} 的精确和稳定。

反相器可由比例系数为（$-\frac{R_f}{R_1}$）的反相比例运算放大电路构成，如图 2-4-9 所示。如图 2-4-10 所示为反相器图形符号，图 2-4-11 所示是输入电压与输出电压波形图。

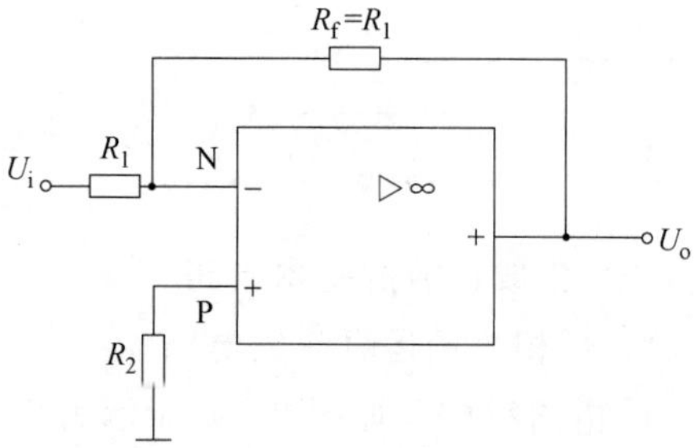

图 2-4-9 反相器

2）同相比例运算放大电路。

① 电路结构。同相比例集成运算放大电路如图 2-4-12 所示。电路输入信号 U_i 通过 R_2 接入同相输入端，反馈电压从输出端取出，并通过反馈电阻 R_f 与 R_1 加到反相输入端，形成电压串联负反馈。

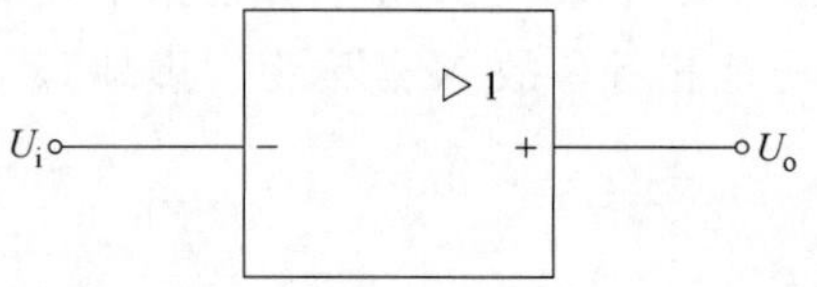

图 2-4-10 反相器图形符号

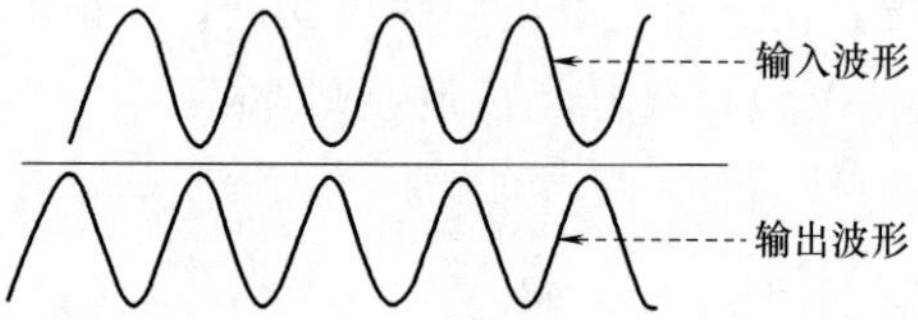

图 2-4-11 输入电压与输出电压波形图

② 电路输出电压与输入电压之间的关系。

根据“虚断”特点（$I'_{i+}=I'_{i-}\approx 0$），有

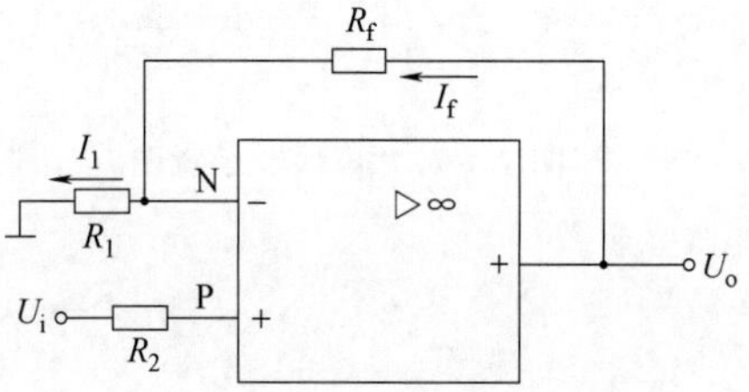

图 2-4-12 同相比例运算放大电路

$I_f=I_1$，$\rightarrow\frac{U_N}{R_1}=\frac{U_o-U_N}{R_f}$，同时由于 $U_{R2}=I'_{i+}\cdot R_2=0$

电阻 R_2 上无电压降，得 $U_p=U_i$。

根据“虚短”特点（$V_N=V_P$），$U_i=U_N\neq 0$，电路不存在“虚地”，但由于 N、P 两点间电压近似为零，电路有“虚假短路”现象。

整理后，电路输出电压与输入电压之间的关系为

$$U_o=\left(1+\frac{R_f}{R_1}\right)U_i \tag{2-4-3}$$

上式表明，电路的输出电压与输入电压成正比例且相位相同，如图 2-4-13 所示。

③ 闭环电压放大倍数为

$$A_{U_f}=\frac{U_o}{U_i}=\frac{R_1+R_f}{R_1}=1+\frac{R_f}{R_1} \tag{2-4-4}$$

上式表明，同相比例运算放大电路的闭环电压放大倍数主要取决于外接反馈电阻 R_f 和输入电阻 R_1，因此选用精密优质的 R_f 和 R_1，可保证 A_{U_f} 的精确和稳定。

【任务实施】

如图 2-4-14 所示，已知运放是理想的，已知 $R_f=480\text{k}\Omega$，$R_1=4\text{k}\Omega$，求 A_u。

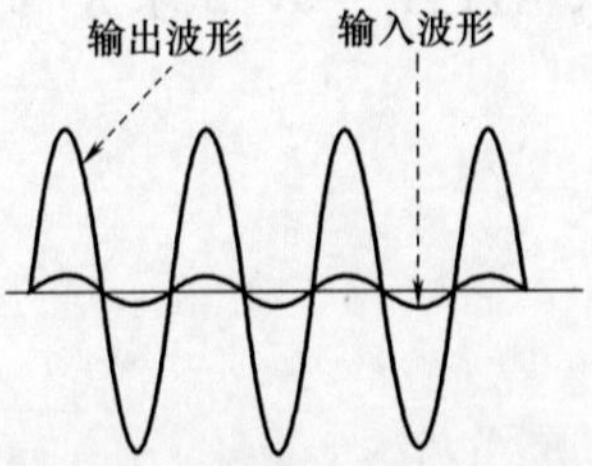

图 2-4-13　输入电压与输出电压波形图

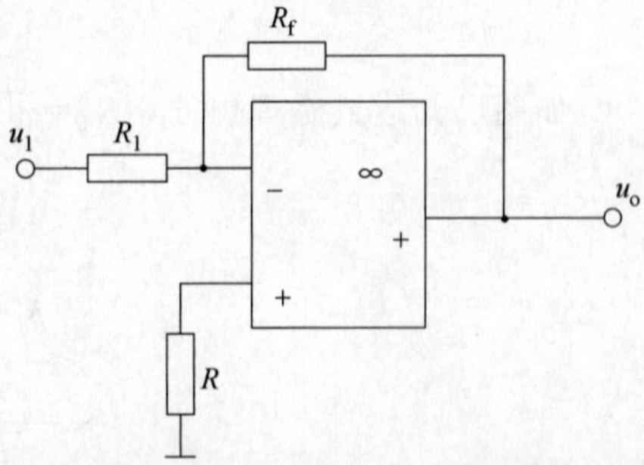

图 2-4-14　反向比例运算电路

【实操评价】

教学内容	评价要点	评价标准	评价方式	考核方式	分数权重
反向比例运算电路计算	分析运算电路	理论基础	教师评价	操作及答辩	0.2
	同向、反向比例运算电路判别	理论基础		操作及答辩	0.3
	运算能力	理论基础		笔试及答辩	0.3
	作业态度	积极主动，认真	小组评价	口试	0.1
	团队意识	主动交流、配合默契		口试	0.1

【自测题】

1. 如图已知运放是理想的，$R_1=5\text{k}\Omega$，要求闭环放大倍数 $A_u=-80$，试求 R_f 的值。

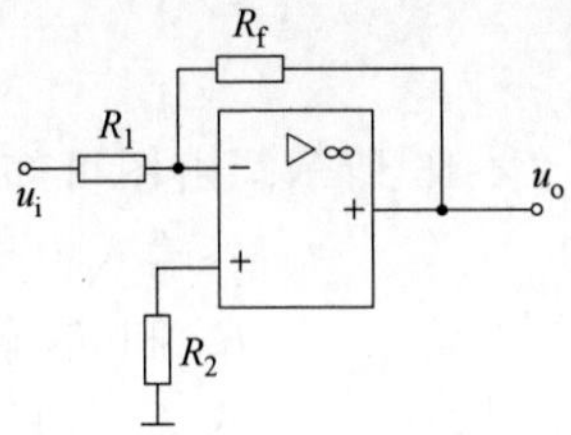

2. 如图已知运放是理想的，$R_f=400\text{k}\Omega$，要求闭环放大倍数 $A_u=-80$，试求 R_1 的值。

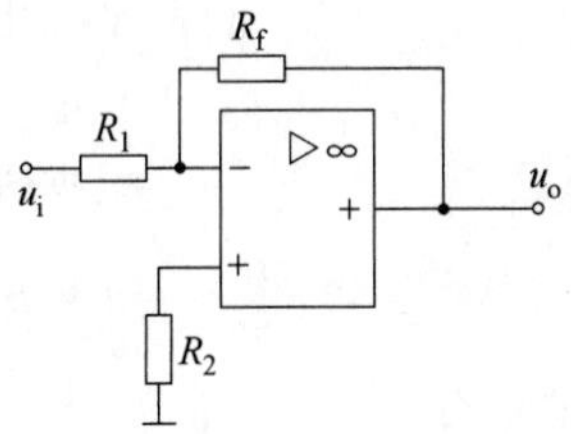

3. 如图所示为理想电路，已知 $R_f=40\mathrm{k\Omega}$，$R_1=5\mathrm{k\Omega}$，求 A_u。

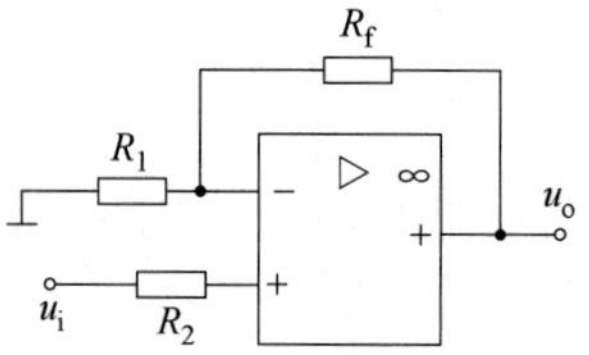

4. 如图已知运放是理想的，$R_f=30\mathrm{k\Omega}$，要求闭环放大倍数 $A_u=3$，试求 R_1 的值。

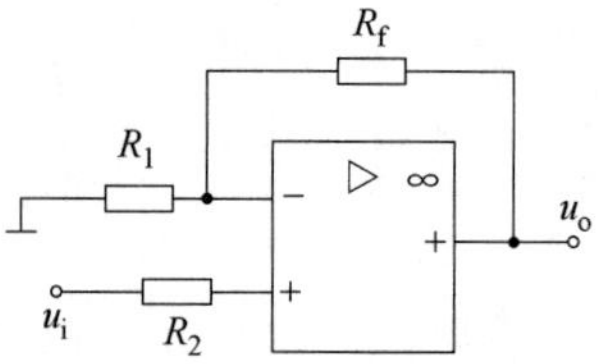

任务 2.4.2　用集成运放加法器电路的设计

【知识目标】

掌握反相输入加法运算电路，了解两级比例运算电路。

【技能目标】

能进行反相输入加法运算。

【任务描述】

进行反相输入加法运算电路设计。

【相关知识】

反相输入加法运算电路如图 2-4-15 所示。由图可知，反相输入端有多个输入信号，各输入电压 U_{i1} 和 U_{i2} 分别通过外接电阻 R_1 和 R_2 转换成电流信号 I_{i1} 和 I_{i2} 后汇合为 I_i，加到反相输入端。同相输入端接地，反馈电阻 R_f 接于输出端与反相输入端之间。平衡电阻 $R=R_1/\!/R_2/\!/R_f$。电路输出电压与输入电压之间的关系：

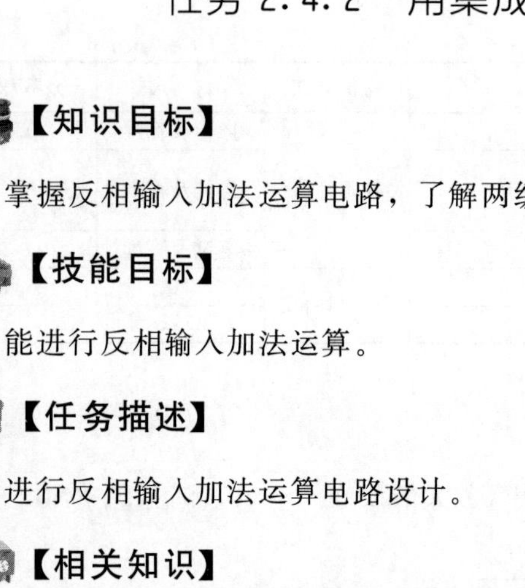

图 2-4-15　反相输入加法运算电路

根据理想特性有 $I_i'=0$，得

$$I_i=I_{i1}+I_{i2}=\frac{U_{i1}-U_N}{R_1}+\frac{U_{i2}-U_N}{R_2}=I_f$$

集成运放的反相输入端为虚地，有

$$U_o=-I_fR_f=-R_f\left(\frac{U_{i1}}{R_1}+\frac{U_{i2}}{R_2}\right) \tag{2-4-5}$$

如果取 $R_1=R_2=R_f$，则

$$U_o=-(U_{i1}+U_{i2}) \tag{2-4-6}$$

上式表明，图 2-4-15 电路的输出电压为各输入信号电压之和，实现了加法运算。

【例题 2-4-1】 试求图 2-4-16 所示电路输出电压 U_o 的表达式。

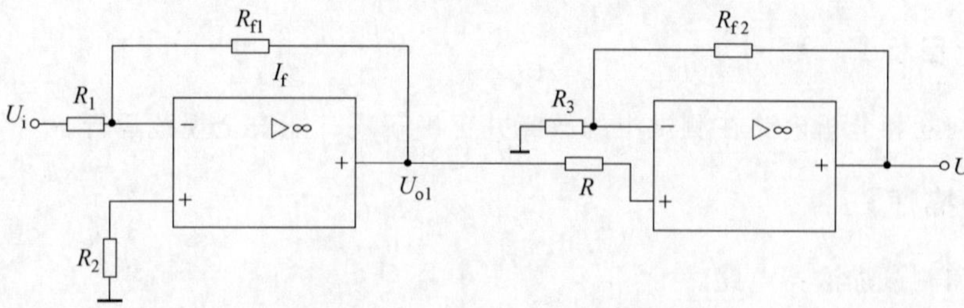

图 2-4-16　两级比例运算电路

解：该电路由两级比例运算电路组成，第一级是反相比例运算电路，第二级是同相比例运算电路。

根据式（2-4-1），第一级的输出电压为

$$U_{o1}=-\frac{R_{f1}}{R_1}U_i$$

第一级的输出电压为第二级的输入电压，故该电路总的输出电压 U_o 的表达式为

$$U_o=\left(1+\frac{R_{f2}}{R_3}\right)U_{o1}=-\frac{R_{f1}}{R_1}\left(1+\frac{R_{f2}}{R_3}\right)U_i$$

【任务实施】

设计加法器电路原理图，本实验的电路原理图如图 2-4-17 所示。

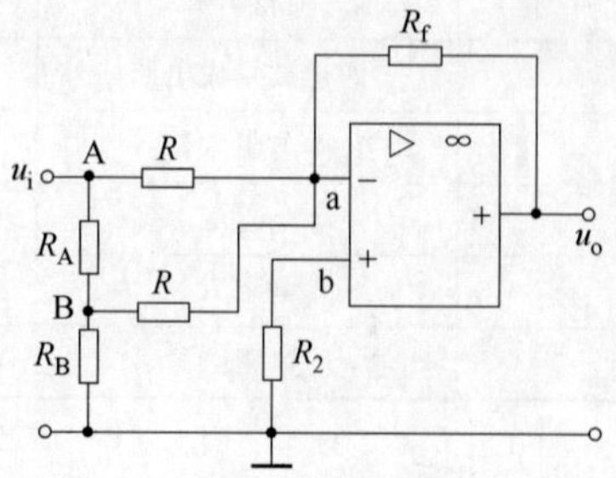

图 2-4-17　加法器电路的组成框图

【实操评价】

教学内容	评价要点	评价标准	评价方式	考核方式	分数权重
设计加法器电路原理图	电路分析	正确分析原理	教师评价	答辩	0.3
	绘图	正确、规范、合理布线		操作	0.3
	运行调试	操作安全，运行步骤正确		操作	0.2
	作业态度	积极主动，认真	小组评价	口试	0.1
	团队意识	主动交流、配合默契		口试	0.1

【自测题】

1. 简述反相输入加法运算电路工作原理。
2. 两级比例运算电路怎样实现电压放大？

任务 2.4.3 集成运放加法器电路的制作与调试

【知识目标】

掌握集成运放加法器电路的制作与调试。

【技能目标】

能正确判断和分析电路在测试中的故障并正确解决；能安全规范运行。

【任务描述】

会组装和测试加法器电路。

【相关知识】

(1) 设备与器材

加法器电路主要用到信号源、示波器、万用表、直流稳压电源、集成电路实验仪。主要元器件见表 2-4-1。

表 2-4-1 加法器设备详单

序号	项目名称	型号规格	单位	数量
1	四运放集成电路	LM324	只	1
2	电阻 *R*	100K	只	2
3	电阻 *R*	47K	只	2
4	电阻 *R*	470k	只	1
5	电阻 *R*	91K	只	1

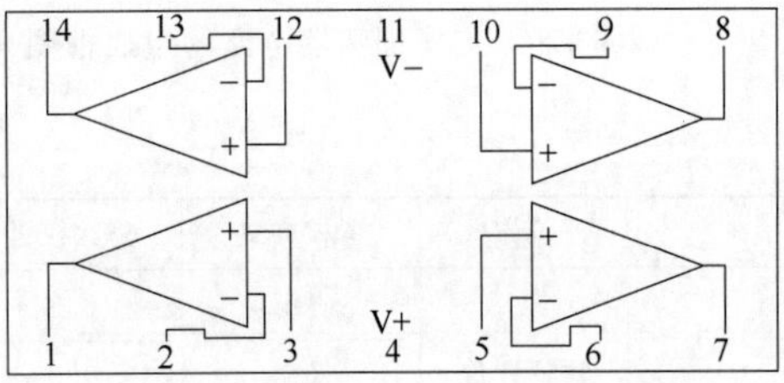

图 2-4-18 集成电路 LM324 引脚图

(2) 加法器电路的主要元器件简介

本次实训采用的运放集成电路 LM324 为四运放集成，引脚图如图 2-4-18 所示。

LM324 是四运放集成电路，它采用 14 脚双列直插式塑封，除电源共用外，四级运放相互独立。由于 LM324 四运放电源电压范围宽，静态功耗小，可双电源或单电源使用。需要注意的是，单电源使用时对信号极性、电压大小有限定。

【任务实施】

(1) 操作过程

1）本电路在面包板上连接，连接电路时，连线要短，保证连接可靠，便于测量。

2）连接电路，将 LM324 正确插到面包板上（①脚在左下方），④脚接＋12V；11 脚接－12V，其余按电路图连接，实验仪的地应与电路的地连接。

3）电路中输入信号电压 u_i，被分压为 u_{iA}、u_{iB} 两部分作为输入信号；按表 2-4-1 要求设置各电阻值，按要求输入信号，测量运算放大器的输出电压，并把相应的数值填入表 2-4-2 中。用直流稳压电源做直流输入电压信号，调好电压值后，确认信号极性，正确送入电路；用音频信号源做交流输入信号。

表 2-4-2　　加法器放大电路数值分析表

电阻值	输入 U_A/V	输入 U_B/V	输出 U_o/V	Au	Au 理论值
R＝100K	直流＋0.8				
R2＝47K	直流＋1				
Rf＝470k	直流－1				
RA＝47K	交流 0.2				
RB＝91K					

（2）注意事项

1）操作中，注意安全，防止意外人身触电。

2）连接电路时要先连接，后通电，给运放集成电路加电时要特别注意正、负电源，分清之后再加电，以免接错烧坏集成电路。

3）仪器的电源线要从仪器架里面走线，防止台面电线过多造成混乱。

4）操作中暂时不用的仪器，不要关闭电源，应将示波器光迹辉度调暗；毫伏表输入电缆短接；信号源输出电缆开路；万用表拨至电压挡。

5）集成运放电路在电子产品中应用广泛，要求学生在实训中，细致认真，测量参数精益求精。

【实操评价】

教学内容	评价要点	评价标准	评价方式	考核方式	分数权重
集成运放加法器电路的制作与调试	电路分析	正确分析原理	教师评价	答辩	0.3
	操作	正确、规范、合理布线		操作	0.3
	运行调试	操作安全，运行步骤正确		操作	0.2
	作业态度	积极主动，认真	小组评价	口试	0.1
	团队意识	主动交流、配合默契		口试	0.1

【自测题】

1. 简述加法器放大电路工作原理。
2. 连接电路注意事项有哪些？

项目 2.5 组合逻辑电路的设计

任务 2.5.1 门电路

【知识目标】

掌握门电路的符号；掌握门电路的逻辑功能。

【技能目标】

能运用二极管、三极管等元件连接基本门电路。

【任务描述】

逻辑门电路的电路分析，逻辑功能的掌握，熟记逻辑门符号，并能进行与门电路的制作与调试。

【相关知识】

(1) 数电基础知识

1）数制。

① 十进制。数码为：0～9；基数是 10。

运算规律：逢十进一，即：9+1=10。

下标 D（Decimal）表示十进制，十进制数的权展开式：

$$(321.35)_D=3\times10^2+2\times10^1+1\times10^0+3\times10^{-1}+5\times10^{-2}$$

10^2、10^1、10^0、10^{-1}、10^{-2} 称为十进制的权。各数位的权是 10 的幂。

任意一个十进制数都可以表示为各个数位上的数码与其对应的权的乘积之和，称权展开式。同样的数码在不同的数位上代表的数值不同。

② 二进制。数码为：0、1；基数是 2。

运算规律：逢二进一，即：1+1=10。

下标 B（Binary）表示二进制，二进制数的权展开式：

$$(101.01)_B=1\times2^2+0\times2^1+1\times2^0+0\times2^{-1}+1\times2^{-2}=(5.25)_D$$

与十进制相似，这里的 2^2、2^1、2^0…，即 4、2、1…称为二进制数的权，各数位的权是 2 的幂。

③ 八进制。数码为：0～7；基数是 8。

运算规律：逢八进一，即：7+1=10。

下标 O（Octal）表示八进制，八进制数的权展开式：

$$(207.04)_O=2\times8^2+0\times8^1+7\times8^0+0\times8^{-1}+4\times8^{-2}=(135.0625)_D$$

④ 十六进制。数码为：0～9、A～F；基数是 16。

运算规律：逢十六进一，即：F+1=10。

下标 H（Hexadecimal）表示十六进制，十六进制数的权展开式：

$$(D8.A)_H=13\times16^1+8\times16^0+10\times16^{-1}=(216.625)_D$$

结论：

• 一般地，N 进制需要用到 N 个数码，基数是 N；运算规律为逢 N 进一。

• 如果一个 N 进制数 M 包含 n 位整数和 m 位小数，a 代表数值，则该数的权展开式为：

$$(M)_N=a_{n-1}\times N^{n-1}+a_{n-2}\times N^{n-2}+\cdots+a_1\times N^1+a_0\times N^0+a_{-1}\times N^{-1}+a_{-2}\times N^{-2}+\cdots+a_{-m}\times N^{-m}$$

2）数制转换。

① 二、八、十六进制转换为十进制。

将 N 进制数按权展开，即可以转换为十进制数。

② 十进制数转换为二、八、十六进制数。

方法：基数连除、连乘法。

原理：将整数部分和小数部分分别进行转换。整数部分采用基数连除法，小数部分采用基数连乘法，转换后再合并。

a. 整数转换方法。将待转换的十进制数连续除以 2，直至商为 0 为止，所得余数即二进制数，简称为“除 2 取余法”。先得到的余数为低位，后得到的余数为高位。

例如：将十进制数 25 转换为二进制数。

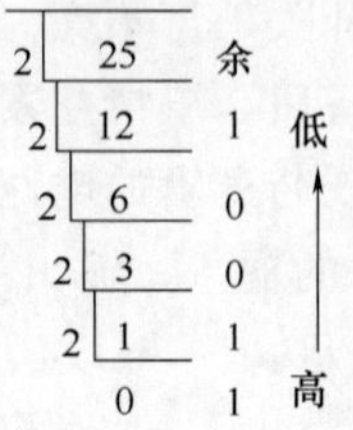

即 $(25)_D=(11001)_B$

以此类推，十进制整数转换成八进制数，采用“除 8 取余法”；转换为十六进制数采用“除 16 取余法”。

b. 小数转换方法。将十进制小数转换为二进制数，采用“乘 2 取整法”。先得到的整数为高位，后得到的整数为低位。

例如 $(0.625)_D=(?)_B$

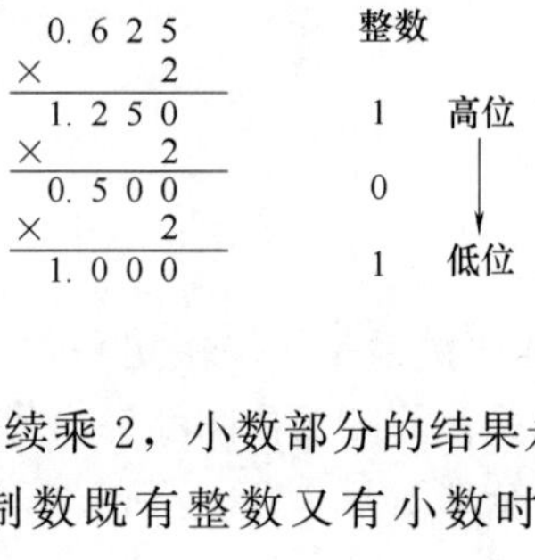

即 $(0.625)_D=(0.101)_B$

值得注意的是，有些小数连续乘 2，小数部分的结果永不为 0，这时可根据精度要求，取有限位即可。如果一个十进制数既有整数又有小数时，可按上面方法分别核算然后相加。

所以：$(25.625)_D=(11001.101)_B$

以此类推，十进制小数转换成八进制数，采用“乘 8 取整法”；转换为十六进制数采用“乘 16 取整法”。

采用基数连除、连乘法，可将十进制数转换为任意的 N 进制数。

③ 二进制数与八进制数的相互转换。

a. 二进制数转换为八进制数：将二进制数由小数点开始，整数部分向左，小数部分向右，每 3 位分成一组，不够 3 位补零，则每组二进制数便是一位八进制数。

$$001 \mid 101 \mid 010 \mid .010=(152.2)_O$$

b. 八进制数转换为二进制数：将每位八进制数用 3 位二进制数表示。

$$(374.26)_O=011 \mid 111 \mid 100 \mid .010 \mid 110$$

④ 二进制数与十六进制数的相互转换。

二进制数与十六进制数的相互转换与八进制类似，按照每 4 位二进制数对应于一位十六进制数进行转换。

$$0001 \mid 1101 \mid 0100 \mid .0110=(1E8.6)_H$$

$$(AF4.76)_H=1010 \mid 1111 \mid 0100 \mid .0111 \mid 0110$$

(2) 基本门电路

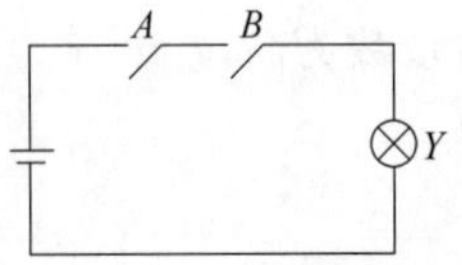

图 2-5-1 与逻辑关系电路

1）与逻辑和与门电路。如图 2-5-1 所示电路中，开关 A 和 B 串联，只有 A 与 B 同时闭合，灯才亮；如果仅闭合其中一只开关，灯不亮。与逻辑是指当决定一件事情的几个条件都具备后，事情才发生，缺一不可。

实现与逻辑的电路称为与门电路，简称与门，输出结过一般用 Y 或 F 表示。图 2-5-2 是与门的输入、输出波形图。

与逻辑关系可以用逻辑函数式表示：

$$Y=A \cdot B \tag{2-5-1}$$

其中，运算符“·”可省略。

图 2-5-3 是与门的符号，A、B 是两个输入端，Y 是输出端。图 2-5-4 是二极管与门电路。表 2-5-1 是与门的真值表，由真值表可知，只要输入有一个 0 时，输出为 0；只有输入全为 1 时，输出才为 1。因此，与逻辑的逻辑功能可概括为“有 0 出 0，全 1 出 1”。

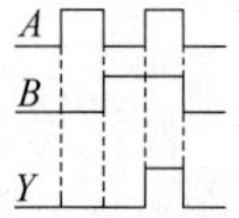

图 2-5-2 工作波形

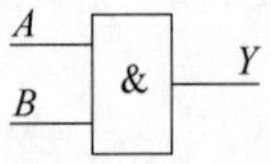

图 2-5-3 与门符号

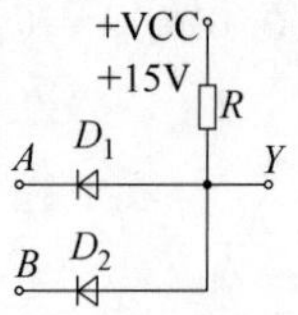

图 2-5-4 二极管电路图

2）或逻辑和或门电路。或逻辑关系是指当决定一件事情的几个条件中，只要具备一个条件，事情就会发生。或逻辑关系的实例如图 2-5-5 所示，开关 A、B 并联，只要其中一只开关闭合，灯就会亮；只有全部断开，灯才不亮。

或逻辑输入、输出的波形如图 2-5-6 所示。

表 2-5-1　与门的真值表

输入		输出
A	B	Y
0	0	0
0	1	0
1	0	0
1	1	1

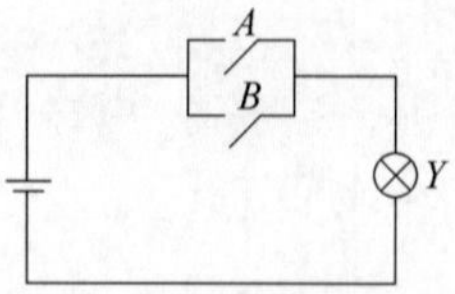

图 2-5-5　或逻辑关系电路

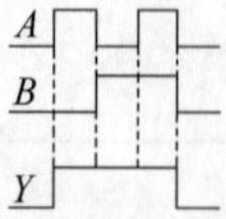

图 2-5-6　工作波形

或门的逻辑函数式为

$$Y=A+B \tag{2-5-2}$$

实现或逻辑关系的电路称为或门电路，简称或门，或门的符号如图 2-5-7 所示，由二极管组成的或门电路如图 2-5-8 所示。

或门的真值见表 2-5-2。

从真值表上可知，只要输入有一个或一个以上为 1 时，输出为 1；只有输入全为 0 时，输出为 0。因此，或门的逻辑功能可概括为“有 1 出 1，全 0 出 0”。

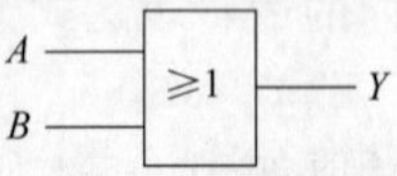

图 2-5-7　逻辑符号

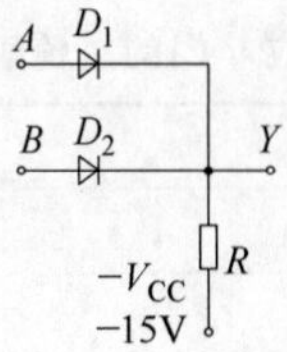

图 2-5-8　二极管电路图

表 2-5-2　或门的真值表

输入		输出
A	B	Y
0	0	0
0	1	1
1	0	1
1	1	1

3）非逻辑和非门电路。非逻辑关系是指事情与条件总是相反，即输出状态与输入状态相反。实现非逻辑的电路称非门电路。非门是一个反相器，非门逻辑关系的实例与符号如图 2-5-9 所示，波形如图 2-5-10 所示。

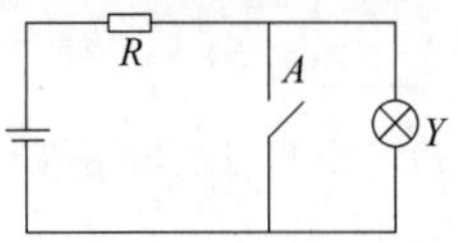

图 2-5-9　非逻辑关系电路

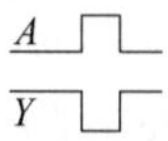

图 2-5-10　工作波形

逻辑函数式为

$$Y=\overline{A} \tag{2-5-3}$$

非门逻辑符号如图 2-5-11 所示，输出端的小圆圈表示非的意思。图 2-5-12 为由三极管组成的非门电路图。

非门的真值表如表 2-5-3 所示。非门的逻辑功能可表述为“有 1 出 0，有 0 出 1”。

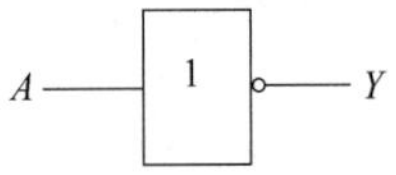

图 2-5-11　逻辑符号

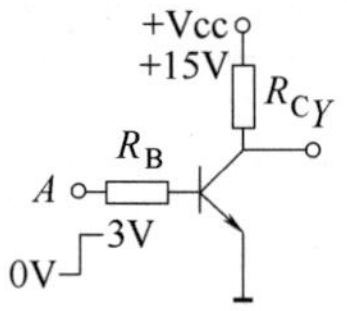

图 2-5-12　三极管电路图

表 2-5-3　　　　非门的真值表

输入	输出
A	Y
0	1
1	0

(3) 复合门电路

由于反相器具有电流放大能力，带负载能力较强，且输出电平比较稳定，因此在实际中常常把与门、或门和非门结合起来，构成与非门、或非门、与或非门等复合门电路。

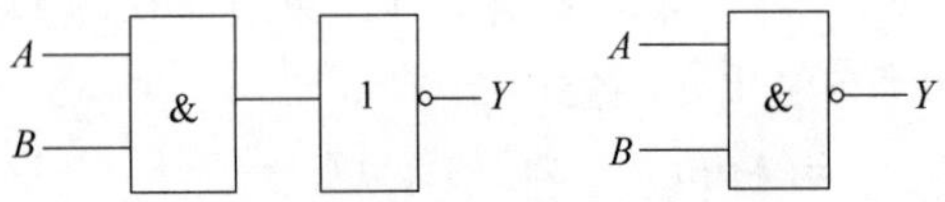

图 2-5-13　与非门逻辑结构和符号

1）与非门。将与门和非门组合就构成与非门，其逻辑结构图和逻辑符号如图 2-5-13 所示。与非门的逻辑表达式为

$$Y=\overline{AB} \tag{2-5-4}$$

与非门的真值如表 2-5-4 所示，由真值表可知，与非门的逻辑功能为“全 1 出 0，有 0 出 1”。

表 2-5-4　　与非门的真值表

输入		输出
A	B	Y
0	0	1
0	1	1
1	0	1
1	1	0

表 2-5-5　　或非门的真值表

输入		输出
A	B	Y
0	0	1
0	1	0
1	0	0
1	1	0

2）或非门。在一级或门的后面加一个非门就组成了或非门，其逻辑结构和逻辑符号如图 2-5-14 所示。或非门的逻辑表达式为

$$Y=\overline{A+B} \tag{2-5-5}$$

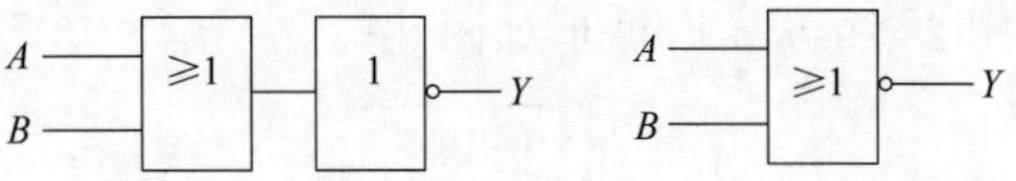

图 2-5-14　或非门逻辑结构和符号

或非门的真值如表 2-5-5 所示，由其真值表可得或非门的逻辑功能为“有 1 出 0，全 0 出 1”。

3）与或非门。把与门、或门、非门按顺序连接起来就组成了与或非门，其逻辑结构和逻辑符号如图 2-5-15 所示。它的逻辑关系是：先与，再或，最后非。与或非门的逻辑表达式为

$$Y=\overline{AB+CD} \tag{2-5-6}$$

表 2-5-6　　与或非门的真值表

输入				输出
A	B	C	D	Y
0	0	0	0	1
0	0	0	1	1
0	0	1	0	1
0	0	1	1	0
0	1	0	0	1
0	1	0	1	1
0	1	1	0	1
0	1	1	1	0
1	0	0	0	1
1	0	0	1	1
1	0	1	0	1
1	0	1	1	0
1	1	0	0	0
1	1	0	1	0
1	1	1	0	0
1	1	1	1	0

与或非门的真值如表 2-5-6 所示，由其真值表得与或非门的逻辑功能为输入端中任一组合为 1 输出为 0；各组输入都至少有一个为 0 时，输出才为 1。将门电路按照一定的规律连接起来，可以组成具有各种逻辑功能的逻辑电路。

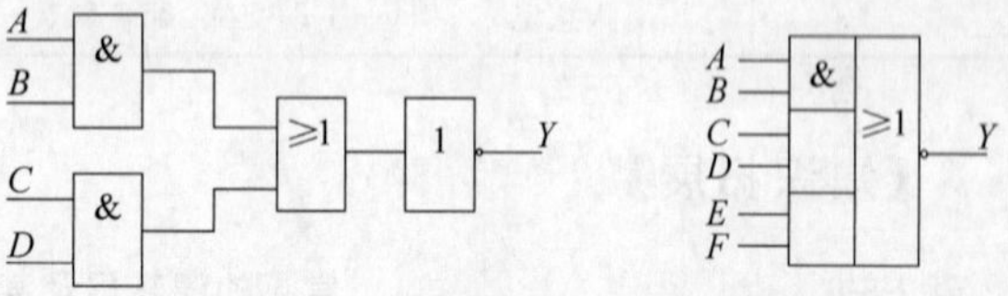

图 2-5-15　与或非门逻辑结构和符号

【任务实施】

(1) 设备与器材

5V 电源一个，3V 电源两个，开关两只，电压表一只，二极管两个，电阻一个，万用表一只。

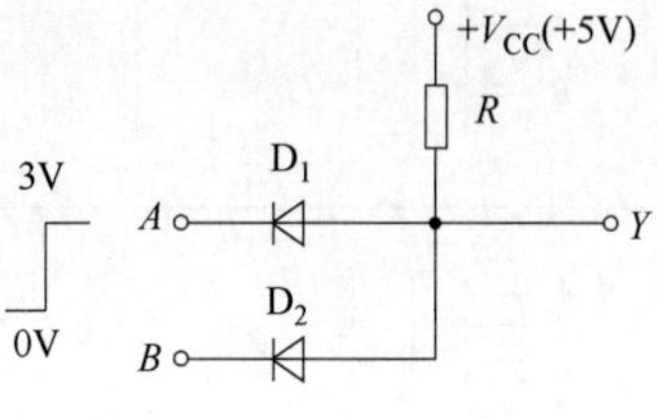

图 2-5-16　二极管与门电路

(2) 与门试验电路制作和调试

如图 2-5-16 所示为二极管与门电路，按表 2-5-7 分别给 A、B 端不同电位时测出 Y 端电位，并判别 D_1、D_2 的导通和截止情况。列出真值表，如表 2-5-8 所示，再推导出与逻辑关系 $Y=AB$。

表 2-5-7　　与门电位关系

u_A	u_B	u_F	D_1	D_2
0V	0V	0V	导通	导通
0V	3V	0V	导通	截止
3V	0V	0V	截止	导通
3V	3V	3V	截止	截止

表 2-5-8　　真值表

A	B	Y
0	0	0
0	1	0
1	0	0
1	1	1

【实操评价】

教学内容	评价要点	评价标准	评价方式	考核方式	分数权重
逻辑门电路知识学习和应用	门电路制作	正确连接元件	教师评价	作业及答辩	0.2
	门电路分析	能分析门电路中元件的工作状态		作业及答辩	0.3
	测量输入输出电压	能进行试验电路的制作与调试		操作	0.3
	作业态度	积极主动，认真	小组评价	口试	0.1
	团队意识	主动交流、配合默契		口试	0.1

【知识拓展】

表 2-5-9　　常见的逻辑门及其逻辑符号

逻辑名称	逻辑表达式	逻辑符号
“与非”逻辑	$Y=\overline{AB}$	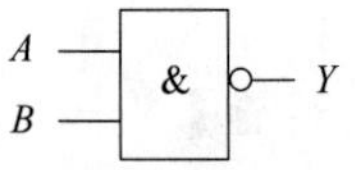
“或非”逻辑	$Y=\overline{A+B}$	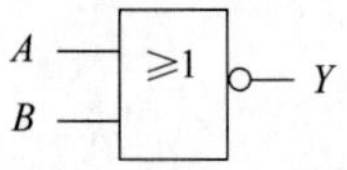
“与或非”逻辑	$Y=\overline{AB+CD}$	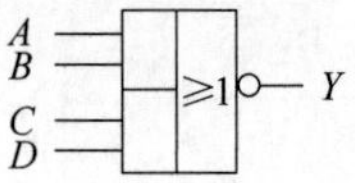
异或	$Y=A\oplus B$	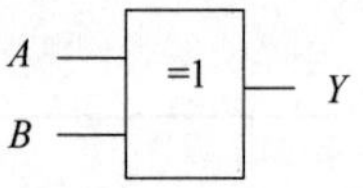
同或	$Y=A\otimes B$	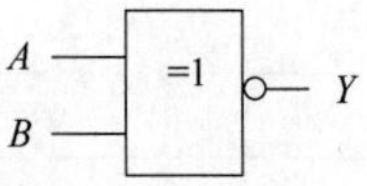

【自测题】

填空题

1. $(10010111)_2=(\quad)_{16}=(\quad)_{10}$；$(8C)_{16}=(\quad)_2=(\quad)_{10}$；$(17)_{10}=(\quad)_2=(\quad)_{16}$

2. 对或运算 $Y=A+B$，如果变量 $A=0$，$B=1$，则 $Y=$________

3. 对与运算 $Y=AB$，如果变量 $A=1$，$B=0$，则 $Y=$________

4. “与非”门的逻辑功能是：________、________。

5. “或非”门的逻辑功能是：________、________。

6. “或”门的逻辑功能是：________、________。

7. “与”门的逻辑功能是：________、________。

8. 在数字电路中，常用________和________表示两种对立的状态。

任务 2.5.2　逻辑函数化简

【知识目标】

了解代数法化简的方法；掌握卡诺图化简的方法。

【任务描述】

通过逻辑代数的基本定律的学习，了解代数法化简的方法，由于代数法化简的不唯一性而引出卡诺图化简，并掌握该方法。

【相关知识】

(1) 逻辑代数的基本定律

1）基本运算法则。

逻辑非：$Y=\overline{A}$

同一律：$0+A=A\quad 1\cdot A=A$

0、1 律：$1+A=1\quad 0\cdot A=0$

重叠律：$A+A=A\quad A\cdot A=A$

互补律：$A+\overline{A}=1\quad A\cdot\overline{A}=0$

还原律：$\overline{\overline{A}}=A$

分别令 $A=0$ 及 $A=1$ 代入这些公式，即可证明它们的正确性。

2）基本代数规律。

① 交换律。

$A\cdot B=B\cdot A$

$A+B=B+A$

② 结合律。

$ABC=(AB)C=A(BC)$

$A+B+C=A+(B+C)=(A+B)+C$

③ 分配律。

$A(B+C)=AB+AC$

$A+BC=(A+B)(A+C)$

证：$(A+B)(A+C)=AA+AB+AC+BC=A+A(B+C)+BC=A[1+(B+C)]+BC=A+BC$

④ 反演律（摩根定理）。

在化简比较复杂的逻辑关系时，这个定理很有用。

$$\overline{A\cdot B}=\overline{A}+\overline{B}$$

$$\overline{A+B}=\overline{A}\cdot\overline{B}$$

它表明对逻辑函数求反的方法是：把表达式中的变量换成反变量，同时把“与”和“或”两种运算互换，因为定理的这一表述形式表明了逻辑表达式求反的途径，所以叫反演律。证明可用真值表 2-5-10。

表 2-5-10　　反演律真值表

A	B	$\overline{A}\cdot\overline{B}$	$\overline{A+B}$	$\overline{A}+\overline{B}$	$\overline{A\cdot B}$
0	0	1	1	1	1
0	1	0	0	1	1
1	0	0	0	1	1
1	1	0	0	0	0

由表 2-5-10 可知，对于任何一组 A、B 的取值，$\overline{A}\cdot\overline{B}$ 和$\overline{A+B}$ 都相等，这就证明了等式$\overline{A+B}=\overline{A}\cdot\overline{B}$。

反演律还可以推广到多个变量，即下面的关系同样成立：

$$\overline{A\cdot B\cdot C\cdots}=\overline{A}+\overline{B}+\overline{C}+\cdots$$

$$\overline{A+B+C\cdots}=\overline{A}\cdot\overline{B}\cdot\overline{C}\cdot\cdots$$

⑤ 吸收律（逻辑表达式和普通代数表达式的一个重要区别是：逻辑表达式中的某些项可能被其他项所吸收）。吸收规律如下：

$$A(A+B)=A$$

$$A+AB=A$$

$$A(\overline{A}+B)=AB$$

$$A+\overline{A}B=A+B$$

【例题 2-5-1】 应用逻辑代数证明下面等式成立。

求证：$ABC+\overline{A}+\overline{B}+\overline{C}=1$

证： $ABC+\overline{A}+\overline{B}+\overline{C}=ABC+\overline{ABC}=1$

【例题 2-5-2】 应用逻辑代数化简下面等式。

求证：$AB+\overline{A}\cdot\overline{C}+B\overline{C}$

证：$AB+\overline{A}\cdot\overline{C}+B\overline{C}$

$=AB+\overline{A}\cdot\overline{C}+(A+\overline{A})B\overline{C}$　　配项法 $(A+\overline{A})=1$

$=AB+\overline{A}\cdot\overline{C}+AB\overline{C}+\overline{A}B\overline{C}$　　分配法

$=(AB+AB\overline{C})+(\overline{A}\cdot\overline{C}+\overline{A}B\overline{C})$　　吸收律与0、1律 $(1+\overline{C}=1\quad 1+B=1)$

$=AB+\overline{A}\cdot\overline{C}$

(2) 逻辑函数的化简

一个逻辑函数可以有多种不同的逻辑表达式，如与-或表达式、或-与表达式、与非-与非表达式、或非-或非表达式、与-或-非表达式等。常用的是与-或表达式，其他的表达式都可以变换成与-或表达式。因此化简的目的就是求最简的与-或表达式。

那么最简与-或表达式的标准是什么呢？主要有两点，即与项的数目最少，这样用门的个数最少；每个与项的因子最少，这样门的输入端最少。

常用的化简方法是代数法和卡诺图法。

1）代数法。代数法化简就是利用逻辑代数的基本定律和基本公式对函数进行化简。其方法如下：

① 并项法。使用公式 $A+\overline{A}=1$，将两项合并为一项，消去一个变量。

例如：$Y=AB+\overline{A}B=B(A+\overline{A})=B$

② 吸收法。利用公式 $A+AB=A$，消去多余项。

例如：

$$\overline{B}+A\overline{B}CD=\overline{B}(1+ACD)=\overline{B}$$

$$\overline{A}B+\overline{A}BCD(E+F)=\overline{A}B[1+CD(E+F)]=\overline{A}B$$

③ 消元法。利用公式 $A+\overline{A}B=A+B$，消去多余因子。

$$AB+\overline{A}C+\overline{B}C=AB+(\overline{A}+\overline{B})C=AB+\overline{AB}C=AB+C$$

④ 配项法。利用公式 $A+\overline{A}=1$，增加必要的乘积项，消去更多的项；也可利用公式 $A+A=A$，在函数里加上多余的项，以便获得更简化的函数式。

$$\begin{aligned}AB+\overline{AC}+B\overline{C}&=AB+\overline{A}\,\overline{C}+B\overline{C}(A+\overline{A})\\&=AB+\overline{A}\,\overline{C}+AB\overline{C}+\overline{A}B\overline{C}\\&=AB(1+\overline{C})+\overline{A}\,\overline{C}(1+B)\\&=AB+\overline{A}\,\overline{C}\end{aligned}$$

利用配项法需要一定的技巧，在使用上具有一定的试探性。实际化简逻辑函数时，往往需要综合运用各个公式或定律才能得到最简的结果。

2）卡诺图化简。代数法化简不仅需要熟练掌握基本定律和常用公式，而且还需要一定的经验和技巧。化简过程缺乏直观性。有时化简结果是否最简都无法确定。因此，该方法有局限性，而卡诺图法则具有直观明了的特点。

为了介绍卡诺图化简法，我们必须先了解一个基本概念——最小项。

① 最小项。设有 n 个逻辑变量，由它们组成含有 n 个变量的与项，其中每一个变量都以原变量或反变量的形式出现且仅出现一次，这个与项称作最小项。

例如对于两变量 A、B 来说，就有四个最小项，

即　$\overline{A}\,\overline{B}$、$\overline{A}B$、$A\overline{B}$、$AB$

而对于三个变量 A、B、C 来说，就有八个最小项，即：

$$\overline{A}\,\overline{B}\,\overline{C}、\overline{A}\,\overline{B}C、\overline{A}B\overline{C}、\overline{A}BC、A\overline{B}\,\overline{C}、A\overline{B}C、AB\overline{C}、ABC$$

其余的都不符合最小项的定义。一般地，n 个变量就会有 2^n 个最小项。

为了叙述和表达的方便，人们常用 m_i 来表示最小项。m 是最小项的代号，i 是二进制数对应的十进制数，也是最小项的编号，还可以省掉 m_i 而用$\sum m$ 来表示。

例如：$\overline{A}\,\overline{B}\,\overline{C}=m_0$、$\overline{A}\,\overline{B}C=m_1$、$\overline{A}B\overline{C}=m_2$、$\overline{A}BC=m_3$、$A\overline{B}\,\overline{C}=m_4$、$A\overline{B}C=m_5$、$AB\overline{C}=m_6$、$ABC=m_7$

有了最小项的概念以后，一个全部以最小项组成的“与-或”式逻辑函数，可写成下列形式：

$$\begin{aligned}Y(A,B,C)&=\overline{A}B\overline{C}+\overline{A}BC+AB\overline{C}+ABC\\&=m_2+m_3+m_6+m_7\\&=\sum m(2,3,6,7)\end{aligned}$$

② 用卡诺图表示逻辑函数。卡诺图就是逻辑函数最小项的方块图，将 n 变量的 2^n 个最小项用 2^n 个小方格表示，并使其有逻辑相邻性的最小项在几何位置上也要相邻，这样排列得到的方格图称为 n 变量最小项卡诺图，简称为变量卡诺图。逻辑相邻性是指相邻的两个最小项只有一个变量不同。

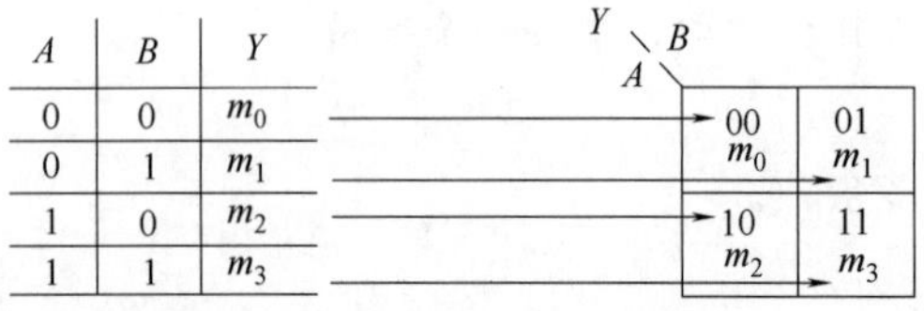

图 2-5-17　二变量卡诺图的构成

③ 卡诺图的画法和特点。卡诺图的结构可以由真值表演变得到。以二变量为例，其对应关系如图 2-5-17 所示。

比较真值表和卡诺图的结构可以看出，两者都是以表格的形式表示函数值（Y）与变量（A、B）取值的关系。因此可以说，卡诺图是真值表的变种。它们的区别仅在于表格排列方法不同，排列方法的改变是依照逻辑函数的基本定律，它为化简逻辑函数表达式带来方便。

二、三、四变量卡诺图见图 2-5-18。

将三变量分成两组，AB 和 C 或 A 和 BC，分法均属任意，并将 AB（或 BC）的四种可能的取值，按 00～01～11～10 的顺序排列，使两两相邻的一组变量，只有一个变量不同。四变量卡诺图也具有同样的特点。

五变量及以上的卡诺图可以按同样原则画出，但因变量多，卡诺图变得很复杂，直观性变差，这里就不作介绍了。

用卡诺图表示逻辑函数的方法：卡诺图中的每个小方格代表逻辑函数的一个最小项。因此，卡诺图可以用来表示逻辑函数。具体方法是：将逻辑函数表达式化成最小项之和的形式，然后在卡诺图中将出现最小项的位置填 1，其余填 0，就可得到该逻辑函数的卡诺图。把卡诺图中记 1 的最小项进行逻辑加，就得到相应的逻辑函数。

【例 2-5-3】 画出 $Y=\overline{A}\,\overline{B}\,\overline{C}+\overline{A}\,\overline{B}C+A\overline{B}C$ 的卡诺图。

解：将卡诺图中的 $\overline{A}\,\overline{B}\,\overline{C}$、$\overline{A}\,\overline{B}C$、$A\overline{B}C$ 位置填“1”，其卡诺图如图 2-5-19 所示。

④ 用卡诺图化简逻辑函数。卡诺图的真正价值在于作为运算工具，直观方便地化简复杂的多变量逻辑函数。

a. 理论依据。在卡诺图中方格与方格之间具有上下相邻、左右相邻。这样，只要两相邻最小项存在的话，就可以用 $A+\overline{A}=1$ 进行化简，常用公式 $AB+A\overline{B}=A$。

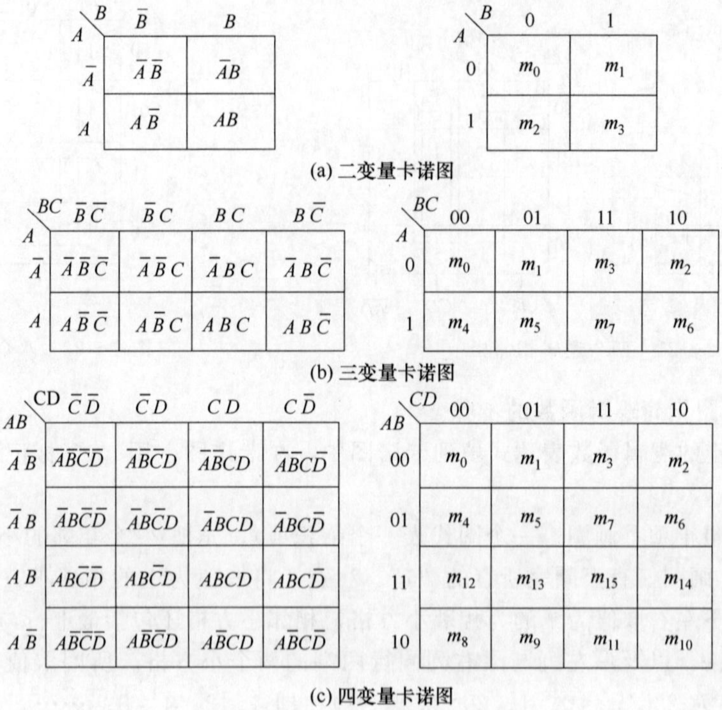

(a) 二变量卡诺图

(b) 三变量卡诺图

(c) 四变量卡诺图

图 2-5-18　二、三、四变量卡诺图

b. 结构特点。卡诺图类似于封闭球面的展开图，具有“循环邻接”的结构特点，这样“顶”格与“底”格、“左边”格与“右边”格的最小项也是互补的。四角的最小项也是相邻的（简称为四角相邻）。记住这些关系，对于化简极为重要。因为卡诺图中最小项的排列符合相邻性规则，因此可以直接在卡诺图上合并最小项，因而达到化简逻辑函数的目的。

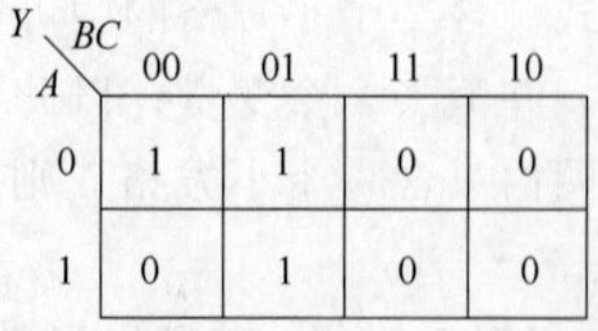

图 2-5-19　［例 2-5-3］卡诺图

c. 合并最小项的规则。如果相邻的两个小方格同时为“1”，可以合并一个两格组（用圈圈起来），合并后可以消去一个取值互补的变量，留下的是取值不变的变量。逻辑相邻的情况举例如图 2-5-20 所示。

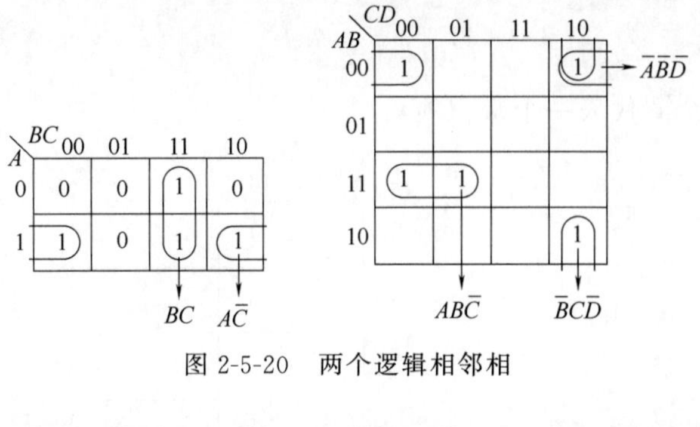

图 2-5-20　两个逻辑相邻相

如果相邻的四个小方格同时为“1”，可以合并一个四格组，合并后可以消去两个取值互补的变量，留下的是取值不变的变量。逻辑相邻的情况举例如图 2-5-21 所示。

如果相邻的八个小方格同时为“1”，可以合并一个八格组，合并后可以消去三个取值互补的变量，留下的是取值不变的变量。逻辑相邻的情况举例如图 2-5-22 所示。

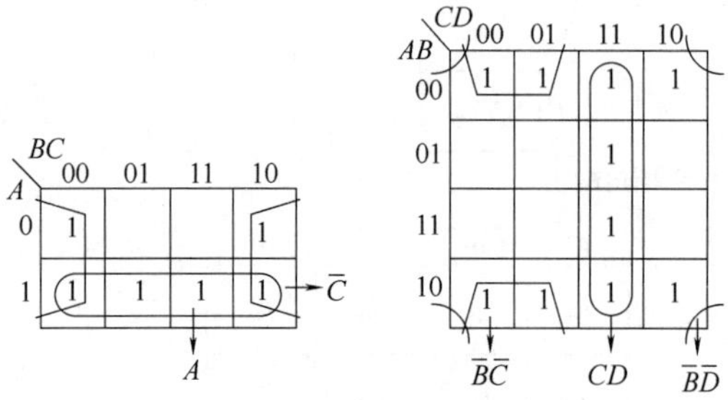

图 2-5-21 四个逻辑相邻相

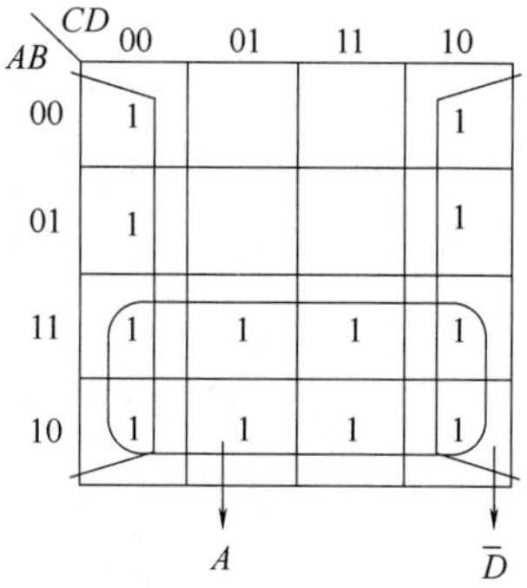

图 2-5-22 八个逻辑相邻相

d. 用卡诺图化简逻辑函数的步骤。

(a) 把给定的逻辑函数表达式填到卡诺图中，在卡诺图上用“1”标记函数 Y 的全部最小项。

(b) 合并最小项（画圈，一个圈代表一个乘积项）。先把 2^n 个相邻的小方格圈成矩形或方形的“1”画圈，直至圈完所有的“1”。注意，将取值为 1 的相邻小方格圈成矩形或方形，除了上下左右取值为 1 的为相邻小方格，相邻小方格还包括最上行与最下行同列两端的两个小方格，以及最左列与最右列同行两端的两个小方格。所圈取值为 1 的相邻小方格的个数应为 2^n（$n=0$、1、2、3、……），即 1、2、4、8、……，不允许 3、6、10 等。

(c) 写出合并后的乘积项（每圈的简化式），然后逐个相加，即得函数的最简与或表达式。含 2 个小方格的圈可合并为一项，并消去 1 个变量；含 4 个小方格的圈可合并为一项，并消去 2 个变量；以此类推，含 2^n 个小方格的圈可合并为一项，并消去 n 个变量。若圈内只含一个小方格，则不能化简。最后将合并的结果相加，即为所求的最简与或表达式。

【例 2-5-4】 某逻辑函数 $Y=\overline{A}\,\overline{B}C+\overline{A}BC$ 的卡诺图如图 2-5-23 所示。列方向 $\overline{B}$、B 互补，行方向仅有 $\overline{A}$，故得 $Y=\overline{A}C$。

又如某逻辑函数 $Y=\overline{A}\,\overline{B}\,\overline{C}D+\overline{A}\,\overline{B}CD+A\overline{B}\,\overline{C}D+A\overline{B}CD$ 的卡诺图如图 2-5-24 所示。由图可知，行方向 $\overline{A}$，A 互补可消去，余下 $\overline{B}$，列方向 $\overline{C}$，C 互补可消去，余下 D，故得：$Y=\overline{B}D$。

⑤ 画圈时的注意事项。

a. 圈的个数要尽可能的少（因一个圈代表一个乘积项）。

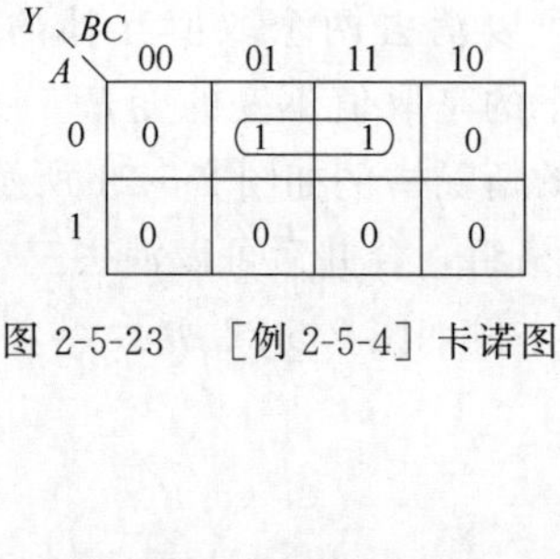

图 2-5-23 [例 2-5-4] 卡诺图

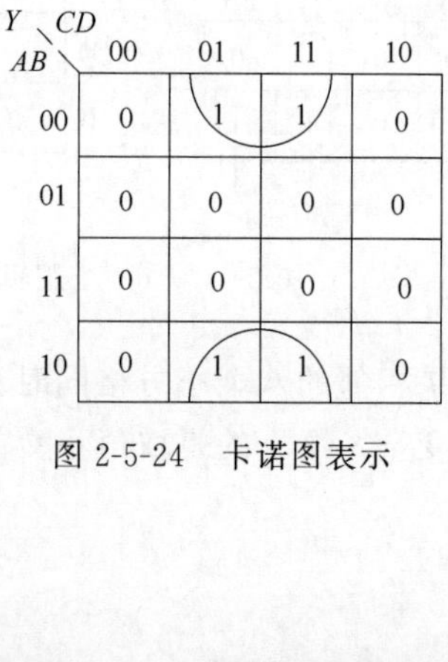

图 2-5-24 卡诺图表示

b. 圈要尽可能的大（因圈越大可消去的变量越多，相应的乘积项就越简）。

c. 每画一个圈至少包括一个新的“1”格，否则重复而得不到最简单的表达式（是多余的），所有的“1”都要被圈到。每一个取值为 1 的小方格可被圈多次。

d. 如果卡诺图中填满了“1”，则 $Y=1$。

【例 2-5-5】 用卡诺图化简逻辑函数：

$$Y(A,B,C,D)=\sum m(0,1,2,3,5,8,10,12,14)$$

解：画出四变量卡诺图，在对应序号小方块内填“1”，其余填“0”，如图 2-5-25 所示。根据上述规则画圈，得 a、b、c 三个圈。

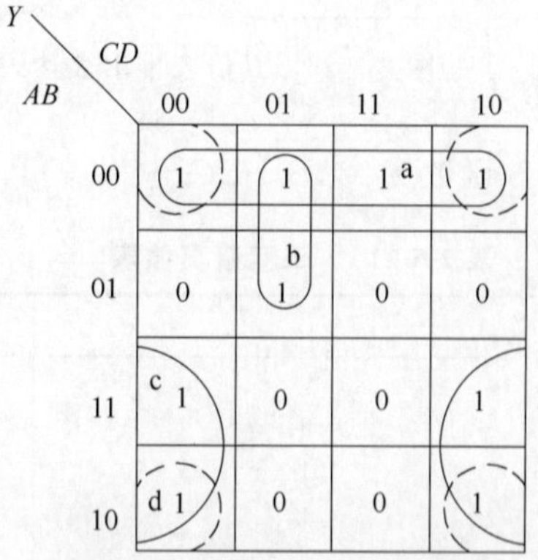

图 2-5-25　例 2-5-5 卡诺图

对 a 圈，列方向 CD 四种组合都有，其或为“1”，行方向只有 $\overline{A}\overline{B}$，所以此圈得 $\overline{A}\overline{B}$。对 b 圈，列方向有 $\overline{C}D$，行方向有 $\overline{A}$，此圈结果为 $\overline{A}\overline{C}D$。对 c 圈，列方向有 $\overline{D}$，行方向有 A，故此圈结果为 $A\overline{D}$。最后结果为：$Y(A, B, C, D)=\overline{A}\overline{B}+\overline{A}\overline{C}D+A\overline{D}$。

注意，本例中 d 圈的四个“1”均被其他圈包含过，没有一个新方格，故为无效圈。

【例 2-5-6】 用卡诺图化简函数 $F=AB\overline{C}+ABC+\overline{A}BD+\overline{A}\overline{B}C$。

解：

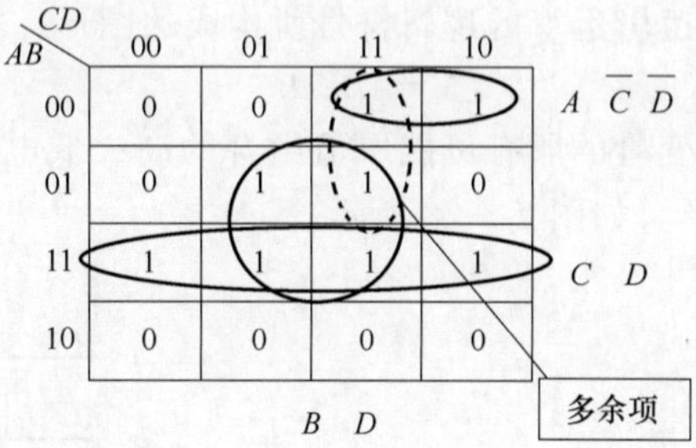

得：$F=BD+AB+\overline{A}\overline{B}$

(3) 逻辑函数的表示方法

逻辑函数有 5 种表示形式：真值表、逻辑表达式、逻辑图、波形图和卡诺图。只要知道其中一种表示形式，就可转换为其他几种表示形式。

1）真值表：是由变量的所有可能取值组合及其对应的函数值所构成的表格。

真值表列写方法：每一个变量均有 0、1 两种取值，n 个变量共有 $2n$ 种不同的取值，将这 $2n$ 种不同的取值按顺序（一般按二进制递增规律）排列起来，同时在相应位置上填入函数的值，便可得到逻辑函数的真值表。

例如：要表示这样一个函数关系，当 3 个变量 A、B、C 的取值中有偶数个 1 时，函数取值为 1；否则，函数取值为 0。此函数称为判偶函数，可用真值表见表 2-5-11。

2）逻辑表达式：是由逻辑变量和与、或、非 3 种运算符连接起来所构成的式子。

表达式列写方法：取 $Y=1$ 的组合，输入变量值为 1 的表示成原变量，值为 0 的表示成反变量，然后将各变量相乘，最后将各乘积项相加，即得到函数的与或表达式。

如图 2-5-26 所示，将那些使函数值为 1 的各个状态表示成全部变量（值为 1 的表示成

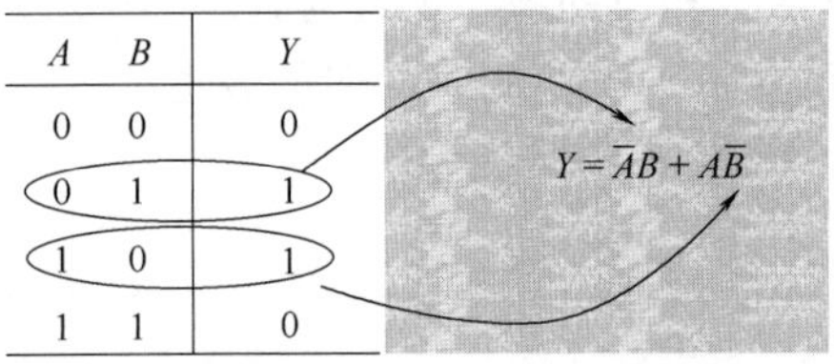

图 2-5-26 真值表推出表达式

原变量，值为 0 的表示成反变量）的与项（例如 $A=0$、$B=1$ 时函数 Y 的值为 1，则对应的与项为 $\overline{A}B$）以后相加，即得到函数的与或表达式。

由逻辑表达式列真值表的方法：把输入变量各种组合的取值分别代入逻辑表达式中进行运算，求出相应的逻辑函数值，即可列出真值表。函数 $Y=AB+BC+CA$ 的真值表见表 2-5-12。

表 2-5-11 三变量真值表

A	B	C	Y
0	0	0	1
0	0	1	0
0	1	0	0
0	1	1	1
1	0	0	0
1	0	1	1
1	1	0	1
1	1	1	0

表 2-5-12 真值表

A	B	C	Y
0	0	0	0
0	0	1	0
0	1	0	0
0	1	1	1
1	0	0	0
1	0	1	1
1	1	0	1
1	1	1	1

3）逻辑图：是由表示逻辑运算的逻辑符号所构成的图形，如图 2-5-27 所示。

$$Y=AB+BC$$

4）波形图：是由输入变量的所有可能取值组合的高、低电平及其对应的输出函数值的高、低电平所构成的图形，如图 2-5-28 所示。

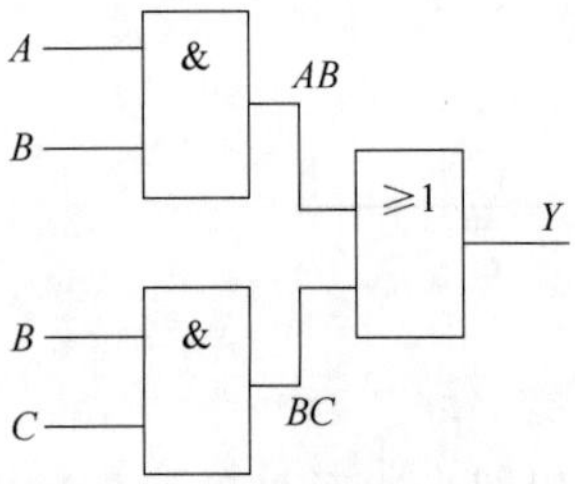

图 2-5-27 逻辑图

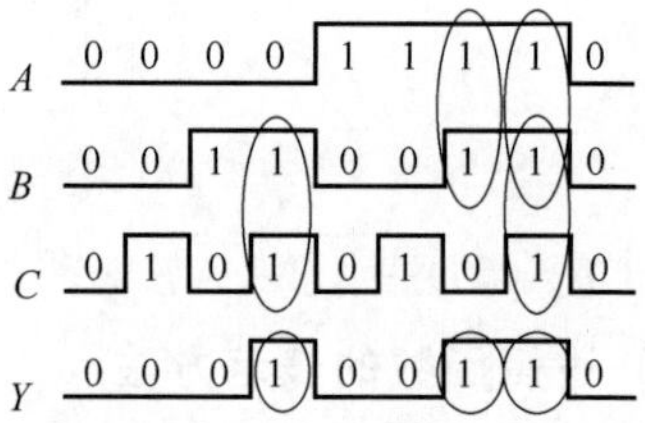

图 2-5-28 波形图

5）卡诺图：将逻辑函数真值表中的各行排列成矩阵形式，在矩阵的左方和上方按照格雷码的顺序写上输入变量的取值，在矩阵的各个小方格内填入输入变量各组取值所对应的输出函数值，这样构成的图形就是卡诺图。如函数：

$$Y=\overline{A}\,\overline{B}\,\overline{C}+\overline{A}BC+A\overline{B}C+AB\overline{C}$$

在变量 A、B、C 的取值分别为 000、011、101、110 所对应的小方格内填入 1，其余小方格内填入 0（也可以空着不填），便得到该函数的卡诺图，如图 2-5-29 所示。

A \ BC	00	01	11	10
0	1	0	1	0
1	0	1	0	1

图 2-5-29 两变量卡诺图

【任务实施】

某逻辑函数的真值表如下表所示，试用其他 4 种方法表示该逻辑函数。

A	B	C	Y
0	0	0	0
0	0	1	1
0	1	0	1
0	1	1	0
1	0	0	1
1	0	1	0
1	1	0	0
1	1	1	0

【考核评价】

教学内容	评价要点	评价标准	评价方式	考核方式	分数权重
逻辑代数学习和应用	逻辑代数基本定律和运算	掌握基本代数法则和基本运算规律	教师评价	作业及答辩	0.2
	代数法化简	能运用基本代数法则和基本运算规律进行简单的逻辑函数化简		作业及答辩	0.3
	卡诺图化简	能熟练运用卡诺图对逻辑函数进行化简		操作	0.3
	作业态度	积极主动，认真	小组评价	口试	0.1
	团队意识	主动交流、配合默契		口试	0.1

【自测题】

1. 根据下面所列真值表写出函数表达式。

A	B	C	Y	A	B	C	Y
0	0	0	0	1	0	0	0
0	0	1	1	1	0	1	0
0	1	0	0	1	1	0	1
0	1	1	1	1	1	1	1

2. 用卡诺图表示出下列函数。

$Y(A, B, C, D)=\sum m(0, 2, 3, 7)$

3. 已知两函数用卡诺图表示如下，画出卡诺圈并化简函数。

AB \ CD	00	01	11	10
00	1		1	1
01				
11			1	1
10	1	1	1	1

任务 2.5.3 组合逻辑电路的分析与设计

【知识目标】

掌握组合逻辑电路的分析方法；掌握组合逻辑电路的设计方法。

【技能目标】

能根据使用要求设计组合逻辑电路。

【任务描述】

本任务是通过分析组合逻辑电路和设计方法的学习，要求学生能设计出组合逻辑电路。

【相关知识】

(1) 组合逻辑电路的分析

组合逻辑电路：是无记忆性电路，输出仅由输入决定，与输入信号作用前电路的状态无关；电路结构中无反馈环路、存储单元（无记忆）。

所谓组合逻辑电路的分析就是根据已知的组合逻辑电路，确定其输入与输出之间的逻辑关系，验证和说明该电路逻辑功能的过程。

1）组合逻辑电路的分析步骤。

① 分析逻辑图，从输入到输出逐级写出逻辑表达式。

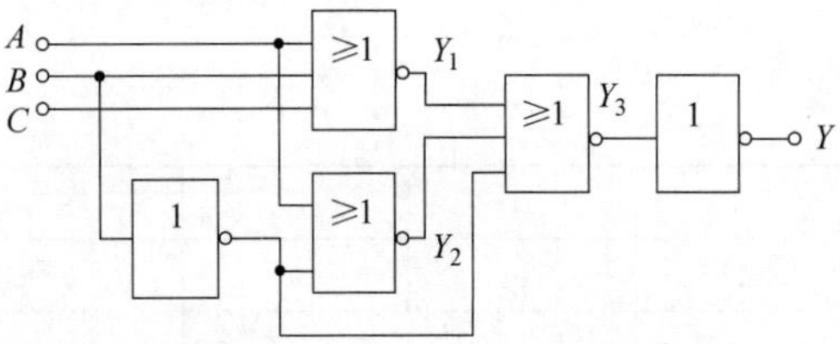

图 2-5-30 例 2-5-7 逻辑图

② 化简和变换各逻辑表达式为最简与或表达式。

③ 列真值表。

④ 确定电路的逻辑功能。

2）分析举例。

【例 2-5-7】 已知逻辑电路如图 2-5-30 所示，分析其逻辑功能。

解： 写逻辑表达式：

$$\left.\begin{aligned} Y_1 &= \overline{A+B+C} \\ Y_2 &= \overline{A+\overline{B}} \\ Y_3 &= \overline{Y_1+Y_2+\overline{B}} \end{aligned}\right\} Y=\overline{Y_3}=Y_1+Y_2+\overline{B}=\overline{A+B+C}+\overline{A+\overline{B}}+\overline{B}$$

最简与或表达式：

$$Y=\overline{A}\ \overline{B}\ \overline{C}+\overline{A}B+\overline{B}=\overline{A}B+\overline{B}=\overline{A}+\overline{B}$$

列真值表：如表 2-5-13 所示。

电路的逻辑功能：

电路的输出 Y 只与输入 A、B 有关，而与输入 C 无关。Y 和 A、B 的逻辑关系为：A、B 中只要一个为 0，$Y=1$；A、B 全为 1 时，$Y=0$，所以 Y 和 A、B 的逻辑关系为与非运算的关系。

表 2-5-13　　[例 2-5-7] 真值表

A	B	C	Y	A	B	C	Y
0	0	0	1	1	0	0	1
0	0	1	1	1	0	1	1
0	1	0	1	1	1	0	0
0	1	1	1	1	1	1	0

可用与非门实现：$Y=\overline{A}+\overline{B}=\overline{AB}$

【例 2-5-8】 已知逻辑电路如图 2-5-31 所示，分析其逻辑功能。

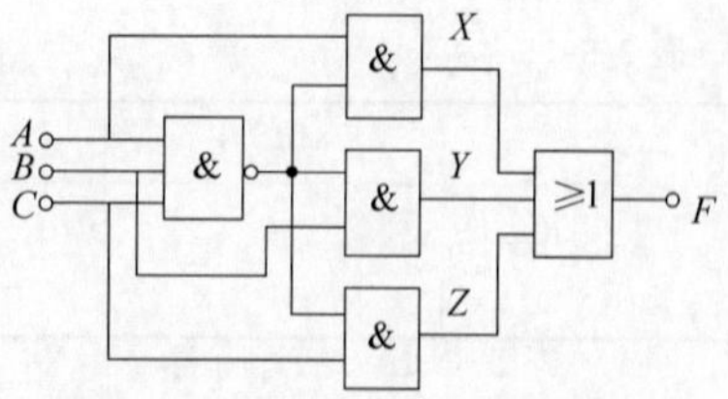

图 2-5-31　[例 2-5-8] 逻辑图

解：写逻辑表达式：

$$X=A\cdot\overline{ABC}$$
$$Y=B\cdot\overline{ABC}$$
$$Z=C\cdot\overline{ABC}$$

$$F=\overline{X+Y+Z}=\overline{A\cdot\overline{ABC}+B\cdot\overline{ABC}+C\cdot\overline{ABC}}$$

最简与或表达式：

$$F=\overline{(A+B+C)(\overline{A}+\overline{B}+\overline{C})}=\overline{A}\,\overline{B}\,\overline{C}+ABC$$

列真值表：如表 2-5-14 所示。

表 2-5-14　　[例 2-5-8] 真值表

A	B	C	Y	A	B	C	Y
0	0	0	1	1	0	0	0
0	0	1	0	1	0	1	0
0	1	0	0	1	1	0	0
0	1	1	0	1	1	1	1

电路的逻辑功能：

由真值表可知，当 3 个输入变量 A、B、C 取值一致时，输出 $Y=1$，否则输出 $Y=0$，所以这个电路可以判断 3 个输入变量的取值是否一致，故称为判一致电路。

(2) 组合逻辑电路的设计

所谓设计就是根据给定的功能要求，求出实现该功能的最简单的组合逻辑电路。

1）组合逻辑电路的设计步骤。

① 根据对电路逻辑功能的要求，列出真值表。

② 列出逻辑表达式或卡诺图。

③ 化简为最简与或表达式。

④ 逻辑变换。

⑤ 画出逻辑图。

2）设计举例。

【例 2-5-9】 设计一个楼上、楼下开关的控制逻辑电路来控制楼梯上的电灯，使之在上楼前，用楼下开关打开电灯，上楼后，用楼上开关关灭电灯；或者在下楼前，用楼上开关打开电灯，下楼后，用楼下开关关灭电灯。

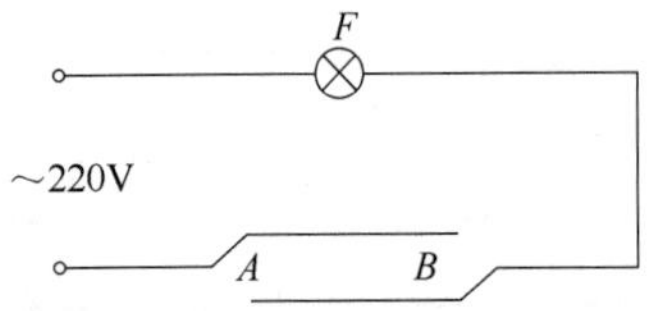

图 2-5-32　实际电路图

解：真值表：实际电路如图 2-5-32 所示，设楼上开关为 A，楼下开关为 B，灯泡为 Y。并设开关 A、B 掷向上方时为 1，掷向下方时为 0；灯亮时 Y 为 1，灯灭时 Y 为 0。根据逻辑要求列出真值表，如表 2-5-15 所示。

逻辑表达式：

$F=\overline{A}\,\overline{B}+AB$ 已为最简与或表达式。

表 2-5-15　［例 2-5-9］真值表

A	B	Y	A	B	Y
0	0	1	1	0	0
0	1	0	1	1	1

逻辑电路图：方法一：用与非门实现，如图 2-5-33 所示。

方法二：$Y=\overline{A}\,\overline{B}+AB=\overline{A\oplus B}$，用同或门实现，如图 2-5-34 所示。

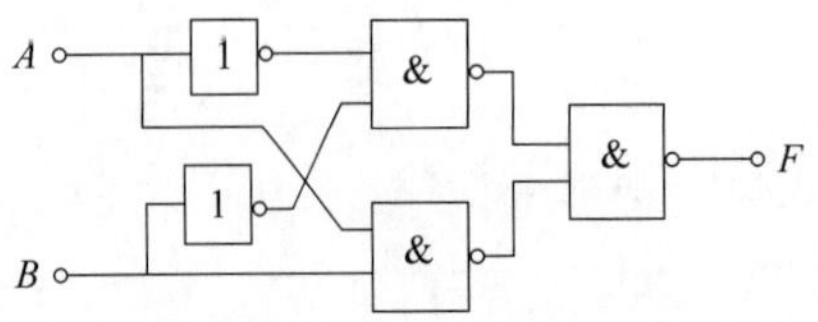

图 2-5-33　与非门逻辑图

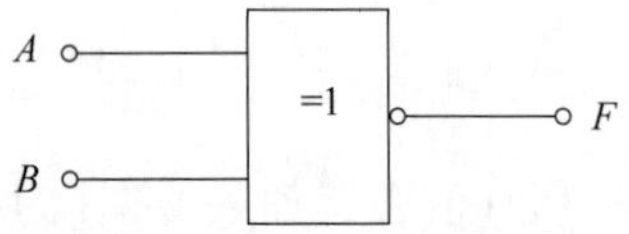

图 2-5-34　用同或门实现

【任务实施】

设计 3 位的奇偶校验电路：当输入码中含有奇数个 1 时输出有效信号。试写出逻辑表达式，并画出逻辑电路图。

【考核评价】

教学内容	评价要点	评价标准	评价方式	考核方式	分数权重
组合逻辑电路的分析与设计	列真值表	能列出 3 位的奇偶校验电路的真值表	教师评价	作业及答辩	0.2
	写逻辑表达式	能运用门电路基本知识写出 3 位的奇偶校验的逻辑表达式		作业及答辩	0.3
	画逻辑电路图	能画出 3 位的奇偶校验的逻辑电路图		作业及答辩	0.3
	作业态度	积极主动，认真	小组评价	口试	0.1
	团队意识	主动交流、配合默契		口试	0.1

【自测题】

1. 根据所示电路写出相应的逻辑函数式。

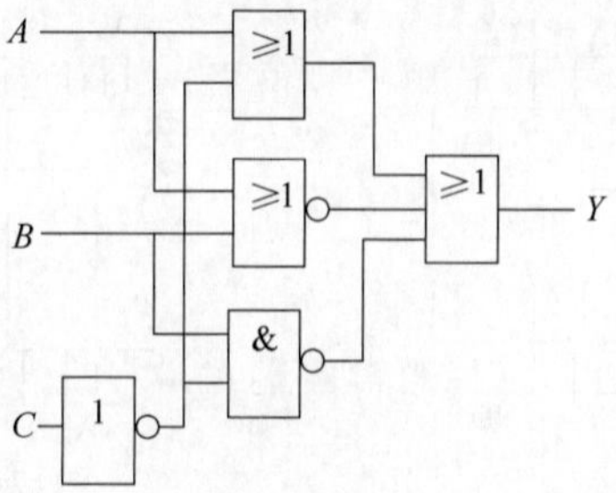

2. 根据表达式画出逻辑电路。

$F = \overline{AB} \cdot \overline{BC}$

3. 设计题。

设计 3 位的奇偶校验电路，当输入码中含有奇数个 1 时输出有效信号。试写出逻辑表达式，并画出逻辑电路图。

任务 2.5.4 三人表决器的设计、制作与调试

【知识目标】

掌握三人表决器的分析方法；掌握三人表决器的设计方法。

【技能目标】

能根据使用要求设计、制作并调试三人表决器。

【任务描述】

本任务是通过分析三人表决器的作用，设计出三人表决器的电路，并能制作出该电路和进行调试。

【相关知识】

(1) 设备与器材

1）元件清单，如表 2-5-16 所示。

表 2-5-16 元件清单

序号	元件	参数	数量
1	电阻 R1,R2,R3,R4	R1、R2、R4：1kΩ，R3：500Ω	4 个
2	发光二极管		1 个
3	按钮		3 个
4	74LS00D、74LS10D 芯片		2 块
5	电源	5V 直流	1 块

2）芯片内部，如图 2-5-35、图 2-5-36 所示。

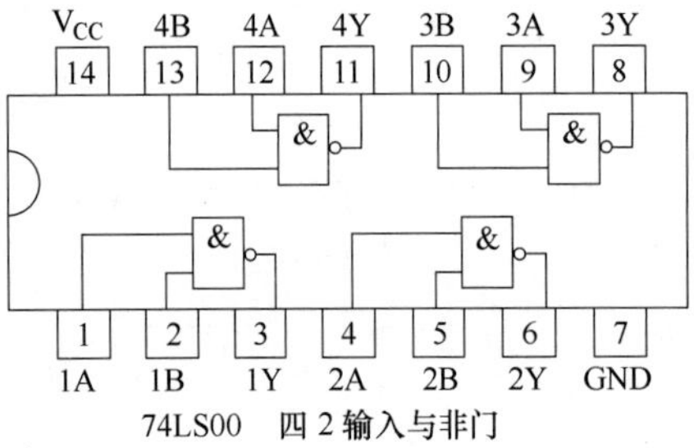

图 2-5-35 74LS00D 芯片内部结构

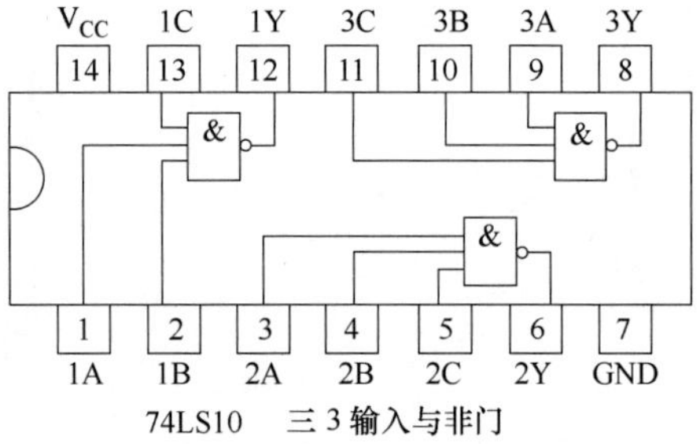

图 2-5-36 74LS10D 芯片内部结构

(2) 三人表决器电路的设计

【例 2-5-10】 用与非门设计一个举重裁判表决电路。设举重比赛有 3 个裁判，一个主裁判和两个副裁判。杠铃完全举上的裁决由每一个裁判按一下自己面前的按钮来确定。只有当两个或两个以上裁判判明成功，并且其中有一个为主裁判时，表明成功的灯才亮。

解：真值表：设主裁判为变量 A，副裁判分别为 B 和 C；表示成功与否的灯为 Y，根据逻辑要求列出真值表，如表 2-5-17 所示。

表 2-5-17 **［例 2-5-10］真值表**

A	B	C	Y	A	B	C	Y
0	0	0	0	1	0	0	0
0	0	1	0	1	0	1	1
0	1	0	0	1	1	0	1
0	1	1	0	1	1	1	1

逻辑表达式：

$$Y=m_5+m_6+m_7=A\overline{B}C+AB\overline{C}+ABC$$

最简与或表达式（用卡诺图化简）（图 2-5-37）：

A \ BC	00	01	11	10
0	0	0	0	0
1	0	1	1	1

图 2-5-37 ［例 2-5-10］卡诺图

$$Y=AB+AC$$

逻辑变换：

$$Y=\overline{\overline{AB}\,\overline{AC}}$$

逻辑电路图（图 2-5-38）：

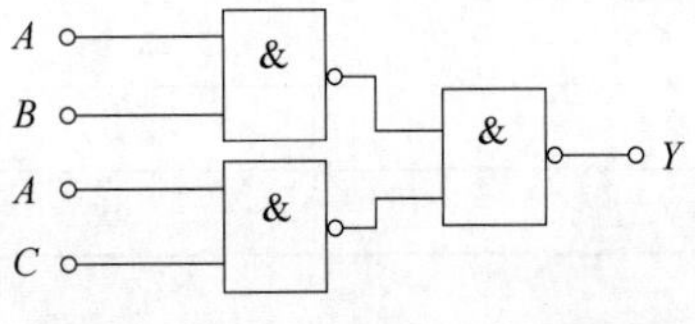

图 2-5-38 ［例 2-5-10］逻辑图

1）设计要求。设计一个三人表决器：要求当有两个及以上评委同意的时候，输出有效信号，即输出指示灯亮。

2）三人表决器设计流程，如图 2-5-39 所示。

3）三人表决器真值表，如表 2-5-18、表 2-5-19 所示。

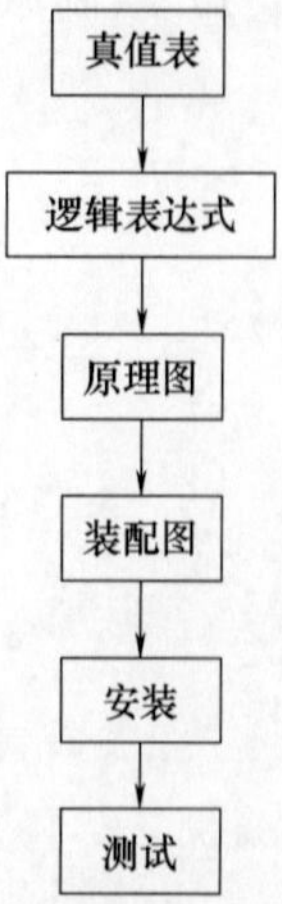

图 2-5-39　设计流程图

表 2-5-18　　评委表决情况表

评委 1	评委 2	评委 3	表决结果	评委 1	评委 2	评委 3	表决结果
×	×	×	淘汰	√	×	×	淘汰
×	×	√	淘汰	√	×	√	晋级
×	√	×	淘汰	√	√	×	晋级
×	√	√	晋级	√	√	√	晋级

表 2-5-19　　真值表

A	B	C	Y	A	B	C	Y
0	0	0	0	1	0	0	0
0	0	1	0	1	0	1	1
0	1	0	0	1	1	0	1
0	1	1	1	1	1	1	1

4）逻辑表达式和逻辑图，如图 2-5-40 所示。

由真值表得出：$Y=\bar{A}BC+A\bar{B}C+AB\bar{C}+ABC$

逻辑表达式化简：

$$
\begin{aligned}
Y &= \bar{A}BC+A\bar{B}C+AB\bar{C}+ABC \\
&= \bar{A}BC+A\bar{B}C+(AB\bar{C}+ABC)=\bar{A}BC+(A\bar{B}C+AB)=\bar{A}BC+A(\bar{B}C+B) \\
&= \bar{A}BC+A(\bar{B}+B)(C+B)=(\bar{A}BC+AB)+AC=B(\bar{A}C+A)+AC \\
&= B(\bar{A}+A)(A+C)+AC=AB+BC+AC \\
&= \overline{\overline{AB}\cdot\overline{BC}\cdot\overline{AC}}
\end{aligned}
$$

化简结果

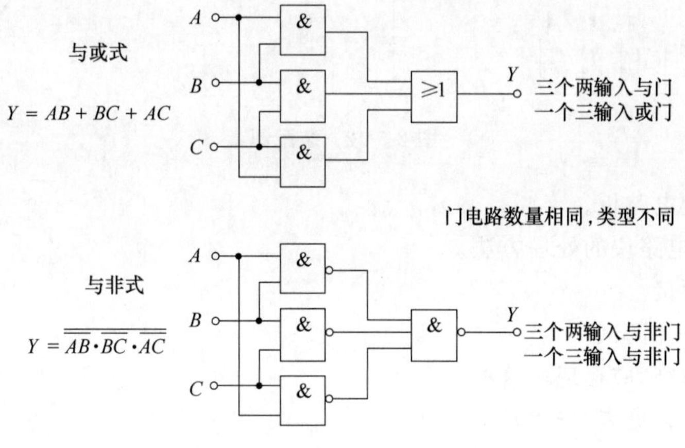

图 2-5-40　与或式和与非式逻辑图

这里采用与非式化简结果实现。

【任务实施】

三人表决器电路的制作和调试。

1）绘制原理图，如图 2-5-41 所示。

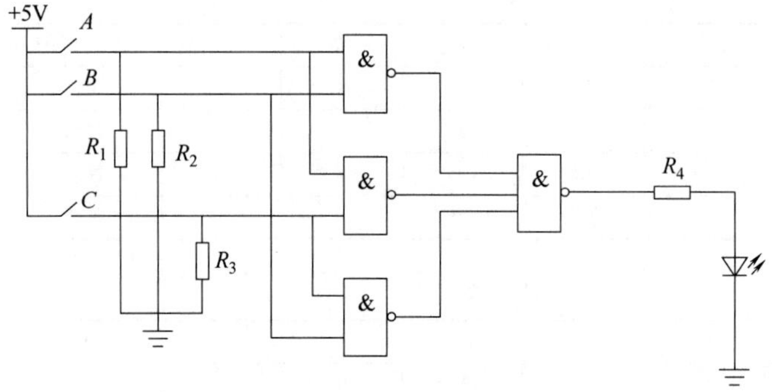

图 2-5-41　原理图

2）绘制装配图，如图 2-5-42 所示。

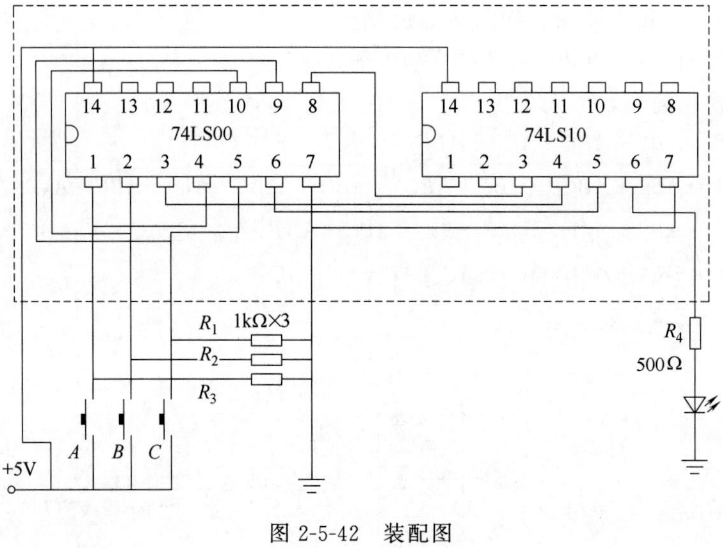

图 2-5-42　装配图

3）绘制印制电路板。

注意对集成电路块的处理方法。

4）安装与焊接。

5）通电试车并调试。

通电时指导教师应在现场监护。

6）故障排查，见表 2-5-20。

表 2-5-20　故障排除

编号	故障现象	故障的原因
1		
2		
3		

【实操评价】

教学内容	评价要点	评价标准	评价方式	考核方式	分数权重
表决器电路的设计与分析	三人表决器电路的分析	能进行三人表决器电路的分析	教师评价	作业及答辩	0.1
	三人表决器电路的设计	能进行三人表决器电路的设计		作业及答辩	0.3
	三人表决器电路的制作与调试	能进行三人表决器电路的制作与调试并排故		操作	0.4
	作业态度	积极主动，认真	小组评价	口试	0.1
	团队意识	主动交流、配合默契		口试	0.1

【自测题】

某车间有四台电动机，分别为 10kW、20kW、50kW、55kW，当电动机运行时，负荷超过了 60kW 时红灯亮（输出报警）。试写出逻辑表达式并画出逻辑电路图。

项目 2.6 照明灯延时电路的设计与制作

任务 2.6.1 触发器的应用

【知识目标】

掌握 RS 触发器的逻辑功能和波形图；熟悉 JK、D 触发器的逻辑功能和波形图。

【技能目标】

了解触发器的选用技巧；了解触发器的使用注意事项；运用相应集成块完成触发器的功能验证。

【任务描述】

本任务是完成 RS 触发器与 JK、D 触发器的学习。要求为：先学习几种触发器的电路工作原理、熟悉真值表，最后通过验证性实验加以验证。

【相关知识】

前面介绍了组合逻辑电路。这种电路的特点是输出状态仅取决于同一时刻的输入状态，所用的基本器件是逻辑门电路。

本任务我们将介绍时序逻辑电路。这种电路的特点是输出状态不仅与当时输入状态有关，还与过去的输入信号及输出状态有关。

应当强调的是：在现状态输入时，原来的输入状态在外部形式上已经撤销，但其作用或影响仍然存在，靠的是记忆作用。没有记忆也就不会有现代的电子计算机。在电子电路中，具有记忆功能的器件种类很多，我们在这里介绍具有记忆功能的基本单元电路——触发器。

本任务先介绍触发器的基本电路：基本 RS 触发器、同步 RS 触发器的结构、工作原理和逻辑功能；接着介绍主从触发器、边沿触发器和 T 触发器；最后介绍触发器使用应注意的问题。

(1) 基本 RS 触发器

1）电路结构。如图 2-6-1（a）所示为一个与非门构成的基本 RS 触发器，它由两个与非门交叉耦合连接而成。

它有两个输入端 $\overline{R}$、$\overline{S}$；有两个输出端 $\overline{Q}$ 和 Q。

通常规定 Q 端为触发器状态端。当 $Q=0$ 时，称触发器处于“0”态；而当 $Q=1$ 时，称触发器处于“1”态。若 Q 从“0”态变为“1”态或者从“1”态变为“0”态称触发器“翻转”。

2）工作原理。根据输入信号 $\overline{R}$、$\overline{S}$ 不同状态的组合，触发器的输出与输入之间的关系有四种情况：

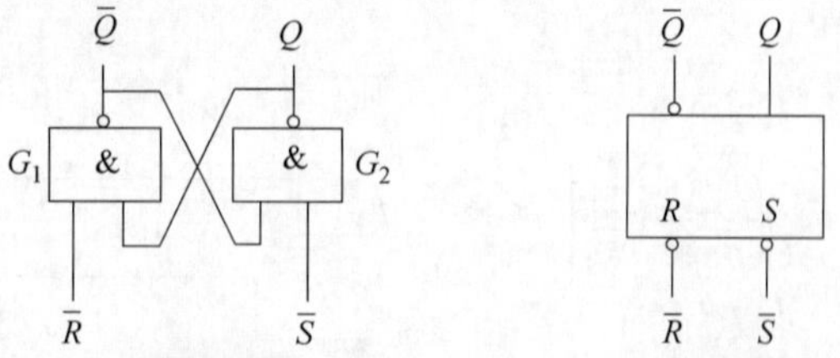

(a) 电路图　(b) 逻辑符号

图 2-6-1　基本 RS 触发器

① $\overline{R}=1$，$\overline{S}=0$。由于 G_2 门输入有 0，故 $Q=1$，而 G_1 门两个输入都是 1，故 $\overline{Q}=0$，即触发器被置“1”，所以 $\overline{S}$ 端称为置“1”端或置位端。

② $\overline{R}=0$，$\overline{S}=1$。由于 G_1 门输入有 0，故 $\overline{Q}=1$，G_2 门两个输入都是 1，故 $Q=0$，即触发器被置“0”，所以 $\overline{R}$ 端称为置“0”端或复位端。

③ $\overline{R}=\overline{S}=1$。这时触发器的状态由原来 Q 和 $\overline{Q}$ 的状态决定。若 $Q=0$，则 G_1 门被封锁，$\overline{Q}=1$，触发器维持“0”态不变；若 $Q=1$，$\overline{Q}=0$，则 G_2 门被封锁，触发器维持“1”态不变，即 $\overline{R}=\overline{S}=1$ 时触发器原来状态不变。

④ $\overline{R}=\overline{S}=0$。此时 Q 和 $\overline{Q}$ 全为 1，当两输入信号都同时撤去（回到 1）后，触发器的状态不能确定，因此称 $\overline{Q}=Q=1$ 为不定状态，它破坏了触发器的正常工作状态，应避免出现。

3）功能表示方法。

① 真值表。由以上分析可得到基本 RS 触发器的真值表，如表 2-6-1 所示。

表 2-6-1　　基本 RS 触发器真值表

$\overline{R}$	$\overline{S}$	Q	$\overline{Q}$	说　明
0	0	1	1	不定
0	1	0	1	置“0”
1	0	1	0	置“1”
1	1	Q	$\overline{Q}$	保持

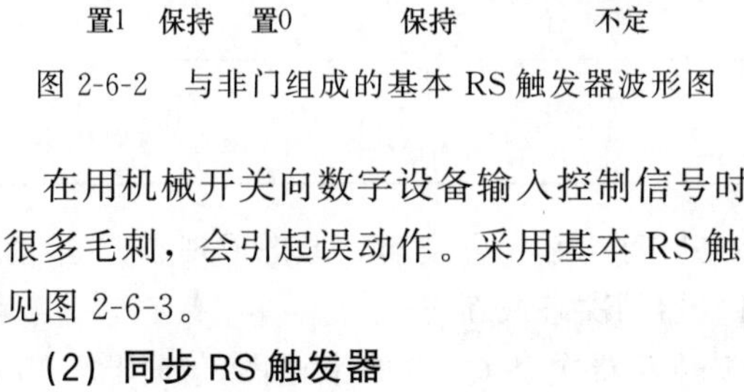

图 2-6-2　与非门组成的基本 RS 触发器波形图

② 波形图。基本 RS 触发器的功能用波形图表示，如图 2-6-2 所示。

③ 逻辑符号。用与非门构成的基本 RS 触发器的逻辑符号如图 2-6-1（b）所示。图中 $\overline{R}$ 和 $\overline{S}$ 端上的小圆圈表示用负脉冲置“0”和置“1”；$\overline{Q}$ 端的小圆圈表示 $\overline{Q}$ 端的状态与 Q 端互补。

4）应用举例。基本 RS 触发器的基本应用之一是消除机械开关的抖动。

在用机械开关向数字设备输入控制信号时，由于机械开关接点的抖动，使输入电压产生很多毛刺，会引起误动作。采用基本 RS 触发器能有效消除上述现象，其电路和电压波形见图 2-6-3。

(2) 同步 RS 触发器

在实际的数字系统中，往往含有许多触发器，并常常要求能够控制这些触发器的翻转

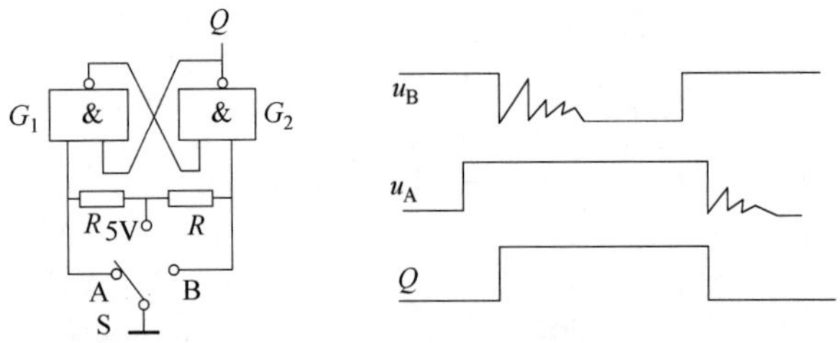

图 2-6-3　抖动消除电路及电压波形

时间。为此，引入了时钟脉冲来控制，使系统状态的改变与时钟同步。这种触发器称为钟控触发器或同步触发器。

1）电路构成。同步 RS 触发器的电路结构和逻辑符号如图 2-6-4 所示。

2）工作原理。

当 CP=0 时，G_1、G_2 封锁，$\overline{R}=\overline{S}=1$，触发器状态不变。

当 CP = 1 时，G_1、G_2 打开，触发器的输出状态取决于输入信号 R、S 的状态：

① $R=1$、$S=0$ 时，有 $\overline{R}=0$，$\overline{S}=1$，基本 RS 触发器置“0”，即 $Q=0$、$\overline{Q}=1$。

② 当 $R=0$、$S=1$ 时，有 $\overline{R}=1$，$\overline{S}=0$，基本 RS 触发器置“1”，即 $Q=1$、$\overline{Q}=0$。

③ 当 $R=S=0$ 时，有 $\overline{R}=\overline{S}=1$，触发器状态不变。

④ 当 $R=S=1$ 时，有 $\overline{R}=\overline{S}=0$，触发器处于不定态，应避免出现。

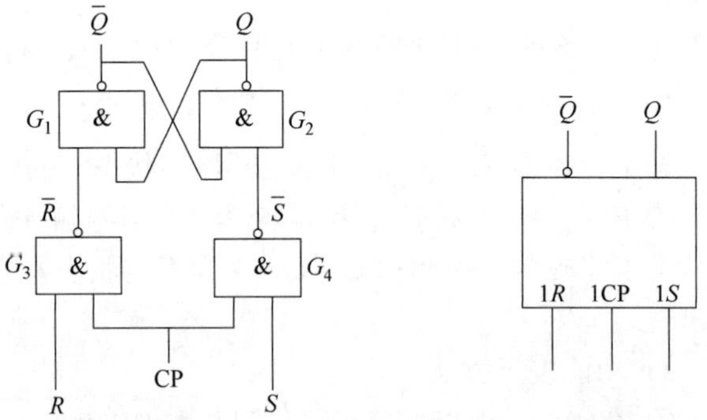

(a) 逻辑图　(b) 逻辑符号

图 2-6-4　同步 RS 触发器

3）功能描述。

① 真值表（特性表）。由以上分析可得到同步 RS 触发器的真值表，如表 2-6-2 所示。

表 2-6-2　**同步 RS 触发器真值表**

R	S	Q_n	Q_{n+1}	说　明
0	0	0	0 }Q_n	不变
0	0	1	1	
0	1	0	1 }1	同 S
0	1	1	1	
1	0	0	0 }0	同 S
1	0	1	0	
1	1	0	× }不定	不定
1	1	1	×	

表中 Q_n 为第 n 个 CP 作用后触发器的状态，称为触发器初态、原态或现态；Q_{n+1} 为第 $n+1$ 个 CP 作用后触发器的状态，称为触发器的次态或新态。

② 特性方程。由表 2-6-2 可画出同步 RS 触发器次态 Q_{n+1} 的卡诺图，如图 2-6-5 所示。由卡诺图化简可得到同步 RS 触发器的次态方程（又称特性方程）为：

$$Q_{n+1}=S+\overline{R}Q_n$$
$$RS=0\text{（约束条件）}$$

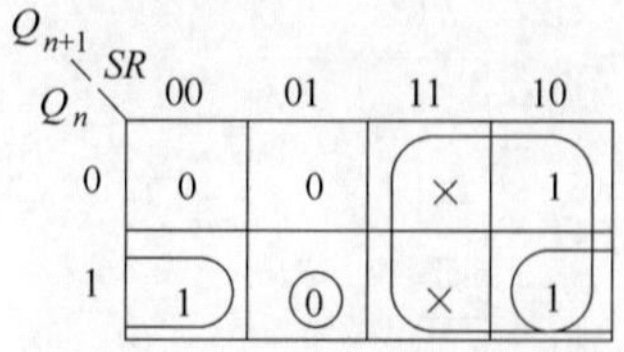

图 2-6-5　Q_{n+1} 卡诺图

③ 波形图。同步 RS 触发器的功能也可以用波形图来描述，如图 2-6-6 所示。

④ 状态转换图。我们用两个圆圈表示触发器的两个稳态“0”和“1”，用有向曲线的箭头表示状态转换的方向，状态转换条件标记在有向曲线旁，这种图称为状态转换图。同步 RS 触发器的状态转换图如图 2-6-7 所示。同步 RS 触发器的逻辑功能，可以用口诀来记忆：全 0 不变，全 1 不定，有 1 有 0，QS 一样。

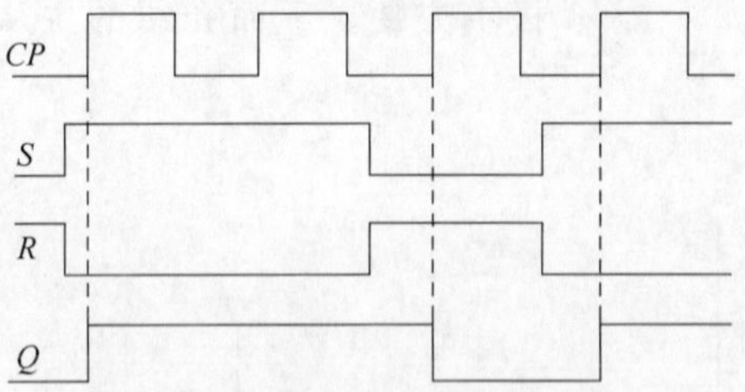

图 2-6-6　同步 RS 触发器波形

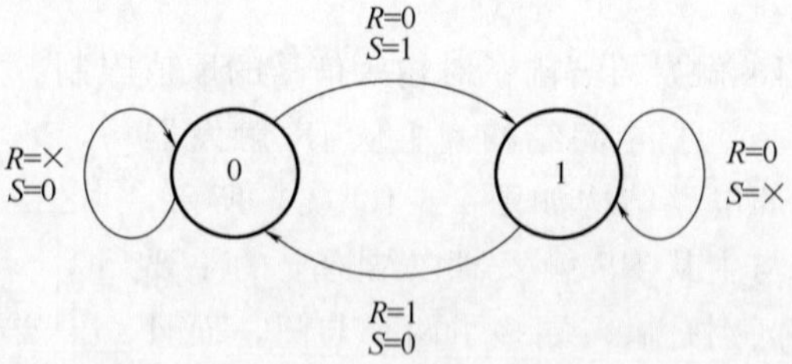

图 2-6-7　同步 RS 触发器状态转换图

(3) 常用主从触发器

同步 RS 触发器在 $CP=1$ 期间，若 R、S 信号多次发生变化，触发器的输出状态将发生多次翻转，称为“空翻”。集成触发器都在电路结构上采取措施防止“空翻”，主从结构是其中的一种。

1）主从 RS 触发器。

① 电路结构。主从 RS 触发器的电路结构如图 2-6-8（a）所示。它由基本 RS 触发器和控制门组成。

② 工作原理。

当 $CP=0$ 时，“主”触发器封锁，“从”触发器工作。

当 $CP=1$ 时，“主”触发器工作，接收输入信号；“从”触发器封锁，保持原态不变。

当 CP 下降沿到来时，“主”触发器封锁，“从”触发器工作，把 R、S 的信息传送到输出端。

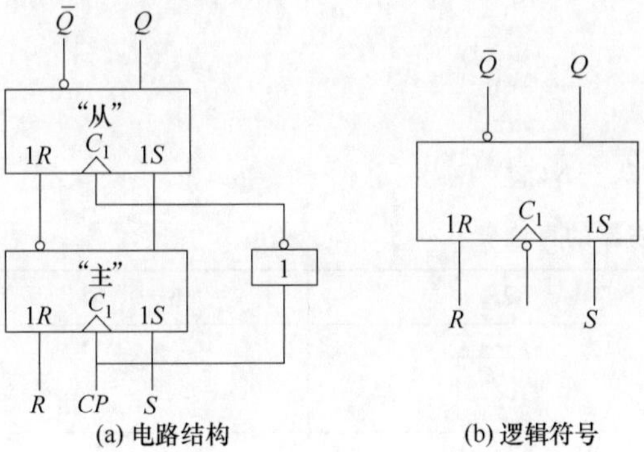

(a) 电路结构　(b) 逻辑符号

图 2-6-8　主从 RS 触发器

可见，由于“主”“从”两个触发器相互配合分两步把 R、S 信号传送到输出端，因此它不存在“空翻”现象，它的功能仍然是前述的同步 RS 触发器的功能。主要区别是主从结构触发器是下降沿触发，在图 2-6-8（b）逻辑符号中用小圆圈加“∧”表示。

③ 典型芯片。典型的集成芯片是 74LS71，其逻辑符号和引脚排列如图 2-6-9 所示。这种触发器有 3 个 R 输入端和 3 个 S 输入端，且 $R=R_1R_2R_3$，$S=S_1S_2S_3$。触发器还带有清零端 $\overline{R}_D$ 和预置端 $\overline{S}_D$。这种清零和预置与 CP 无关，所以又称为异步清零和异步预

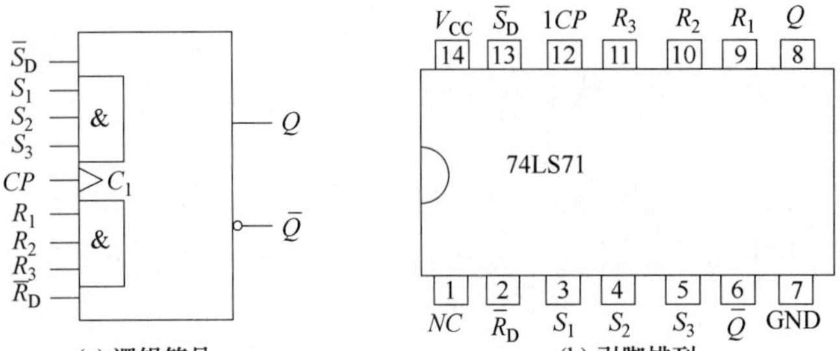

(a) 逻辑符号 (b) 引脚排列

图 2-6-9 74LS71 主从 RS 触发器

置或称直接清零和直接预置。由于 $\overline{R}_D$ 和 $\overline{S}_D$ 都是低电平有效，所以，触发器工作时，$\overline{R}_D$ 和 $\overline{S}_D$ 端要接高电平。

2）主从 JK 触发器。主从 RS 触发器，其输入信号 R 和 S 的取值受到一定的限制，即必须满足 $RS=0$ 的约束条件。这在很多场合应用极不方便。下面介绍的主从 JK 触发器解除了对输入信号的取值限制。

① 电路结构。主从 JK 触发器的电路结构如图 2-6-10（a）所示，与主从 RS 触发器在结构上的主要区别是输入端多了两个与门，而且有 $R=QK$，$S=\overline{Q}J$，其逻辑符号如图 2-6-10（b）所示。

② 功能描述。根据 RS 触发器的逻辑功能和 $R=QK$，$S=\overline{Q}J$ 的关系，可推出主从 JK 触发器的真值表如表 2-6-3 所示。

由表 2-6-3 可画出 Q_{n+1} 的卡诺图如图 2-6-11 所示。由卡诺图化简得 JK 触发器的次态方程为

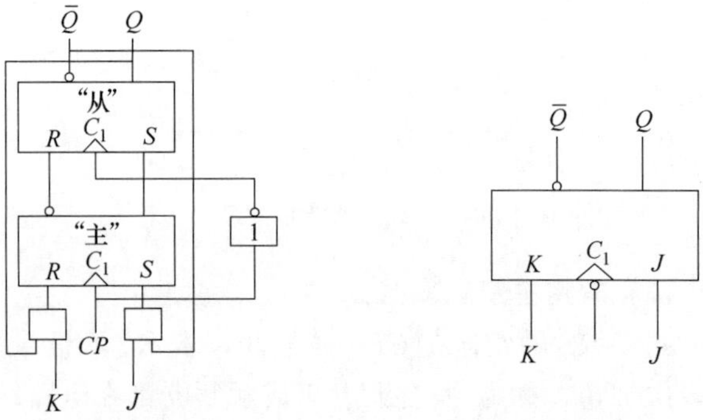

(a) 电路结构 (b) 逻辑符号

图 2-6-10 主从 JK 触发器

$$Q_{n+1}=J\overline{Q}_n+\overline{K}Q_n$$

表 2-6-3 主从 JK 触发器的真值表

J	K	Q_n	Q_{n+1}	说明
0	0	0	0 } Q_n	不变
0	0	1	1	
0	1	0	0 } 0	同 J
0	1	1	0	
1	0	0	1 } 1	同 J
1	0	1	1	
1	1	0	1 } $\overline{Q}_n$	翻转
1	1	1	0	

主从 JK 触发器的工作波形如图 2-6-12 所示。

主从 JK 触发器的逻辑功能可以用字诀来记忆：全 0 不变，全 1 必翻，有 1 有 0，QJ 一样。

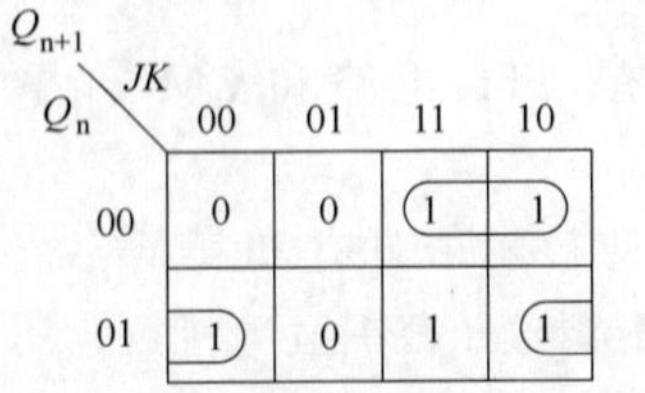

图 2-6-11　Q_{n+1} 卡诺图

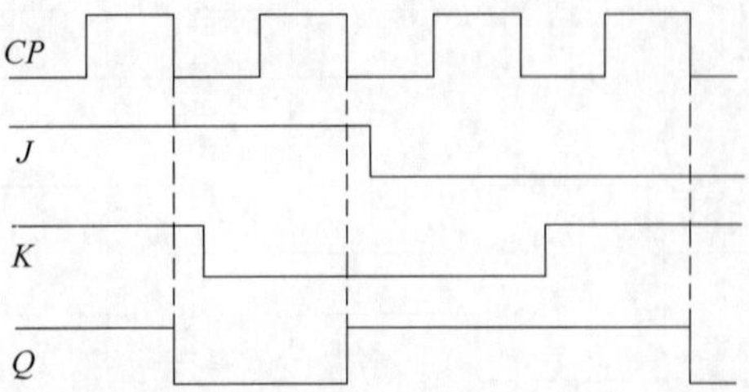

图 2-6-12　主从 JK 触发器工作波形

(4) 边沿触发器

主从 JK 触发器由于工作速度较慢，易受噪声干扰，尤其在 $CP=1$ 期间，J、K 变化会使输出产生错误。因此，我国目前只保留 CT7472、CT1111 两个品种，而其他品种的 JK 触发器都采用边沿触发方式。边沿触发器有负边沿 D 触发器和正边沿 D 触发器。工作方式是：输出状态是根据 CP 有效沿到达瞬间输入信号的状态来决定的。而在 CP 其他时刻，输入信号状态的变化对触发器状态不产生影响。主要产品有 74LS112、74H108、74LS114 等，其逻辑符号、逻辑功能与主从 JK 触发器完全相同。因为其内部电路设置了维持线，其触发器没有“空翻”现象。

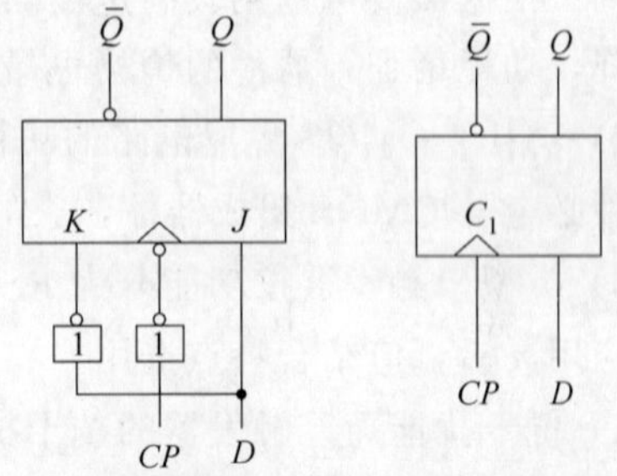

(a) 逻辑电路　(b) 符号

图 2-6-13　D 触发器的逻辑电路和符号

1）D 触发器的等效逻辑电路。D 触发器的逻辑电路和符号如图 2-6-13 所示。

D 触发器等效逻辑电路的特点：

① 相当于 JK 输入端总是输入两个相反的变量，所以 D 触发器只有两种输出的状态。

② CP 通过一个“非门”再输入到 JK 触发器，因此此处的 D 触发器是上升沿工作的触发器。

2）D 触发器真值表与功能表。D 触发器真值表见表 2-6-4，D 触发器功能表见表 2-6-5。

表 2-6-4　D 触发器真值表

CP	D	Q^{n+1}
0	x	$Q(n)$
1	0	0
1	1	1

表 2-6-5　D 触发器功能表

D	Q^{n+1}
0	0
1	1

3）特征方程。D 触发器的输出总跟输入是一样的，所以 D 触发器的特征方程可写成：

$$Q^{n+1}=D$$

4）D 触发器的输出波形分析。D 触发器波形图的画法与 JK 触发器相似，作图时只需考虑时钟脉冲 CP 的边沿到来时 D 的数值，其他时间 D 触发器关闭。图 2-6-14 为 D 触

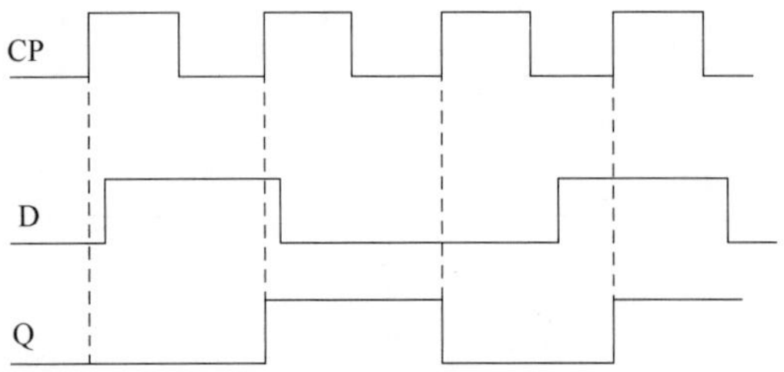

图 2-6-14 D 触发器的工作波形

发器的工作波形的画法，设 $Q_n=0$，CP 的上升沿触发。

触发器有 TTL 电路和 CMOS 电路两类。

CMOS 型触发器具有功耗低、抗干扰能力强、电源电压范围宽等特点，所以得到广泛应用。典型产品有 CC4027（或 CD4027）、CC4013、CC4042B 等。

【任务实施】

(1) 触发器的选择

1）时钟频率与开关速度。触发器按其速度可分为中速、高速、甚高速及低功耗高速等系列。根据需要可选用较高速度的器件，但应注意不必要的高速度要求将导致抗干扰能力下降，功耗增加，器件的价格也昂贵一些。

2）功耗。CMOS 集成电路的功耗远低于 TTL 集成电路，因此，从功耗考虑，首选的器件必定是 CMOS 集成器件，它的静态功耗只有微瓦级。

3）类型。触发器按功能分为 RS、D、JK 和 T 触发器等。D 触发器结构简单，JK 触发器应用灵活，应结合特点选用。

4）抗干扰能力。触发器的抗干扰能力与触发器的结构有关，其中边沿触发器的抗干扰能力最强，因此，应该优先考虑选用。

5）抗时钟脉冲偏移能力。在一个数字系统中，往往有多路传输线传送 CP 信号，由于各路时钟延迟时间不同，将造成触发器误动作。在这方面，抗 CP 偏移能力最强的是主从结构的触发器。

(2) 使用中应注意的问题

1）时钟输入端的连线不宜过长，以免引入干扰脉冲而导致误触发。当时钟与其他系统连接时，要采取适当隔离措施。

2）在安装之前，最好先进行参数测试，以保证运行可靠。

3）在高速运行的场合，连接导线也不宜过长，以避免由连线引入的干扰脉冲。

4）同一封装内的触发器要尽量避免同时翻转，以减小动态功耗。

5）各触发器的直接置位端 S_D 和直接复位端 R_D 很容易受干扰，将这些输入端对地加接电容器是防止干扰的重要措施。加接电容器的数值取决于工作时间常数的最大允许值，若电容过大，会延迟置位和复位时间。

6）触发器的时钟脉冲的前、后沿必须小于 150μs。如果输入时钟脉冲波形前、后沿很差，输出将会产生振荡。

7）禁止把触发器作为传输线驱动器使用，防止产生交流反射。

(3) 由与非门组成的 RS 触发器逻辑功能的验证

1）选择两输入与非门芯片，按图 2-6-1 连接组成 RS 触发器，此时输入低电平有效，因此先给两个输入端送入高电平信号，输出接发光二极管，观察效果；再改变输入信号状态，观察输出信号，最后编写逻辑真值表，与表 2-6-1 对比。

2）用示波器的两组探头分别测量两个输出端信号，观察 Q 与 $\overline{Q}$ 端的反相效果和 $\overline{R}$ 端的复位作用、$\overline{S}$ 端的置位作用。

(4) 由与非门组成的同步 RS 触发器逻辑功能的验证

1）按图 2-6-4 连接同步 RS 触发器，R、S、CP 端分别接至三个开关，开关打至断开状态，输出端接发光二极管。因为此时输入信号高电平有效，所以先给 R、S 端送入高电平信号，观察输出状态变化，体验时钟信号 CP 的作用。

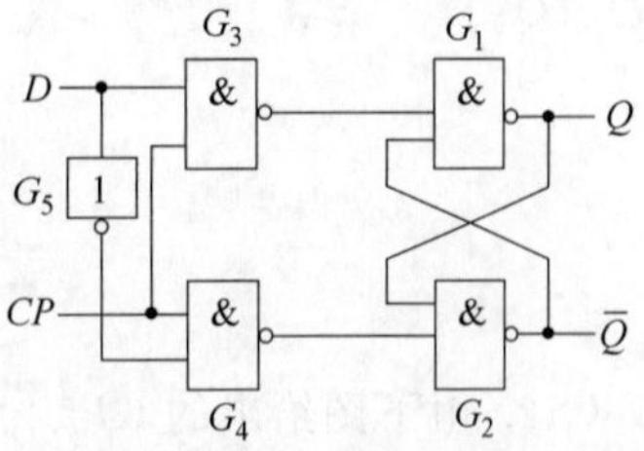

图 2-6-15　D 触发器电路

2）选择非门芯片按图 2-6-15 接线，用示波器同时观察 D 端和输出 Q 端的同步状态，理解门电路特性适应电路需求的应用方法。

【实操评价】

教学内容	评价要点	评价标准	评价方式	考核方式	分数权重
触发器功能验证	电路分析	正确分析原理	教师评价	答辩	0.2
	安装连接	正确、规范、合理接线		操作	0.3
	运行调试	操作安全，运行步骤正确		操作	0.3
	作业态度	积极主动，认真	小组评价	口试	0.1
	团队意识	主动交流、配合默契		口试	0.1

【自测题】

一、选择题

1. 对于上升沿触发的 D 触发器，它的次态取决于 CP 上升沿到达________时的状态（　　）。

A. 输出端 Q_n　　B. 输入信号 D　　C. 输出端 $\overline{Q^n}$　　D. 以上都不是

2. 寄存器属于________逻辑电路（　　）。

A. 组合　　B. 时序　　C. 全加器　　D. 都不是

3. 对于同步时序电路而言，（　　）。

A. 电路由同一种类型触发器构成　　B. 电路中触发器必须具有复位功能

C. 电路中各触发器由同一时钟触发　　D. 电路只由触发器组成

4. 时序逻辑电路中一定包含（　　）。

A. 计数器　　B. 触发器　　C. 加法器　　D. 组合逻辑电路

5. N 个触发器可以构成能寄存（　　）位二进制数码的寄存器。

A. $N-1$　　B. N　　C. $N+1$　　D. $2N$

6. 欲使 JK 触发器按 $Q^{n+1}=Q^n$ 工作，可使 JK 触发器的输入端（　　）。

A. $J=K=0$　　B. $J=\overline{Q}$，$K=\overline{Q}$　　C. $J=\overline{Q}$，$K=Q$　　D. $J=1$，$K=1$

7. 为实现将 JK 触发器转换为 D 触发器，应使（　　）。

A. $J=D$，$K=\overline{D}$　　B. $K=D$，$J=\overline{D}$　　C. $J=K=D$　　D. $J=K=\overline{D}$

二、作图题

1. 由与非门构成的基本 RS 触发器的初始状态 $Q=1$，根据下面的输入信号画出 Q、$\overline{Q}$。

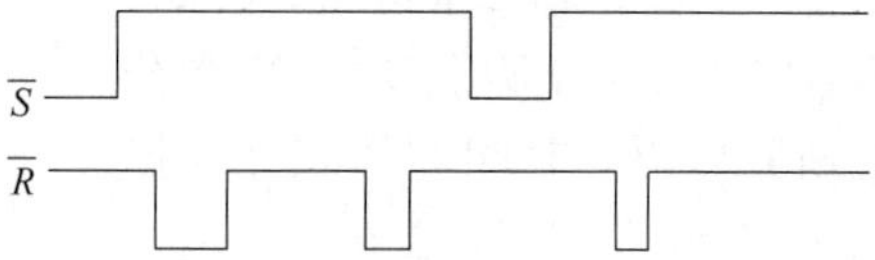

2. 由下图给出的 CP、J、K 波形，画出上升沿触发的 JK 触发器（初态为 1）的输出 Q 的波形。

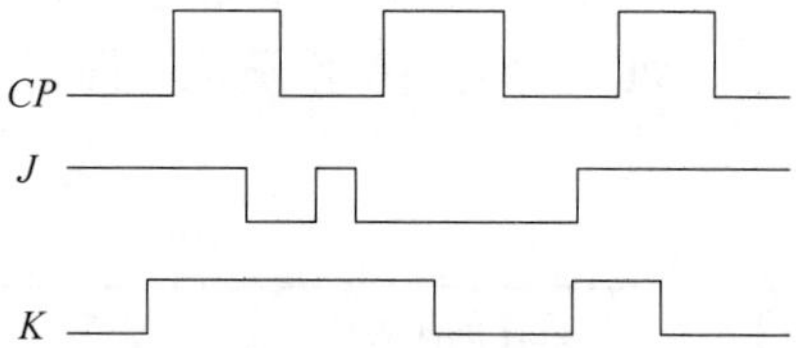

3. 根据 CP 和 D 的波形，画出下降沿触发 D 触发器的输出信号 Q 的波形（设初始状态 $Q=1$）。

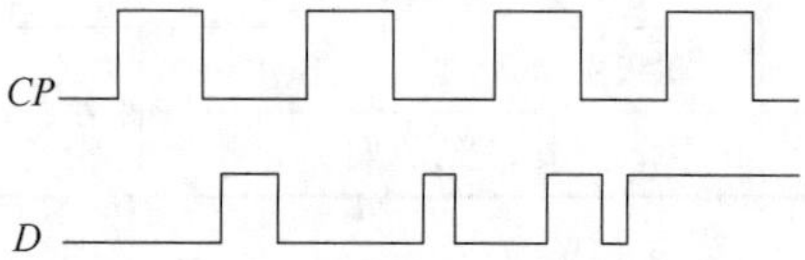

任务 2.6.2　照明灯延时电路分析、制作与调试

【知识目标】

熟悉 555 型集成时基电路结构、工作原理及其特点；掌握 555 型集成时基电路的基本应用；理解照明灯延时电路的工作原理。

【技能目标】

会识别和检测元件；会对元件进行焊接；能进行照明灯延时电路的制作与调试。

【任务描述】

本任务是完成照明灯延时控制电路的分析、接线与调试。电路控制要求为：按下开关，照明灯延时亮；断开开关，照明灯熄灭。

【相关知识】

集成时基电路又称为集成定时器或 555 电路，是一种数字、模拟混合型的中规模集成电路，应用十分广泛。它是一种产生时间延迟和多种脉冲信号的电路，由于内部电压标准使用了三个5K电阻，故取名555电路，其电路类型有双极型和CMOS型两大类，二者的结构与工作原理类似。几乎所有的双极型产品型号最后的三位数码都是555或556，所有的CMOS产品型号最后四位数码都是7555或7556，二者的逻辑功能和引脚排列完全相同，易于互换。555和7555是单定时器，556和7556是双定时器。双极型的电源电压$V_{CC}=+5V\sim+15V$，输出的最大电流可达200mA，CMOS型的电源电压为+3～+18V。

(1) 555电路的工作原理

555电路的内部电路方框图如图2-6-16所示。它含有两个电压比较器，一个基本RS触发器，一个放电开关管T，比较器的参考电压由三只5kΩ的电阻器构成的分压器提供。它们分别使高电平比较器A_1的同相输入端和低电平比较器A_2的反相输入端的参考电平为$\frac{2}{3}V_{CC}$和$\frac{1}{3}V_{CC}$。A_1与A_2的输出端控制RS触发器状态和放电管开关状态。当输入信号自6脚，即高电平触发输入并超过参考电平$\frac{2}{3}V_{CC}$时，触发器复位，555的输出端3脚输出低电平，同时放电开关管导通；当输入信号自2脚输入并低于$\frac{1}{3}V_{CC}$时，触发器置位，555的3脚输出高电平，同时放电开关管截止。

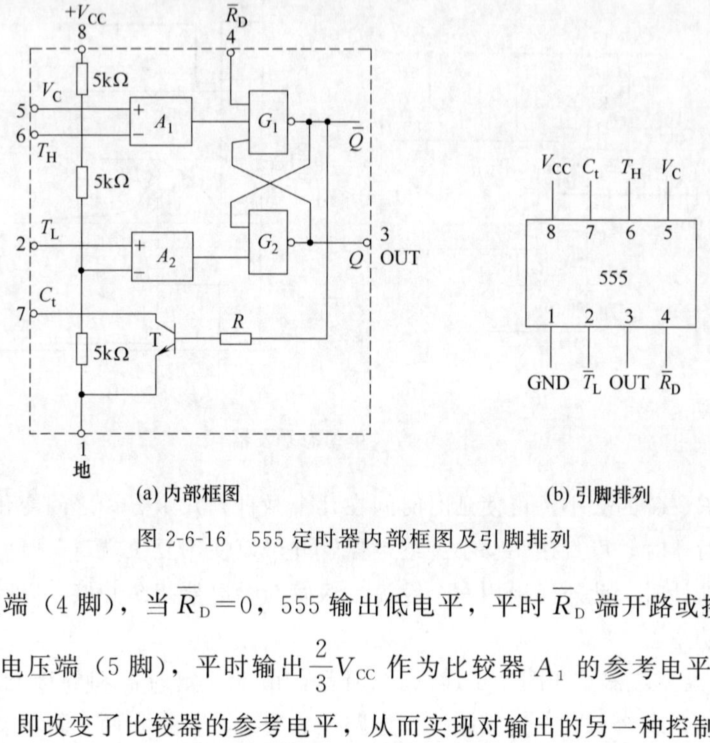

(a) 内部框图　　(b) 引脚排列

图2-6-16　555定时器内部框图及引脚排列

$\overline{R}_D$是复位端（4脚），当$\overline{R}_D=0$，555输出低电平，平时$\overline{R}_D$端开路或接V_{CC}。

V_C是控制电压端（5脚），平时输出$\frac{2}{3}V_{CC}$作为比较器A_1的参考电平，当5脚外接一个输入电压，即改变了比较器的参考电平，从而实现对输出的另一种控制，在不接外加电压时，通常接一个0.01μF的电容器到地，起滤波作用，以消除外来的干扰，以确保参考电平的稳定。

T为放电管，当T导通时，将给接于脚7的电容器提供低阻放电通路。

555定时器主要是与电阻、电容构成充放电电路，并由两个比较器来检测电容器上的电压，以确定输出电平的高低和放电开关管的通断。这就很方便地构成从微秒到数十分钟的延时电路，可方便地构成单稳态触发器、多谐振荡器、施密特触发器等脉冲产生或波形变换电路。

(2) 555 定时器的典型应用

1）构成单稳态触发器。图 2-6-17（a）为由 555 定时器和外接定时元件 R、C 构成的单稳态触发器。触发电路由 C_1、R_1、D 构成，其中 D 为钳位二极管，稳态时 555 电路输入端处于电源电平，内部放电开关管 T 导通，输出端 F 输出低电平，当有一个外部负脉冲触发信号经 C_1 加到 2 端，并使 2 端电位瞬时低于 $\frac{1}{3}V_{CC}$，低电平比较器动作，单稳态电路即开始一个暂态过程，电容 C 开始充电，V_C 按指数规律增长。当 V_C 充电到 $\frac{2}{3}V_{CC}$ 时，高电平比较器动作，比较器 A_1 翻转，输出 V_O 从高电平返回低电平，放电开关管 T 重新导通，电容 C 上的电荷很快经放电开关管放电，暂态结束，恢复稳态，为下个触发脉冲的来到做好准备。波形图如图 2-6-17（b）所示。

暂稳态的持续时间 t_w（即为延时时间）决定于外接元件 R、C 值的大小。

$$t_w = 1.1RC$$

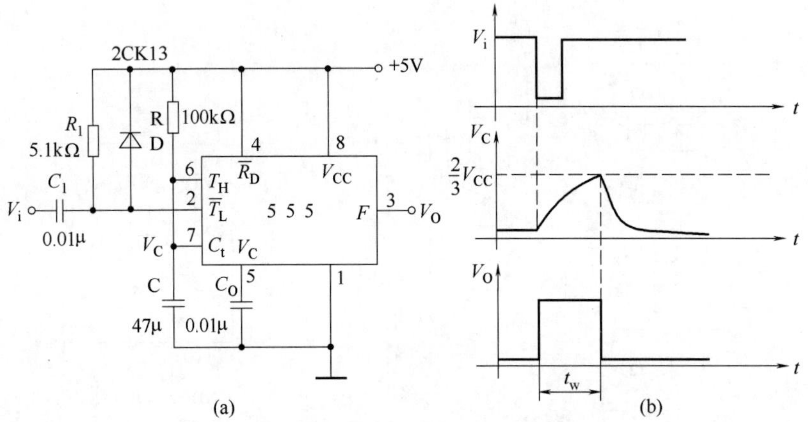

图 2-6-17　单稳态触发器

通过改变 R、C 的大小，可使延时时间在几个微秒到几十分钟之间变化。当这种单稳态电路作为计时器时，可直接驱动小型继电器，并可以使用复位端（4 脚）接地的方法来中止暂态，重新计时。此外尚须用一个续流二极管与继电器线圈并接，以防继电器线圈反电势损坏内部功率管。

2）构成多谐振荡器。如图 2-6-18（a）所示，由 555 定时器和外接元件 R_1、R_2、C 构成多谐振荡器，脚 2 与脚 6 直接相连。电路没有稳态，仅存在两个暂稳态，电路亦不需要外加触发信号，利用电源通过 R_1、R_2 向 C 充电，以及 C 通过 R_2 向放电端 C_t 放电，使电路产生振荡。电容 C 在 $\frac{1}{3}V_{CC}$ 和 $\frac{2}{3}V_{CC}$ 之间充电和放电，其波形如图 2-6-18（b）所示。输出信号的时间参数是：

$$T=t_{w1}+t_{w2}, t_{w1}=0.7(R_1+R_2)C, t_{w2}=0.7R_2C$$

555 电路要求 R_1 与 R_2 均应大于或等于 1kΩ，但 R_1+R_2 应小于或等于 3.3MΩ。

外部元件的稳定性决定了多谐振荡器的稳定性，555 定时器配以少量的元件即可获得较高精度的振荡频率和具有较强的功率输出能力，因此这种形式的多谐振荡器应用很广。

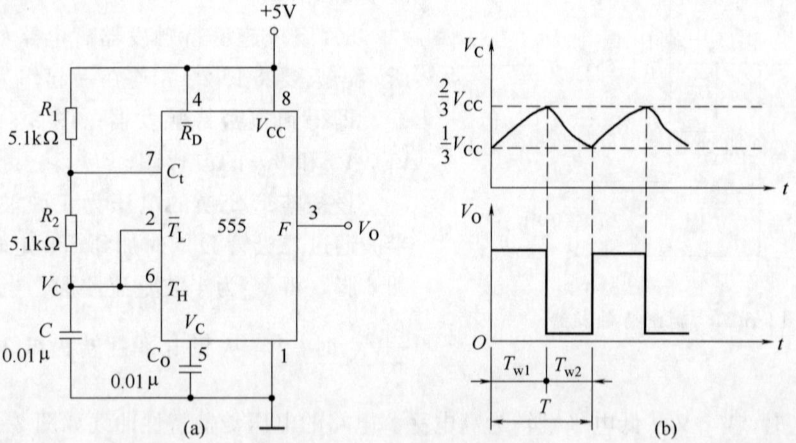

图 2-6-18　多谐振荡器

3）组成占空比可调的多谐振荡器。电路如图 2-6-19 所示，它比图 2-6-18 所示电路增加了一个电位器和两个导引二极管。D_1、D_2 用来决定电容充、放电电流流经电阻的途径（充电时 D_1 导通，D_2 截止；放电时 D_2 导通，D_1 截止）。

占空比 $$P=\frac{t_{w1}}{t_{w1}+t_{w2}}\approx\frac{0.7R_A C}{0.7C(R_A+R_B)}=\frac{R_A}{R_A+R_B}$$

可见，若取 $R_A=R_B$，电路即可输出占空比为 50%的方波信号。

4）组成占空比连续可调并能调节振荡频率的多谐振荡器。电路如图 2-6-20 所示。对 C_1 充电时，充电电流通过 R_1、D_1、R_{W2} 和 R_{W1}；放电时通过 R_{W1}、R_{W2}、D_2、R_2。当 $R_1=R_2$、R_{W2} 调至中心点，因充放电时间基本相等，其占空比约为 50%，此时调节 R_{W1} 仅改变频率，占空比不变。如 R_{W2} 调至偏离中心点，再调节 R_{W1}，不仅振荡频率改变，而且对占空比也有影响。R_{W1} 不变，调节 R_{W2}，仅改变占空比，对频率无影响。因此，当

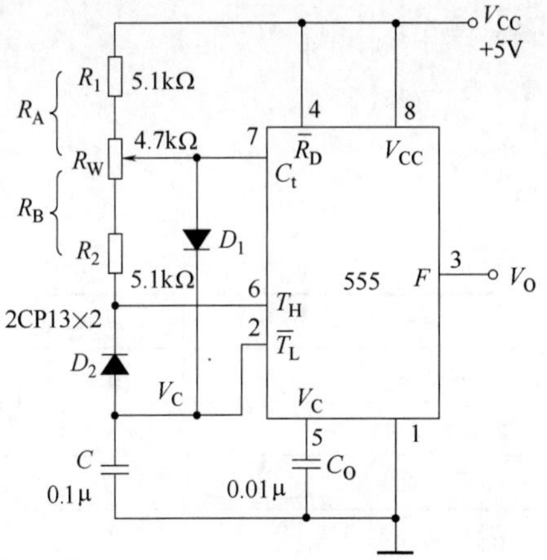

图 2-6-19　占空比可调的多谐振荡器

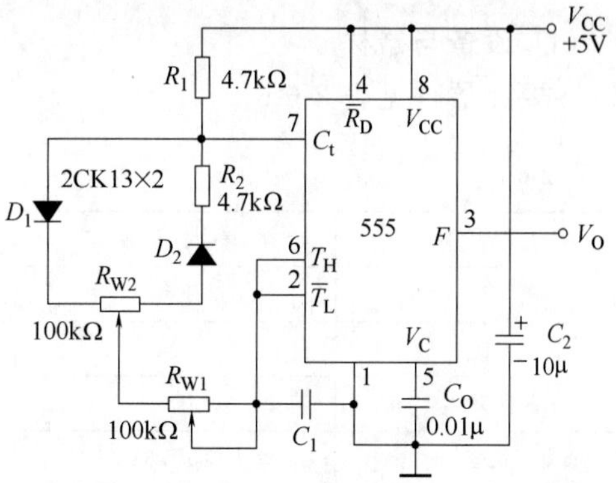

图 2-6-20　占空比与频率均可调的多谐振荡器

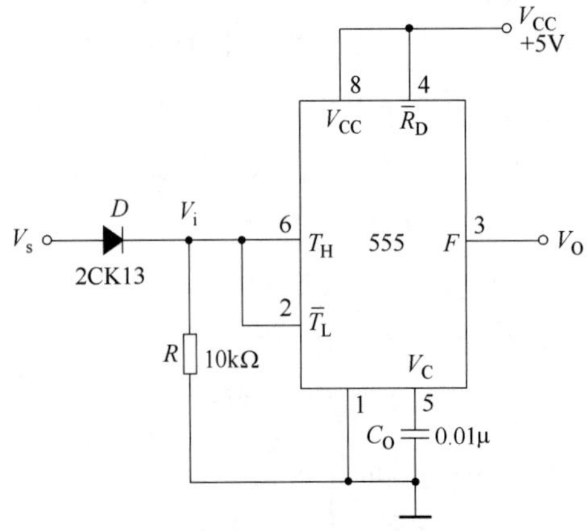

图 2-6-21 施密特触发器

接通电源后，应首先调节 R_{W1} 使频率至规定值，再调节 R_{W2}，以获得需要的占空比。若频率调节的范围比较大，还可以用波段开关改变 C_1 的值。

5）组成施密特触发器。电路如图 2-6-21 所示，只要将脚 2、6 连在一起作为信号输入端，即得到施密特触发器。图 2-6-22 示出了 V_S，V_i 和 V_O 的波形图。

设被整形变换的电压为正弦波 V_s，其正半波通过二极管 D 同时加到 555 定时器的 2 脚和 6 脚，得 V_i 为半波整流波形。当 V_i 上升到 $\frac{2}{3}V_{CC}$ 时，V_O 从高电平翻转为低电平；当 v_i 下降到$\frac{1}{3}V_{CC}$ 时，V_O 又从低电平翻转为高电平。电路的电压传输特性曲线如图 2-6-23 所示。

回差电压 $\Delta V=\frac{2}{3}V_{CC}-\frac{1}{3}V_{CC}=\frac{1}{3}V_{CC}$

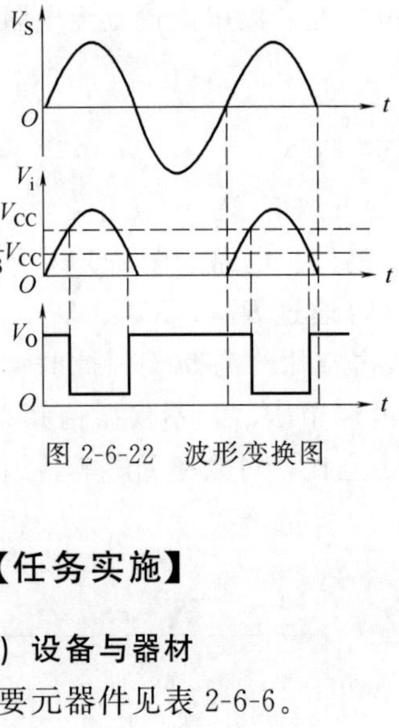

图 2-6-22 波形变换图

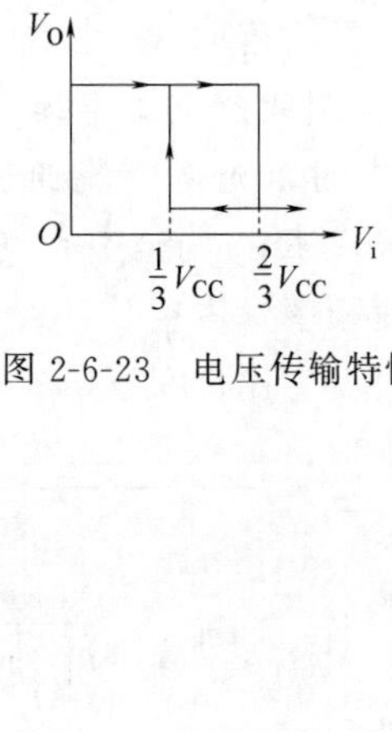

图 2-6-23 电压传输特性

【任务实施】

(1) 设备与器材

主要元器件见表 2-6-6。

表 2-6-6 **元件清单**

符　号	参数/型号	名称	数量
IC	NE555	时基电路	1
RP	1M	小型碳膜电位器	1
R1～R3	10K	1/8W 碳膜电阻器	3
C1、C3	0.1μF/63V	涤纶或瓷介电容器	2
C2	100μF/16V	铝电解电容器	1

续表

符　号	参数/型号	名称	数量
VD	1N4148	二极管	1
K	JRX-13F/006	小型电磁式继电器	1

(2) 照明灯延时电路分析

在电路的暂稳态时间 $t_w=1.1RC$ 内出现的触发脉冲是不起作用的。利用 555 单稳态电路，可以构成定时器来完成延时的功能，以控制各种电器的启闭。一个实用的电子延时器电路如图 2-6-24 所示。

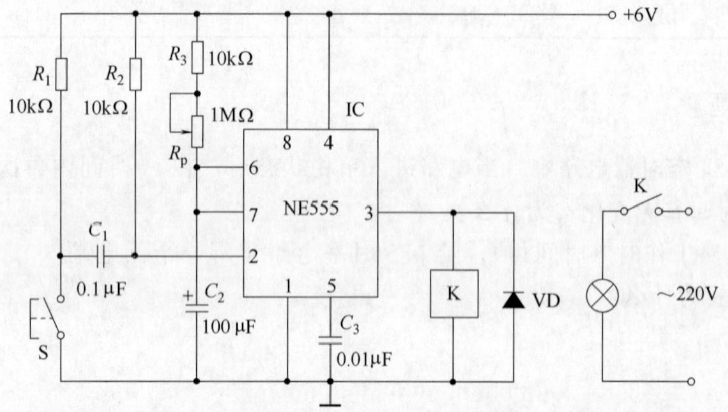

图 2-6-24　555 定时器电路

该电路结构简单，定时方便，且可直接驱动小功率继电器工作，应用十分广泛。该电路由 R_1、R_2、C_1 和按钮开关 S 组成负脉冲电路，当电路处于稳态时，触发输入 2 端为高电平，电容 C_1 两端电位相等且为电源电压。每当按下按钮 S，C_1 的一端接地，由于电容两端电压不能突变，使 2 端电位在按下 S 的瞬间突变为低电平，然后随着 C_1 充电（充电时间常数为 1ms），2 端电位升高，即产生一个负脉冲，使定时器触发并定时工作一次；当放开按钮 S 时，C_1 通过 R_1、R_2 放电，回到 C_1 两端电位相等并等于电源电压的状态。电路中 R_3、R_P、C_2 为定时元件，由于 R_P 的变化范围较大，所以，该定时器的时间设定可以从 1～111s 连续调节。

需指出：定时器的精度取决于定时元件 R、C 的精度及稳定性，所以，在要求较高的场合，对电容的漏电流及稳定性必须考虑，一般采用钽、铌等高质量电容器来提高电路的定时精度。

(3) 接线与调试

1）按图 2-6-24 所示制作电路板及焊接元器件，555 时基电路输出端可接入继电器，也可以接入 200Ω 电阻与发光二极管 LED 串联，来观察单稳（延时）时间。

2）调节定时时间。要较准确地调定时间，先计算式 $t_w=1.1RC$ 中的 R 数值（C 为已知），然后将 RP 调节在该值附近，接入电路再精确调定所需时间。

调节定时元件，使 t 分别为 30s 和 60s。测量 R 的阻值与计算值比较，分析误差原因。

3）组装与调试应注意，555 时基电路的电源极性不可接错，改接电路时须断电进行。测量元件数值时，必须将该元件与电路分离，否则将产生较大的误差。

【实操评价】

教学内容	评价要点	评价标准	评价方式	考核方式	分数权重
照明延时电路分析、制作与调试	电路分析	正确分析原理	教师评价	答辩	0.2
	安装连接	正确、规范、合理接线		操作	0.3
	运行调试	操作安全，运行步骤正确		操作	0.3
	作业态度	积极主动，认真	小组评价	口试	0.1
	团队意识	主动交流、配合默契		口试	0.1

【自测题】

1. 图 2-6-24 定时器电路中，当电路进入单稳状态后，在 t_d 时间内再次按动按钮开关 S，电路定时时间有无变化？为什么？

2. 定时电路工作时（时间内），给 555 时基电路 4 脚一个低电平（0）信号，定时器输出有何变化？为什么？

参考文献

[1] 傅贵兴. 电工电子基础［M］. 北京：科学出版社，2012.

[2] 傅贵兴. 电工电子基础实训：第 2 版［M］. 成都：西南交通大学出版社，2012.

[3] 莫正康. 电力电子应用技术：第 3 版［M］. 北京：机械工业出版社，2005.

[4] 樊立萍，王忠庆. 电力电子技术［M］. 北京：中国林业出版社. 北京大学出版社，2006.

[5] 王兆安，黄俊. 电力电子技术：第 4 版［M］. 北京：机械工业出版社，2001.

[6] 杨荣昌. 电工基础［M］. 北京：中国农业出版社，2004.

[7] 韦建英. 电子技术［M］. 北京：高等教育出版社，2003.

[8] 何超. 电工技术基础［M］. 北京：高等教育出版社，2003.

[9] 黄继昌等. 数字集成电路应用 300 例［M］. 北京：人民邮电出版社，2002.

[10] 王廷才，赵德申. 电子技术实训［M］. 北京：高等教育出版社，2003.

[11] 杜德昌. 电工基本技能操作技能训练：第 4 版［M］. 北京：高等教育出版社，2002.

[12] 李敬梅. 电力拖动控制线路与技能训练：第 3 版［M］. 北京：中国劳动社会保障出版社，2002.

[13] 廖先芸，郝军. 电子技术实践与训练［M］. 北京：高等教育出版社，2006.